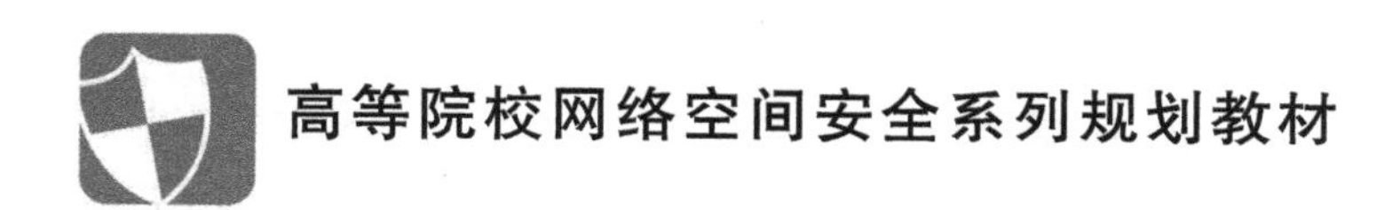

安全协议原理与验证
（第2版）

主　编　王　聪　黄　山
副主编　田　辉　张　根
参　编　马文峰　史涵意　曾令斌

北京邮电大学出版社
www.buptpress.com

内容简介

本书介绍安全协议及其验证方法，主要内容包括四部分：第一部分为基础知识，包括安全协议基本原理介绍、安全性分析以及密码学基础；第二部分为安全协议原理，包括安全协议概述、认证与密钥交换协议、电子商务协议以及实际使用中的安全协议；第三部分为安全协议的分析、验证方法，包括 BAN 逻辑、BAN 类逻辑、Kailar 逻辑、CS 逻辑和串空间模型理论等；第四部分为安全协议前沿技术研究简介，包括前沿计算领域中的安全协议、安全协议硬件卸载和人工智能与安全协议。

本书较为全面、深入地介绍了信息安全体系中的安全协议原理及安全协议的分析、验证方法。内容安排由浅入深，重点突出，涵盖了当前安全协议研究领域的主要成果。

本书可作为高等院校信息安全、计算机、通信等专业高年级本科生和研究生的教材，也可供从事相关专业的教学、科研和工程技术人员参考。

图书在版编目（CIP）数据

安全协议原理与验证 / 王聪，黄山主编．-- 2 版．
北京 ：北京邮电大学出版社，2025．-- ISBN 978-7
-5635-7489-6

Ⅰ．TP393.08

中国国家版本馆 CIP 数据核字第 2024Y6Y711 号

策划编辑：马晓仟　**责任编辑**：马晓仟　**责任校对**：张会良　**封面设计**：七星博纳

出版发行：北京邮电大学出版社
社　　址：北京市海淀区西土城路 10 号
邮政编码：100876
发 行 部：电话：010-62282185　传真：010-62283578
E-mail：publish@bupt.edu.cn
经　　销：各地新华书店
印　　刷：保定市中画美凯印刷有限公司
开　　本：787 mm×1 092 mm　1/16
印　　张：16
字　　数：427 千字
版　　次：2011 年 8 月第 1 版　2025 年 1 月第 2 版
印　　次：2025 年 1 月第 1 次印刷

ISBN 978-7-5635-7489-6　定价：49.00 元

前言

Foreword

人类正在经历着自工业革命以来最为深刻的信息革命，在这场信息革命中，软件系统作为现代条件下信息处理及信息传输的重要手段起着举足轻重的作用。然而，软件系统也有其两面性。一方面，它有力地推动了我国的信息化进程，促进了我国国民经济的增长，推动着我国社会发展和文明进步，增强了我国经济、科技、军事实力；另一方面，软件系统的广泛应用也给国家安全、社会稳定和经济发展带来了许多新的安全威胁。因此，我们在发展软件系统的同时，必须对其安全性加以关注。

尤其是随着计算机网络的广泛应用，计算机网络的安全问题日益暴露出来。为了减轻由系统遭受攻击所带来的危害，多种安全协议被设计开发出来以提供安全保障。安全协议是以密码学为基础的协议，在网络和分布式系统中提供各种各样的安全服务，在信息系统安全中占据着重要地位。

随着计算机网络技术的应用，安全协议应运而生，经过几十年的发展，安全协议的研究取得了丰硕的成果，为了满足各种各样的网络应用需求，大量安全协议被提出。但是后来的研究表明，这些安全协议大多都含有这样或那样的安全漏洞，所以安全协议的设计与验证一直以来都是信息安全科学中的重难点问题。

本书较为全面、深入地介绍了信息安全体系中的安全协议原理及安全协议的分析、验证方法，按照由浅入深的原则，全书分为 14 章，内容包括四部分：第一部分为基础知识，包括安全协议基本原理介绍、安全性分析以及密码学基础；第二部分为安全协议原理，包括安全协议概述、认证与密钥交换协议、电子商务协议以及实际使用中的安全协议；第三部分为安全协议的分析、验证方法，包括 BAN 逻辑、BAN 类逻辑、Kailar 逻辑、CS 逻辑和串空间模型理论等；第四部分为安全协议前沿技术研究简介，包括前沿计算领域中的安全协议、安全协议硬件卸载和人工智能与安全协议。

本书可作为高等院校信息安全、计算机、通信等专业高年级本科生和研究生的教材，也可供从事相关专业的教学、科研和工程技术人员参考。

由于作者水平有限，书中纰漏之处在所难免，恳请广大读者批评指正。

目录
Contents

第一部分 基础知识

第二部分 安全协议原理

第三部分　安全协议的分析、验证方法

第四部分　安全协议前沿技术研究简介

第一部分
基础知识

第1章 引言

人类正在经历着自工业革命以来最为深刻的信息革命，在这场信息革命中，软件系统作为现代条件下信息处理及信息传输的重要手段起着举足轻重的作用。然而，软件系统也有其两面性。一方面，它有力地推动了我国的信息化进程，促进了我国国民经济的增长，推动着我国社会发展和文明进步，增强了我国经济、科技、军事实力；另一方面，软件系统的广泛应用也给国家安全、社会稳定和经济发展带来了许多新的安全威胁。因此，我们在发展软件系统的同时，必须对其安全性加以关注。

为了减轻由系统遭受攻击所带来的危害，多种安全协议被设计开发出来以提供安全保障。安全协议是以密码学为基础的协议，它在网络和分布式系统中提供各种各样的安全服务，在信息系统安全中占据重要地位。与其他各种类型的协议一样，"安全协议"由参与协议的主体，以及主体之间交换信息的事件组成。安全协议是构建安全网络环境的基石，它的正确性对于网络安全极其关键。然而由于安全协议的执行具有高度不确定性，以致有些安全协议往往不如它们的设计者所期望的那样安全，存在很多缺陷和漏洞，这些缺陷和漏洞可能来源于三个方面：①协议中采用的密码算法；②算法和协议中采用的密码技术；③协议自身的结构。因此，在互联网飞速发展的时代，软件安全机制，特别是对安全协议的分析、研究就显得特别重要。

1.1 安全协议的研究背景、基本概念

1.1.1 安全协议的研究背景

国际标准化组织(ISO)对信息安全的定义为："为数据处理系统建立和采取的技术的和管理的安全保护，保护计算机硬件、软件、数据不因偶然的或恶意的原因而遭受破坏、更改、泄露。"该定义把信息安全的具体内容分成以下部分。①运行系统的安全：涉及计算机的硬件设备的安全、操作系统的安全以及数据库的安全，等等；②系统信息的安全：涉及信息的传输安全、控制信息安全、用户身份认证、权限，等等；③信息内容的安全：涉及信息的意识形态、危害社会和人类前进的信息，等等。

保障运行系统的安全、信息内容的安全更多是依赖于制度、相关人员的职业道德和素质、法律等，而确保信息的安全，则需要密码学理论、安全协议理论、安全体系结构理论、信息对抗理论和技术的支撑。

密码学用于保障信息的"机密性"。密码学是整个信息安全的基石，是信息安全的组成部分。密码理论和技术已经相当成熟，主要有两类实现方法：①基于数学的密码理论与技术，包

括公钥密码思想、分组密码思想、序列密码思想、认证码技术、数字签名技术，哈希（Hash）函数、身份识别技术、公钥基础设施（Public Key Infrastructure，PKI）技术等；②非数学的密码理论与技术，包括信息隐藏技术，量子密码理论、基于生物特征识别理论等。但是，密码学不等于信息安全，完善的密码学并不能确保信息系统的安全。

安全协议又称密码协议，是建立在密码学基础上的协议，用于提供分布式系统、网络等各种各样安全服务。提供主体的身份识别和认证，会话的密钥管理和分配，以实现信息的机密性、完整性、匿名性、不可否认性、公平性，可用性等。可见安全协议是信息安全系统的桥梁，在信息安全系统中占据着非常重要的地位。

对安全协议理论的研究经过二十多年的发展，取得了长足进步，一系列的理论问题得到解决。安全协议的研究内容和目标已经明确，安全协议的分析方法和工具日益丰富，安全协议的研究应用于实践已经硕果累累。安全协议的研究内容主要包括以下几个方面：

① 安全协议的分析方法融合性研究；

② 各种实用安全协议的设计和实现的研究；

③ 安全协议的分析和校验工具的研究；

④ 安全需求模型、攻击者模型、校验模型等的研究；

⑤ 安全协议与其他领域的相关性研究。

1.1.2　安全协议的基本概念

协议是在计算机网络和分布式系统中两个或多个主体（Principals）为相互交换信息而规定的一组信息交换规则和约定。其中的主体，可以是用户、进程或计算机（Users，Processes or Machines）。协议设计的目的是要完成一项任务或者几项任务。协议有如下特点：

① 协议中的每个主体都必须了解协议，并且预先知道要完成的所有步骤；

② 协议中的每个主体都必须同意并遵守协议；

③ 协议必须是清楚的，每一步必须明确定义，并且不会引起误解；

④ 协议必须是完整的，对每种可能的情况必须规定具体的动作。

安全协议有时也称密码协议，即在协议中应用加密解密的手段隐藏或获取信息，以达到安全性的各种目的。运用安全协议人们可以解决一系列的安全问题，例如，完成信息源和目标的认证；保证信息的完整性，防止窜改；密钥的安全分发，保证通信的安全性；公证性和及时性保证网络通信的时效性与合法性；不可否认性；授权，实现权限的有效传送，等等。其中，认证协议是其他安全目标的基础，也是本书研究的重点。安全协议是通信和网络安全体系、分布式系统和电子商务的关键组成部分，是安全系统的主要保障手段和工具。

1.2　安全协议的安全属性分析

任何安全协议都是为了完成一定的安全目标，即要达到一定的安全属性。简单地说，安全协议的目标就是保证某些安全属性在协议执行完毕时能够得以实现。换句话说，评估一个安全协议是否安全就是检查其所要达到的安全属性是否受到入侵者的破坏。下面介绍安全协议中的一些安全属性。

1.2.1 秘密性

在网络中运行的任何有效协议都包含一些不能被合法参与者之外的人知道的秘密信息，协议参与者正是基于这些秘密信息完成必要的操作，达到安全目的。秘密性是安全协议的基本属性。保证协议的秘密性即是要保证这些秘密信息不会被攻击者获取。

1.2.2 认证性

安全协议的另外一个基本属性则是认证性。认证可以分为两类：实体认证和数据认证。前者对通信方的身份进行认证，并强调实时性。后者对通信数据进行认证，确保传输中没有被篡改，保证传输的数据最初来自某个合法用户。无论是实体认证还是数据认证，都是利用一个不可冒充的秘密信息来证明一个主体或数据来源的身份，即协议中是由数据的秘密性来获得实体和数据的认证性。

1.2.3 完整性

完整性是指协议的特定数据不被非法篡改、删除。但需要说明的是，在网络环境中，任何数据都可能被篡改，完整性只是提供发现篡改的机制。

1.2.4 不可否认性

不可否认性是指协议参与者必须对自己的合法行为负责，发送者不能对自己发出了某消息这一事实进行抵赖，同时接收者也不能对自己接收了某消息这一事实进行否认。不可否认性是电子商务协议的一个重要性质，是保证交易正常进行的必要条件。保证不可否认性最常用的技术是数字签名。

1.2.5 公平性

如果协议能够保证通信双方在通信完毕后处于平等的地位，一方不会比另一方拥有更多的特权，则协议满足公平性。如在电子商务协议中，通信双方通常存在各自不同的利益，彼此互不信任。如果一方需要获取商品，则一定需要先付钱，而另一方面，如果一方已经付钱，则一定可以获得相应的商品。公平性是与不可否认性相关的电子商务协议的基本属性之一。

1.2.6 原子性

协议中的原子性概念，类似于数据库中的事务原子性的概念，即协议中某些操作要么都执行，要么都不执行。原子性保证了协议公平性中的公平，双方不可否认协议中通常也需要这样的原子性。

1.2.7 匿名性

协议中的匿名性是指观察者可以观察到一系列事件的发生，但是无法知道是谁做的。例如网上投票采用的投票协议需要保证每个投票者可以匿名投票，而且每个投票者最多只能投一次票。

除以上列出的安全属性外，还有可靠性、可用性、灵活性。

不同安全协议所具有的安全属性可能不一样，但基本的安全需求，如对协议主体身份以及主体之间交换数据的认证是一致的。按照安全属性分层体系结构的规定，上述所列举的安全属性位于不同的层次上，如表1-1所示，而且位于不同层次的安全属性之间存在依赖关系。

表1-1 安全属性分层体系结构

协议健壮属性层（高层）	可靠性、可用性、灵活性
安全功能层（中间层）	秘密性、完整性、不可否认性、公平性、原子性、匿名性
基础层	认证性

1.3 安全协议的形式化分析技术概述

1.3.1 安全协议形式化分析方法概述

对于安全协议有很多种分析方法。总体来说，可以分为两大类：非形式化方法和形式化方法。非形式化方法的特点是：在安全协议分析和设计时，采用直观的分析检验方法。这种方法是一种定性的分析方法，人为因素对安全性质影响很大。

形式化方法兴起于20世纪70年代末期，如今广泛用于解决理论和实际问题，计算机安全是它一个比较成功的应用领域。使用形式化方法进行安全协议验证更是当前信息安全领域研究的热点问题。

形式化的数学系统，是一个由符号以及使用这些符号的规则共同组成的系统。规则可以是形成规则（规定构成正确形式公式符号的字符串）、证明规则（规定构成证明公式的字符串），或者语义规则（把公式映射到一个代数域）。形式化方法是将概念或方法经过高度抽象后使用一定的数学模型进行表示，通过程式化的推演计算来研究数学模型，进而提示概念和方法的内在规律的研究方法。

在过去的二十年中，形式化方法被广泛应用于安全模型、流分析、安全协议分析、软件验证、硬件验证、体系结构分析、秘密信道分析等领域。

网络是不安全的，因为它可能包含很多攻击者，他们能够读取、修改和删除网络上的消息，甚至能够控制一个或多个网络主体。因此，这些协议容易遭受不直观的，即使是谨慎的检查者也不易发现的攻击，尤其是在协议运行环境的假设改变时，更是如此。例如，Needham-Schroeder公钥协议是用于相互信任的各方之间的通信，如果假设成立，那么它是安全的。但如果假设存在不诚实的通信方，它容易受到中间人攻击。由于这些因素，长期以来公认形式化方法是分析安全协议安全性的有力武器，它支持对攻击者可能采用的不同路径的详细分析，并且能精确描述对外界环境的假设。最早把形式化方法视为安全协议分析工具的是Needham和Schroeder，但是最早的实际工作是由Dolev和Yao完成的。比他们稍晚一些，Even和Karp设计了一套多项式时间的算法用于确定有限的一类协议的安全性，但很快发现只要稍微放宽协议的限制条件就会使其安全性无法确定。因此，这项工作一直未能继续深入。Dolev和Yao的工作非常重要，因为他们建立了第一个形式化模型，包括协议的多次执行可以并发，加密算法的行为相当于一个遵从有限代数属性的黑盒，攻击者能够读取、改变和破坏通信，甚至控制系统的某些合法用户。绝大部分后来的工作都建立在这一模型或它的变体基础之上，例如Interrogator，NRL（Network Representation Learning）协议分析器，Longley-Rigby工具等。其他人则应用一般性形式化方法来解决问题。大部分工作都使用某种形式的状态搜索技术，先定义状态空间，然后由工具搜索以确定是否存在可达到攻击者完成攻击状态的路径。某些工具还运用归纳定理证明技术来说明搜索空间的大小足够保证安全性。

然而，即使经过这些研究，形式化方法仍然是一个神秘的领域，直到 1989 年，Burrows、Abadi 和 Needham 发表了他们的 BAN 逻辑并引起研究者的广泛关注。BAN 逻辑是一种分析认证协议的逻辑，BAN 逻辑使用的方法和状态搜索工具完全不同，它是一种关于知识和信仰的逻辑，它包含每个主体各自维护的信仰集合，以及从旧信仰推导出新信仰的推理规则集合。BAN 逻辑具有十分简单、直观的规则集，因此便于使用。正如 BAN 逻辑文章中所指出的那样，可以用逻辑来找出协议中的严重错误。至此，逻辑引起了广泛关注，而且促成了一系列其他逻辑的产生，要么是扩展 BAN 逻辑，要么是把同一概念应用于安全协议中不同类型的问题。

BAN 逻辑的提出具有划时代意义，极大地推动了安全协议形式化验证领域的发展，并激发了许多安全协议形式化验证方法的产生。至今，在它基础上发展起来许多新方法，如 GNY 逻辑、AT 逻辑、VO 逻辑和 SVO 逻辑。这些逻辑从各个方面对 BAN 逻辑做了扩充和修改，可以统称为 BAN 类逻辑。

值得注意的是，由于只在更高的抽象级别操作，BAN 这样的信仰逻辑的功能通常弱于状态搜索工具。但是它的优点在于它一般是可确定的、可高效计算的，因而能完全自动进行。

后来的一些研究有对于建立在 Dolev-Yao 模型基础上的状态搜索工具和定理证明技术方面的，这是由 Lowe 点燃的火花，他演示了可以用一般性用途的模型检查工具 FDR(Failures Divergence Refinement)来发现对 Needham-Schroeder 公钥协议的中间人攻击。以后的工作在各方面都取得了进步，包括：应用模型检查器，如 FDR、ASTRAL 和定理证明机，如 Isabelle；设计专用模型检查器，如 Athena，以及应用原来用于其他领域的专用工具，如 CVS。这一领域近来有了成熟的标识，例如，Millen 开发出 CAPSL，即通用认证协议描述语言，准备用它为安全协议分析工具提供一种通用的描述语言。Fábrega、Herzog 和 Guttman 开发了一种对 Dolev-Yao 模型的图论解释，叫作串空间模型，它把安全协议形式化分析中用到的很多思想和技术结合在一起。由于它博采众长，简单而出色，因此已经开始作为新的专用工具的基础和表达理论结果的框架。这一趋势意味着未来工具的综合和吸收新的理论成果有着光明前景。

1.3.2 基于知识与信仰的逻辑推理方法

以 BAN 逻辑为代表的基于知识与信仰的逻辑推理方法是迄今为止使用最为广泛的一种方法，它由一些命题和推理规则组成，命题表示主体对消息的知识或信仰，而应用推理规则可以从已知的知识和信仰推导出新的知识和信仰。这类方法中最具代表性的是 BAN 逻辑和 BAN 类逻辑。迄今为止，在使用逻辑手段分析安全协议方面取得的进展大都以 BAN 逻辑为基础。

1989 年，Burrows、Abadi 和 Needham 率先以逻辑形式方法提出了一种基于知识和信仰的逻辑——BAN 逻辑，用来描述和验证安全协议，从而在解决安全协议分析问题上迈出了一大步。BAN 逻辑是分析安全协议的一个里程碑，它成功地对 Needham-Schroeder、Kerberos 等几个著名的协议进行了分析，找到了其中已知和未知的漏洞。BAN 逻辑在协议分析中的成功应用极大地激发了密码研究者对安全协议形式化分析的兴趣，并促成许多安全协议形式化分析方法的产生。

BAN 逻辑在进行协议的形式化分析时，首先确定协议初始时刻各参与者的知识和信仰，并且形式化定义协议的目标，然后通过协议中的步骤演进、消息的发送和接收产生新的知识，再运用逻辑推导规则来得到最终的信仰和知识。如果得到最终的关于知识和信仰的语句集里不包含所要得到的目标知识和信仰的语句时，就表明协议存在安全缺陷。BAN 逻辑能得到广泛的应用，得益于它简单、直观，便于掌握和使用，而且效果明显，能够成功地发现协议中存在的安全缺陷。但是，BAN 逻辑的缺陷也是较为明显的，逻辑本身存在以下缺陷：初始假设的确定非形式化、理想化步骤非形式化、缺乏精确定义的语义基础、无法探测对协议的攻击等。BAN 逻辑最为可取的是其自然易用的逻辑语言及其简明直观的结构和推理规则。

BAN 逻辑的局限性大大地限制了它的分析范围，为了突破 BAN 逻辑的局限，许多研究对 BAN 逻辑进行了必要的改进或扩展，提出了各种各样的逻辑方法，其主要代表为 BAN 类逻辑，其中包括 GNY 逻辑、AT 逻辑、VO 逻辑和 SVO 逻辑。GNY 逻辑拓展了 BAN 逻辑的范围，试图消除 BAN 逻辑中对主体诚实性的假设、消息源假设、可识别假设等。GNY 逻辑提出了“拥有”概念，并区分了“拥有”和“相信”；增加了“可识别性”概念和“非信源”概念；增加了推理规则，因此比 BAN 逻辑更为全面和细致。但它的规则膨胀到 40 多个，大大增加了它的使用难度，阻碍了它的应用推广。AT 逻辑从语义的角度分析了 BAN 逻辑，并进行了改进，同时给出了形式化语义，并证明了其推理系统的合理性。AT 逻辑因其良好的计算模型和形式语义受到好评。VO 逻辑则在 BAN 逻辑的基础上增加了对 Diffie-Hellman 密钥交换系统的处理能力。而 SVO 逻辑吸收了 BAN 逻辑、GNY 逻辑、AT 逻辑等的优点，同时又具有十分简洁的推理规则和公理。它为逻辑系统建立了用于推证合理性的理论模型。在形式化语义方面，SVO 逻辑对一些概念做了重新定义，从而取消了 AT 逻辑系统中的一些限制。1997 年，Gurgens 设计了 SG 逻辑，用于检测 BAN 逻辑、GNY 逻辑、AT 逻辑以及 VO 逻辑等其他的 BAN 类逻辑都不能够识别的特定的重放或交叉攻击类型。

BAN 逻辑及 BAN 类逻辑基本上是一种信仰逻辑，它的目的主要是证明主体相信某个公式负有责任，不能证明保密性或其他的一些特性。因此，BAN 逻辑不适合分析电子商务协议，原因在于信仰逻辑是要证明某个主体相信某一公式，而可追究性的目的在于某个主体要向第三方证明另一方对某个公式负有责任。为此，Kailar 提出了新的用于分析电子商务协议中可追究性的形式化分析方法，简称 Kailar 逻辑。但是 Kailar 逻辑同样存在缺陷：只能分析协议的可追究性，不能分析协议的公平性，对协议语句的解释及初始化假设是非形式化的，无法处理密文等。

BAN 类逻辑尽管存在这样或那样的缺陷，但是，它在安全协议形式化分析领域仍具有举足轻重的地位，而且它的简单、直观、易用性仍然受到很多人的欢迎，给我们带来了许多思路和启发。可以断定，它在未来发展的组合方法中仍将起到先驱作用。

1.3.3 基于代数模型的状态检验方法

基于代数模型的状态检验方法从问题的反面入手实现了安全协议安全性的验证。这类方法的思路是，把安全协议看成一个分布式系统，每个主体执行协议的过程构成局部状态，所有局部状态构成系统的全局状态，每个主体的消息收发动作都会引起局部状态的改变，从而引起全局状态的改变。验证方法是：在系统可达的每个全局状态，检查安全属性是否满足。这类方法具有代表性的有：基于 Dolev-Yao 模型的 Interrogator 系统、基于 CSP(Communication Sequential Processes)模型的 FDR 模型检验工具和基于 Meadows 模型的 NRL 协议分析器等。

基于Dolev-Yao模型的Interrogator系统通过穷尽搜索安全协议的状态空间,查找可能存在的缺陷;基于CSP模型的FDR模型检验工具则将协议实体(包括攻击者)视为CSP并发进程,并将协议的安全性目标描述为事件序列,然后检测各种事件序列是否满足与安全性目标相对应的事件序列;基于Meadows模型的NRL协议分析器根据给出的协议不安全状态,反向搜索,并证明该不安全状态是不可达的。

目前,对于协议分析来讲,基于代数模型的状态检验方法已经证明是一条非常成功的途径,发现了协议的许多以前未发现的新的攻击,这种方法的自动化程度高,验证过程中不需要用户参与;如果协议有缺陷,能够自动产生反例。但它的缺点也很明显:

① 容易产生状态空间爆炸问题,所以不能用于比较复杂的协议;

② 一般需要指定运行参数,比如运行实例和主体的数量,因而没有发现错误并不能保证协议的正确性,也就是它不能证明协议的正确性。

这类方法虽然存在以上缺点,但由于它能够完全自动化,而且很容易为不熟悉形式化方法的协议设计人员所用,所以这种方法得到研究人员的关注。

1.3.4 基于不变集的代数定理证明方法

基于不变集的代数定理证明方法,是安全协议形式化验证领域新的研究热点。这类方法的共同特点是:在不变集这种代数结构的基础上将安全协议的安全目标构造成一组代数定理,通过对相关定理的证明,实现对安全协议安全目标的有效验证。在这类方法中,比较典型的方法有以下几种。

① Bolignano提出的human-readable证明法。此方法将重点放在明确区分主体的可信度上,以及角色、信仰、控制结构、增强排序约束和认证属性等,并运用强有力的不变式和攻击者知识公理使认证过程类似于基于代数模型的状态检验方法。

② Paulson归纳法。Paulson将协议归纳定义为所有可能事件路径的集合。每条路径是一个包含多轮协议通信的事件序列。这种方法可以模拟所有攻击和密钥丢失。

③ Schneider秩函数。该方法用来验证恶意环境下协议性质的成立。协议主体和潜在恶意攻击者不期的交互行为使得即使在完美密码假设的前提下,安全协议也可能是不安全的。对协议安全性的分析目的在于一方面试图找到可能的攻击,另一方面直接证明攻击是不可能发生的。

④ 串空间。该方法集NRL协议分析器、Paulson归纳法以及Schneider秩函数思想之大成,是一种新型有效的协议形式化分析方法。

当然,还有其他一些方法,如Rewriting逼近法、maude分析法等,这里不再一一详细介绍。

基于不变集的代数定理证明方法的出现,表明安全协议形式化分析进入一个新的研究阶段。它是以协议的安全目标可通过建立诸如不变集的代数结构加以验证为前提,旨在解决模态逻辑方法和状态检验方法中出现的问题,并试图实现对安全协议安全目标的可信证明。研究表明,它在安全协议形式化分析研究中取得了明显的成效,具有重要的研究意义。

1.4 本书的结构

本书的主要内容是安全协议及安全协议的形式化分析方法。安全协议及其分析方法内容很多,研究成果也非常多。作为一本教材,不可能将该领域的所有内容都包括。我们有选择地摘选其中有代表性的内容介绍给大家,力图精练,但又能包含大部分有代表性的内容。

本书由四部分内容组成。

第一部分,基础知识,主要介绍本书涉及的基础理论。

第二部分,安全协议原理,主要介绍安全协议的基本原理,并有选择地选取一些经典的以及正在使用的安全协议仔细讨论。

第三部分,安全协议的分析、验证方法。安全协议的分析、验证方法种类有很多,许多研究者从不同的角度出发,提出了各种各样的方法,研究成果很丰富。总的来说,主要有三类方法:基于知识与信仰的逻辑推理方法、基于代数模型的状态检验方法和基于不变集的代数定理证明方法。本书重点介绍基于知识与信仰的逻辑推理方法,详细阐述了 BAN 逻辑、GNY 逻辑、AT 逻辑、SVO 逻辑、Kailar 逻辑以及 CS 逻辑等。此外本书还介绍了一种基于不变集的代数定理证明——串空间方法。

第四部分,安全协议前沿技术研究简介。主要介绍前沿计算领域中的安全协议、安全协议硬件卸载和人工智能与安全协议。

第 2 章

密码学基础

密码技术是网络与信息安全的保障和核心技术。计算机网络、通信技术和信息化的飞速发展,给密码学提供了一个很好的发展空间。密码理论、密码技术、密钥管理等研究与应用进入了一个新的时期。现代密码技术被应用到信息技术的所有领域,例如,加密与密码分析、数字签名、身份认证、信息鉴别、密钥管理、安全协议设计等。在安全协议的设计与分析中,密码学基础理论是必不可少的理论基石,占有重要的地位。本章就涉及的密码学基本内容做简要介绍。

2.1 密码学概述

2.1.1 密码学的发展过程

密码学 (Cryptology)是指所有有关研究秘密交互问题的学问,它是信息安全研究和工程实践的基础理论之一。

密码学的起源可能要追溯到人类刚刚出现,并且尝试去学习如何通信的时候,他们不得不去寻找方法确保他们的通信的机密性。最先有意识地使用一些技术方法来加密信息的可能是公元前的古希腊人,他们使用的是一根叫 scytale 的棍子。送信人先绕棍子卷一张纸条,然后把要写的信息纵写在上面,接着打开纸送给收信人。如果不知道棍子的宽度(这里作为密钥)是不可能解密里面的内容的。后来,古罗马的军队用恺撒密码(3 个字母表轮换)进行通信。在 19 世纪,Kerckhoffs 写下了现代密码学的原理,其中一个原理提到:加密体系的安全性并不依赖于加密的方法本身,而是依赖于所使用的密钥。

可是,当时的加密体系仍然缺少数学背景,因而也缺少测量或评价这些体系抗攻击的能力。此时,密码学还谈不上是一门科学,更像一门艺术。在 1948 年和 1949 年,香农(Claude Shannon)相继发表了两篇在密码学发展史上非常重要的论文 *A Mathematical Theory of Communication* 和 *Communication Theory of Secrecy Systems*,首次把科学方法引入了密码学,它为单钥密码系统建立了理论基础,从此密码学成为一门科学。

1976 年 Diffie 和 Hellman 发表的文章 *New Directions in Cryptograph* 引发了密码学上的一场革命。他们首先证明了在发送端和接收端无密钥传输的保密通信是可能的,从而开创了公钥密码学的新纪元。1978 年,Rivest、Shamir 和 Adleman 实现了 RSA 公钥密码体制,它成为公钥密码的杰出代表和事实标准。

20 世纪 70 年代以来,密码学的发展非常迅速。

1977年，美国国家标准局（National Bureau of Standards ，NBS）公布了数据加密标准（Data Encryption Standard，DES）。此后，DES被多个部门和标准化机构采纳，成为实际的标准。

1984年，Bennett和Brassard在Wiesner的“共轭密码”思想的启发下，首次提出了基于量子理论的BB84协议，从此量子密码理论宣告诞生。

1985年，Koblitz和Miller把椭圆曲线理论应用到公钥密码体制技术中，在公钥密码技术中取得了重大进展，成为公钥密码技术研究的新方向。

1993年，美国政府宣布了一项新的建议——Clipper建议，该建议规定使用专门授权制造的且算法不予公布的Clipper芯片实施商用加密。

1997年4月15日，美国国家标准与技术研究院（National Institute of Standards and Technology，NIST）发起征集先进加密标准（Advanced Encryption Standard，AES）的活动，并专门成立了AES工作组，2000年10月2日，NIST公布中标算法——Rijndael，并将该算法确认为AES算法。

2.1.2 密码学的基本概念

在密码学中，需要隐藏的原始消息称为明文（Plaintext），隐藏后的信息称为密文（Ciphertext）。将明文变换为密文的过程称为加密（Encryption），由密文还原为明文的过程称为解密（Decryption）。对明文进行加密时所采用的一组规则称为加密算法（Encryption Algorithm），对密文进行解密时所采用的一组规则称为解密算法（Decryption Algorithm）。一般而言所使用的加解密算法是公开的，加密和解密算法操作通常都是在一组密钥（Key）的控制下进行的，分别称为加密密钥（Encryption Key）和解密密钥（Decryption Key）。加密解密过程如图2-1所示。

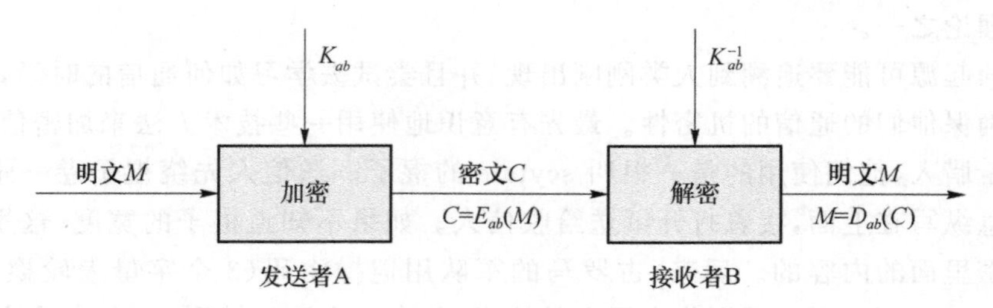

图2-1 密码系统

一个密码系统基本要求如下：

① 知道加密密钥K_{ab}时，密文$C=E_{ab}(M)$容易计算；

② 知道解密密钥K_{ab}^{-1}时，明文$M=D_{ab}(C)$容易计算；

③ 不知道K_{ab}时，由$C=E_{ab}(M)$，不容易推导出M。

由上述要求可知，一个密码系统，对合法通信双方而言，加密解密是容易的。对第三方来说，由密文推导出明文是困难的。

密码学主要分为以下两个领域。

① 密码编码学（Cryptography）：主要目的是保持明文和密钥的秘密，以防止偷听者知晓。

② 密码分析学（Cryptanalysis）：泛指如何破解密码系统，或伪造信息使密码系统误以为真的科学。

密码编码学与密码分析学是两个相互独立的分支，它们彼此目的相反，相互对立，但在发展中又相互促进。密钥是密码体制安全保密的关键，它的产生、分配和管理是密码学中的重要研究内容。现代密码学中，加密和解密操作都是在密钥的控制之下进行的，分别称为加密密钥和解密密钥。密钥可以是任何一个数或字符串，但最好是随机生成密钥。

2.2 密码体制

没有密码体制支撑的安全协议很难称其为安全。密码体制作为安全协议的重要基础，对安全协议的安全性起着重要的作用。下面给出密码体制的基本概念。

定义 2-1　一个密码体制有如下几个部分：

① 所有可能的明文集合 P，称为明文空间；

② 所有可能的密文集合 C，称为密文空间；

③ 所有可能的密钥集合 K，称为密钥空间；

④ 加密算法：$E:P\times K\rightarrow C(m,k)\mapsto E_k(m)$；

⑤ 解密算法：$D:C\times K\rightarrow P(c,k)\mapsto D_k(c)$；

⑥ 对 $\forall m\in P,k\in K$，有 $D_k(E_k(m))=m$。

五元组(P,C,K,E,D)称为一个密码体制。

一个完整的保密通信系统是由一个密码体制、一个信源、一个信宿，还有一个攻击者或密码破译者构成。一个完整的保密通信系统如图 2-2 所示，其中发送者就是信源，接收者就是信宿，信息的加密方法就是加密体制。

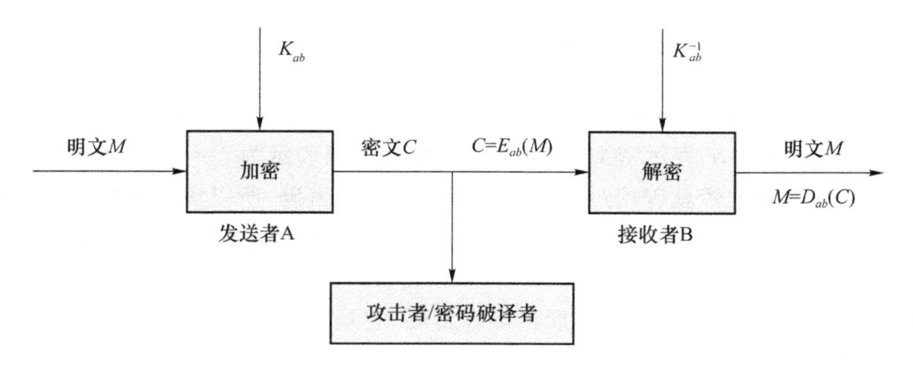

图 2-2　保密通信系统模型

2.3 对称密钥密码体制

对称密钥密码体制(Symmetric Key Cryptography)的加密密钥和解密密钥相同，因此又称为单钥体制。对称密钥密码体制的安全性依赖于两个因素：①加密算法强度至少应该满足：已知算法，通过截获密文不能导出明文或者发现密钥；②发送方和接收方必须以安全的方式传递和保存密钥，对称密码体制的安全性取决于密钥分发而不是算法的保密性。对数据进行加密的对称密钥密码体制如图 2-3 所示。

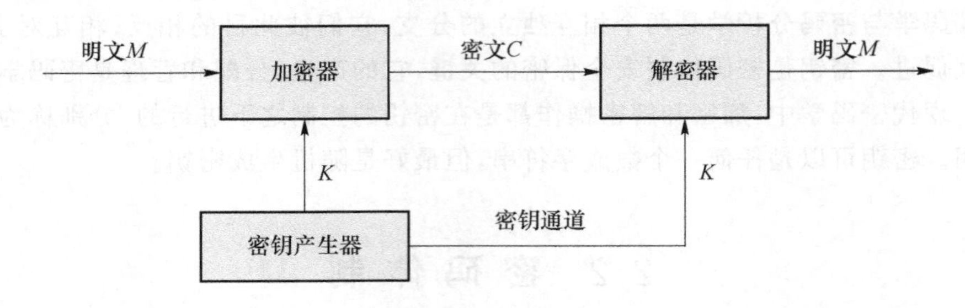

图 2-3　对称密钥密码体制

密钥的产生和密钥分发是对称密钥密码体制中的两个重要方面。在算法公开的前提下所有秘密都在密钥中，因此密钥本身应该通过另外的秘密通道传递。如何将密钥安全可靠地分配给通信双方在网络应用中是至关重要的。

对称密钥密码体制的古典算法有单表代换密码、多表代换密码、同态代换密码、多字母代换密码、乘积密码等多种。现代算法有 DES、国际数据加密算法（International Data Encryption Algorithm，IDEA）、AES 等。

2.3.1　代换密码

代换密码，顾名思义，即用一个符号来代替另外一个符号，从而达到隐藏明文的目的。最简单的代换密码就是移位密码，如将英文字母循环向前或者向后移到一个固定位置。例如，将英文字母向后移动 3 位，此时字母表的代换顺序如表 2-1 所示。

表 2-1　简单的代换密码表

A	B	C	D	E	F	G	H	I	J	K	L	M	N	O	P	Q	R	S	T	U	V	W	X	Y	Z
D	E	F	G	H	I	J	K	L	M	N	O	P	Q	R	S	T	U	V	W	X	Y	Z	A	B	C

设明文为 Security Protocol，则经过上述变换后的密文为 Vhfxulwb Surwrfro。

假设用 m 表示明文，c 表示密文，则上述转换规则可以表示为 $c=(m+3\text{mod } 26)$。据说早在公元前 1 世纪，恺撒大帝就曾用过这种极简单的代换式密码，所以该密码也称恺撒密码。

稍微复杂一点的代换密码就是多表代换密码，其中具有代表性的就是维吉尼亚（Vigenere）密码。

人们在单一恺撒密码的基础上扩展出多表密码，它是由 16 世纪法国亨利三世王朝的布莱瑟·维吉尼亚发明的，其特点是将 26 个恺撒密表合成一个，如表 2-2 所示。

表 2-2　维吉尼亚密表

	A	B	C	D	E	F	G	H	I	J	K	L	M	N	O	P	Q	R	S	T	U	V	W	X	Y	Z
A	A	B	C	D	E	F	G	H	I	J	K	L	M	N	O	P	Q	R	S	T	U	V	W	X	Y	Z
B	B	C	D	E	F	G	H	I	J	K	L	M	N	O	P	Q	R	S	T	U	V	W	X	Y	Z	A
C	C	D	E	F	G	H	I	J	K	L	M	N	O	P	Q	R	S	T	U	V	W	X	Y	Z	A	B
D	D	E	F	G	H	I	J	K	L	M	N	O	P	Q	R	S	T	U	V	W	X	Y	Z	A	B	C
E	E	F	G	H	I	J	K	L	M	N	O	P	Q	R	S	T	U	V	W	X	Y	Z	A	B	C	D
F	F	G	H	I	J	K	L	M	N	O	P	Q	R	S	T	U	V	W	X	Y	Z	A	B	C	D	E
G	G	H	I	J	K	L	M	N	O	P	Q	R	S	T	U	V	W	X	Y	Z	A	B	C	D	E	F
H	H	I	J	K	L	M	N	O	P	Q	R	S	T	U	V	W	X	Y	Z	A	B	C	D	E	F	G

I	I	J	K	L	M	N	O	P	Q	R	S	T	U	V	W	X	Y	Z	A	B	C	D	E	F	G	H
J	J	K	L	M	N	O	P	Q	R	S	T	U	V	W	X	Y	Z	A	B	C	D	E	F	G	H	I
K	K	L	M	N	O	P	Q	R	S	T	U	V	W	X	Y	Z	A	B	C	D	E	F	G	H	I	J
L	L	M	N	O	P	Q	R	S	T	U	V	W	X	Y	Z	A	B	C	D	E	F	G	H	I	J	K
M	M	N	O	P	Q	R	S	T	U	V	W	X	Y	Z	A	B	C	D	E	F	G	H	I	J	K	L
N	N	O	P	Q	R	S	T	U	V	W	X	Y	Z	A	B	C	D	E	F	G	H	I	J	K	L	M
O	O	P	Q	R	S	T	U	V	W	X	Y	Z	A	B	C	D	E	F	G	H	I	J	K	L	M	N
P	P	Q	R	S	T	U	V	W	X	Y	Z	A	B	C	D	E	F	G	H	I	J	K	L	M	N	O
Q	Q	R	S	T	U	V	W	X	Y	Z	A	B	C	D	E	F	G	H	I	J	K	L	M	N	O	P
R	R	S	T	U	V	W	X	Y	Z	A	B	C	D	E	F	G	H	I	J	K	L	M	N	O	P	Q
S	S	T	U	V	W	X	Y	Z	A	B	C	D	E	F	G	H	I	J	K	L	M	N	O	P	Q	R
T	T	U	V	W	X	Y	Z	A	B	C	D	E	F	G	H	I	J	K	L	M	N	O	P	Q	R	S
U	U	V	W	X	Y	Z	A	B	C	D	E	F	G	H	I	J	K	L	M	N	O	P	Q	R	S	T
V	V	W	X	Y	Z	A	B	C	D	E	F	G	H	I	J	K	L	M	N	O	P	Q	R	S	T	U
W	W	X	Y	Z	A	B	C	D	E	F	G	H	I	J	K	L	M	N	O	P	Q	R	S	T	U	V
X	X	Y	Z	A	B	C	D	E	F	G	H	I	J	K	L	M	N	O	P	Q	R	S	T	U	V	W
Y	Y	Z	A	B	C	D	E	F	G	H	I	J	K	L	M	N	O	P	Q	R	S	T	U	V	W	X
Z	Z	A	B	C	D	E	F	G	H	I	J	K	L	M	N	O	P	Q	R	S	T	U	V	W	X	Y

维吉尼亚密码引入了“密钥”的概念，即根据密钥来决定用哪一行的密表来进行替换，以此来对抗字频统计。假如以上面第 1 行代表明文字母，左边第 1 列代表密钥字母，对如下明文加密：security protocol。

当选定 key 为密钥时，加密过程是：明文一个字母为 s，第 1 个密钥字母为 k，因此可以找到在 k 行中代替 s 的为 c，依此类推，得出对应关系如下：

明文	sec	uri	typ	rot	oco	l
密钥	key	key	key	key	key	k
密文	cia	evg	dcn	bsr	ygm	v

历史上，以维吉尼亚密表为基础又演变出很多种加密方法，其基本元素无非是密表与密钥，并一直沿用到第二次世界大战以后的初级电子密码机上。

下面给出维吉尼亚密码的数学表示。

在维吉尼亚密码中，密钥是一个有限序列 $K=(k_1,k_2,\cdots,k_d)$，可以通过周期性（周期为 d），将 K 扩展为无限序列，$K=(k_1,k_2,\cdots)$，从而得到工作密钥。

用 m 表示明文，c 表示密文，则维吉尼亚密码的变换公式为

$$c\equiv(m+K_i)(\mathrm{mod}\ n)$$

在上述例子中，用户密钥为 key，周期为 3，$n=26$。

2.3.2 数据加密标准

数据加密标准（DES）是一种加密算法，1976 年被美国联邦政府的联邦信息处理标准（Federal Information Processing Standard，FIPS）所选中，随后在国际上广泛流传开来。

为了建立适用于计算机系统的商用密码，美国国家标准局（NBS）于 1973 年 5 月和 1974 年 8 月两次发布通告，向社会征求密码算法。对这些算法的要求是：

① 算法必须提供较高的安全性；

② 算法必须是公开的，有清楚的解释，容易理解；

③ 安全性必须完全取决于密钥，而不是算法本身；

④ 算法必须能让任何用户使用；

⑤ 算法必须很灵活，适用于多种应用场合；

⑥ 算法的硬件实现应有较高的性能价格比；

⑦ 算法的执行应有较高的效率；

⑧ 算法的正确性应能证明；

⑨ 算法和算法的硬件实现应满足美国的出口要求。

虽然公众对此有十分积极的反应，但是他们却缺乏足够的有关加密的技术和知识，所以提交的方案无一能够满足国家标准局的要求。直到 1974 年，才收到了一个十分有希望的建议，这就是 LUCIFFER 算法。LUCIFFER 算法是由 IBM 公司提交的。1975 年 3 月，NBS 向社会公布了此算法，以求得公众的评论。该算法于 1976 年 11 月被美国政府采用，随后被美国国家标准局和美国国家标准协会（American National Standards Institute，ANSI）承认。1977 年 1 月以 DES 的名称正式向社会公布，供商业和非国防性政府部门使用。同时规定，每隔 5 年，由美国国家安全局（National Security Agency，NSA）做出评估，并重新批准它是否继续作为联邦加密标准。1994 年重新评估后，DES 算法被美国新的数据加密标准 AES 取代。

DES 是一种明文分组 64 比特、有效密钥 56 比特、输出密文 64 比特的具有迭代的分组对称密码算法。所谓分组密码，即指将明文分为 m 个明文块 $x=(x_1,x_2,\cdots,x_m)$，每一组明文在密钥 $k=(k_1,k_2,\cdots,k_t)$ 的控制下变换成 n 个密文块 $y=(y_1,y_2,\cdots,y_n)$，每组明文用同一个密钥 k 加密。

DES 算法由初始置换 IP、16 轮迭代、初始 IP 逆置换组成。下面简单讨论一下 DES 算法。

很多分组密码的结构从本质上说都是基于费斯妥（Feistel）网络结构。Feistel 提出利用乘积密码可获得简单的代换密码，乘积密码指顺序地执行多个基本密码系统，使得最后结果的密码强度高于每个基本密码系统产生的结果。取一个长度为 n 的分组（n 为偶数），然后把它分为长度为 $n/2$ 的两部分：L 和 R。定义一个迭代的分组密码算法，其第 i 轮的输出取决于前一轮的输出：

$$L(i)=R(i-1)$$
$$R(i)=L(i-1)\oplus f(R(i-1),K(i))$$

其中：$K(i)$ 是 i 轮的子密钥，f 是任意轮函数。

容易看出其逆为

$$R(i-1)=L(i)$$
$$L(i-1)=R(i)\oplus f(R(i-1),K(i))=R(i)\oplus f(L(i),K(i))$$

DES 就是基于 Feistel 网络结构。假定信息空间都是由 $\{0,1\}$ 组成的字符串，信息被分成 64 比特的块，密钥是 56 比特。经过 DES 加密的密文也是 64 比特的块。设用 m 表示信息块，k 表示密钥，则

$$m=m_1m_2\cdots m_{64},m_i=\{0,1\},i=1,2,\cdots,64$$
$$k=k_1k_2\cdots k_{64},k_i=\{0,1\},i=1,2,\cdots,64$$

其中 $k_8,k_{16},k_{24},k_{32},k_{40},k_{48},k_{56},k_{64}$ 是奇偶校验位，真正起作用的仅为 56 位。

加密算法为 $E_k(m)=\mathrm{IP}^{-1}\cdot T_{16}\cdot T_{15}\cdot\cdots\cdot T_1\cdot\mathrm{IP}(m)$，其中 IP 为初始置换，$\mathrm{IP}^{-1}$ 是 IP 的逆，$T_i, i=1,2,\cdots,16$ 是一系列的变换。解密算法为 $m=E_k^{-1}(E_k(m))=\mathrm{IP}^{-1}\cdot T_1\cdot T_2\cdot\cdots\cdot T_{16}\cdot\mathrm{IP}(E_k(m))$。

DES 的每一密文比特是所有明文比特和所有密钥比特的复合函数。这一特性使明文与密文之间，以及密钥与密文之间不存在统计相关性，因而使得 DES 具有很高的抗攻击性。整个算法如图 2-4 所示，每一轮迭代算法如图 2-5 所示。

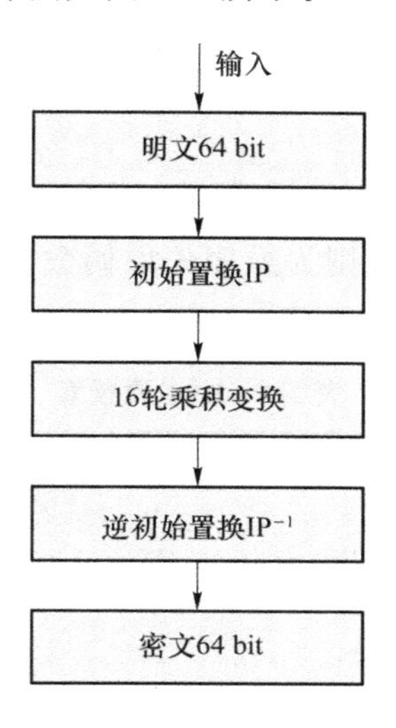

图 2-4 DES 算法

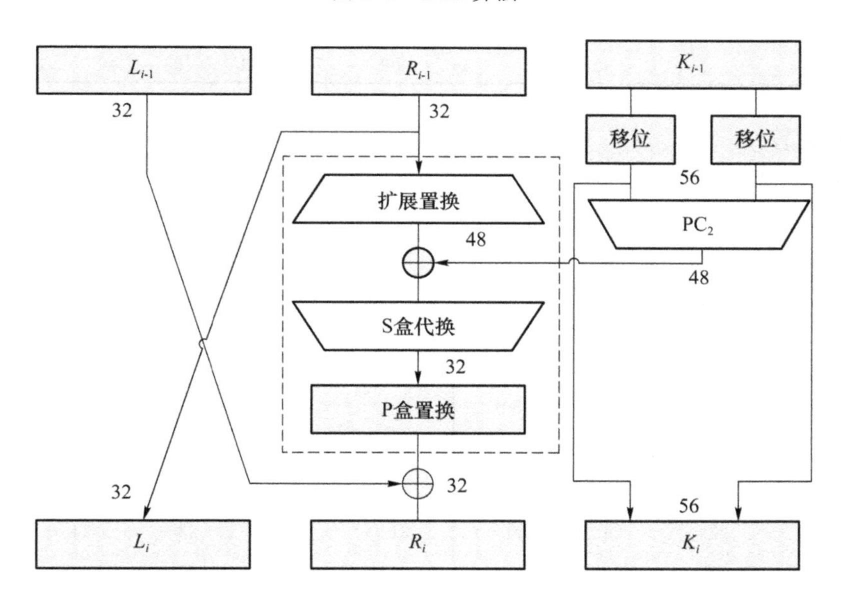

图 2-5 一轮 DES 算法

(1) 初始置换 IP

IP 是一个 64 比特的排列，若记明文为 $x=x_1x_2\cdots x_{64}$，按初始换位表 IP 进行换位，得到 IP $(x)=x_{58}x_{50}\cdots x_{15}x_7$，其初始 IP 置换如表 2-3 所示。

表 2-3　IP 置换表

x								IP(x)							
1	2	3	4	5	6	7	8	58	50	42	34	26	18	10	2
9	10	11	12	13	14	15	16	60	52	44	36	28	20	12	4
17	18	19	20	21	22	23	24	62	54	46	38	30	22	14	6
25	26	27	28	29	30	31	32	64	56	48	40	32	24	16	8
33	34	35	36	37	38	39	40	57	49	41	33	25	17	9	1
41	42	43	44	45	46	47	48	59	51	43	35	27	19	11	3
49	50	51	52	53	54	55	56	61	53	45	37	29	21	13	5
57	58	59	60	61	62	63	64	63	55	47	39	31	23	15	7

由表 2-3 可见，IP 置换的构造规则为逆序先取偶数位，再逆序取奇数位，4 个一组排列。IP 逆置换如表 2-4 所示。

表 2-4　IP 逆置换表

x								$IP^{-1}(x)$							
1	2	3	4	5	6	7	8	40	8	48	16	56	24	64	32
9	10	11	12	13	14	15	16	39	7	47	15	55	23	63	31
17	18	19	20	21	22	23	24	38	6	46	14	54	22	62	30
25	26	27	28	29	30	31	32	37	5	45	13	53	21	61	29
33	34	35	36	37	38	39	40	36	4	44	12	52	20	60	28
41	42	43	44	45	46	47	48	35	3	43	11	51	19	59	27
49	50	51	52	53	54	55	56	34	2	42	10	50	18	58	26
57	58	59	60	61	62	63	64	33	1	41	9	49	17	57	25

（2）选择运算

选择运算 E，输入 32 位数据，产生 48 位输出。其规则如表 2-5 所示。

表 2-5　选择函数 E

x				$E(x)$					
1	2	3	4	32	1	2	3	4	5
5	6	7	8	4	5	6	7	8	9
9	10	11	12	8	9	10	11	12	13
13	14	15	16	12	13	14	15	16	17
17	18	19	20	16	17	18	19	20	21
21	22	23	24	20	21	22	23	24	25
25	26	27	28	24	25	26	27	28	29
29	30	31	32	28	29	30	31	32	1

设 $x=x_1x_2\cdots x_{64}$，将 x 分为左右两个部分，每部分为一个 32 位二进制的数据块，分别记为

$$L=l_1l_2\cdots l_{32}=x_1x_2\cdots x_{32}$$

$$R=r_1r_2\cdots r_{32}=x_{33}x_{34}\cdots x_{64}$$

把 R 视为由 8 个 4 位二进制的块组成，再根据表 2-5 的运算规则，可以把它们扩充为 8 个

6 位二进制的块(左右各增加一列),得到

$$E(R)=E(r_1r_2\cdots r_{32})=r_{32}r_1r_2\cdots r_{31}r_{32}r_1$$

(3) S 盒运算

S 盒运算由 8 个 S 盒函数构成,即

$$S(x_1x_2\cdots x_{48})=S_1(x_1\cdots x_6)S_2(x_7\cdots x_{12})\cdots S_8(x_{43}\cdots x_{48})$$

$S_1, S_2, \cdots, S_8$ 为选择函数,其功能是把 6 bit 数据变为 4 bit 数据。$S_i(b_1b_2b_3b_4b_5b_6)$的值就是对应 S_i 表中 b_1b_6 行,$b_2b_3b_4b_5$ 列处对应的数值,记为

$$S_i(b_1b_2b_3b_4b_5b_6)=s_i((b_1b_6)_2,(b_2b_3b_4b_5)_2)$$

S 盒表如表 2-6 所示。

表 2-6　S 盒表

		0	1	2	3	4	5	6	7	8	9	10	11	12	13	14	15
S_1	0	14	4	13	1	2	15	11	8	3	10	6	12	5	9	0	7
	1	0	15	7	4	14	2	13	1	10	6	12	11	9	5	3	8
	2	4	1	14	8	13	6	2	11	15	12	9	7	3	10	5	0
	3	15	12	8	2	4	9	1	7	5	11	3	14	10	0	6	13
S_2	0	15	1	8	14	6	11	3	4	9	7	2	13	12	0	5	10
	1	3	13	4	7	15	2	8	14	12	0	1	10	6	9	11	5
	2	0	14	7	11	10	4	13	1	5	8	12	6	9	3	2	15
	3	13	8	10	1	3	15	4	2	11	6	7	12	0	5	14	9
S_3	0	10	0	9	14	6	3	15	5	1	13	12	7	11	4	2	8
	1	13	7	0	9	3	4	6	10	2	8	5	14	12	11	15	1
	2	13	6	4	9	8	15	3	0	11	1	2	12	5	10	14	7
	3	1	10	13	0	6	9	8	7	4	15	14	3	11	5	2	12
S_4	0	7	13	14	3	0	6	9	10	1	2	8	5	11	12	4	15
	1	13	8	11	5	6	15	0	3	4	7	2	12	1	10	14	9
	2	10	6	9	0	12	11	7	13	15	1	3	14	5	2	8	4
	3	3	15	0	6	10	1	13	8	9	4	5	11	12	7	2	14
S_5	0	2	12	4	1	7	10	11	6	8	5	3	15	13	0	14	9
	1	14	11	2	12	4	7	13	1	5	0	15	10	3	9	8	6
	2	4	2	1	11	10	13	7	8	15	9	12	5	6	3	0	14
	3	11	8	12	7	1	14	2	13	6	15	0	9	10	4	5	3
S_6	0	12	1	10	15	9	2	6	8	0	13	3	4	14	7	5	11
	1	10	15	4	2	7	12	9	5	6	1	13	14	0	11	3	8
	2	9	14	15	5	2	8	12	3	7	0	4	10	1	13	11	6
	3	4	3	2	12	9	5	15	10	11	14	1	7	6	0	8	13
S_7	0	4	11	2	14	15	0	8	13	3	12	9	7	5	10	6	1
	1	13	0	11	7	4	9	1	10	14	3	5	12	2	15	8	6
	2	1	4	11	13	12	3	7	14	10	15	6	8	0	5	9	2
	3	6	11	13	8	1	4	10	7	9	5	0	15	14	2	3	12
S_8	0	13	2	8	4	6	15	11	1	10	9	3	14	5	0	12	7
	1	1	15	13	8	10	3	7	4	12	5	6	11	0	14	9	2
	2	7	11	4	1	9	12	14	2	0	6	10	13	15	3	5	8
	3	2	1	14	7	4	10	8	13	15	12	9	0	3	5	6	11

如表 2-6 所示，可以计算 $S_1(100110)=s_1((10)_2,(0011)_2)=s_1(2,3)=8$。

(4) P 盒置换

8 个选择函数 $S_i(1\leqslant i\leqslant 8)$的输出拼接为 32 位二进制数据区组 $y_1y_2\cdots y_{32}$，把它作为 P 盒置换函数的输入，得到输出 $y_{16}y_{17}\cdots y_{25}$，P 盒表如表 2-7 所示。

表 2-7　P 盒表

16	7	20	21
29	12	28	17
1	15	23	26
5	18	31	10
2	8	24	14
32	27	3	9
19	13	30	6
22	11	4	25

其中选择运算 E，S 盒运算以及 P 盒置换构成了 DES 算法的 f 函数：

$$f(R,k)=P(S(k\oplus E(R)))$$

其结构如图 2-6 所示。

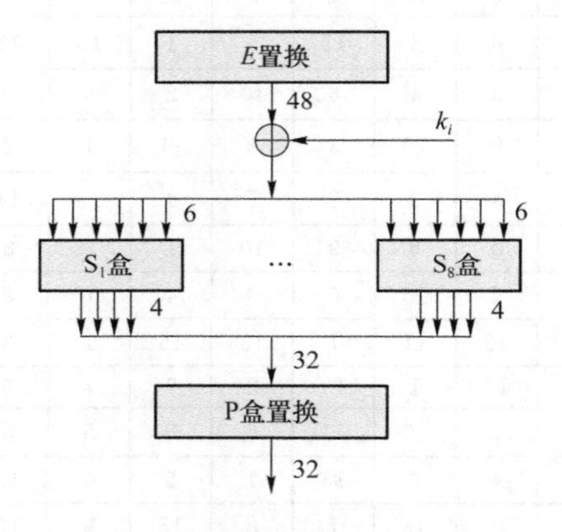

图 2-6　DES 的 f 函数

(5) 子密钥生成器

DES 的密钥是一个 64 比特的分组，但其中 8 个比特用于奇偶校验，所以密钥有效位只有 56 比特。由原始的密钥，经过密钥生成器 16 轮运算，生成 16 轮子密钥，子密钥生成器如图 2-7 所示。

说明：换位函数 PC_1 将密钥中的奇偶校验位去掉，并把剩余的 56 比特密钥进行换位运算，具体换位算法如表 2-8 所示。换位结果被分成两半，各 28 位，然后进行循环左移位运算 LS，LS_i 如表 2-9 所示。最后，经过子密钥换位函数 PC_2，得出 k(48 比特)，其中 PC_2 的换位规则如表 2-8 所示，从表 2-8 中很容易看出，PC_2 运算去掉了第 9、18、22、25、35、38、43、54 位。

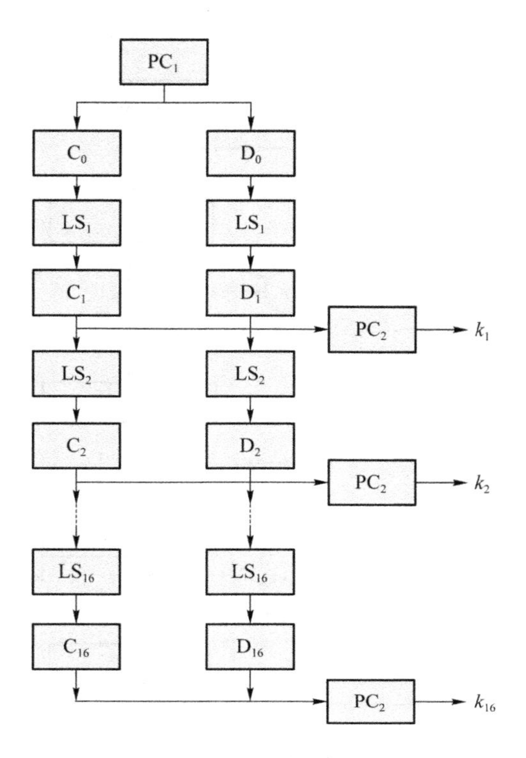

图 2-7　子密钥生成器

表 2-8　PC_1 和 PC_2 换位规则

PC_1							PC_2					
57	49	41	33	25	17	9	14	17	11	24	1	5
1	58	50	42	34	26	18	3	28	15	6	21	10
10	2	59	51	43	35	27	23	19	12	4	26	8
19	11	3	60	52	44	36	16	7	27	20	13	2
63	55	47	39	31	23	15	41	52	31	37	47	55
7	62	54	46	38	30	22	30	40	51	45	33	48
14	6	61	53	45	37	29	44	49	39	56	34	53
21	13	5	28	20	12	4	46	42	50	36	29	32

表 2-9　循环左移变换表

i	1	2	3	4	5	6	7	8	9	10	11	12	13	14	15	16
LS_i	1	1	2	2	2	2	2	2	1	2	2	2	2	2	2	1

(6) DES 解密算法

DES 解密算法与加密算法完全一样，所不同的就是解密子密钥与加密子密钥的使用顺序相反，即解密子密钥为 $k_{16}k_{15}\cdots k_2k_1$。

(7) 完整的 DES 加密算法

根据上述讨论，下面给出完整的 DES 加密算法，其过程如图 2-8 所示。

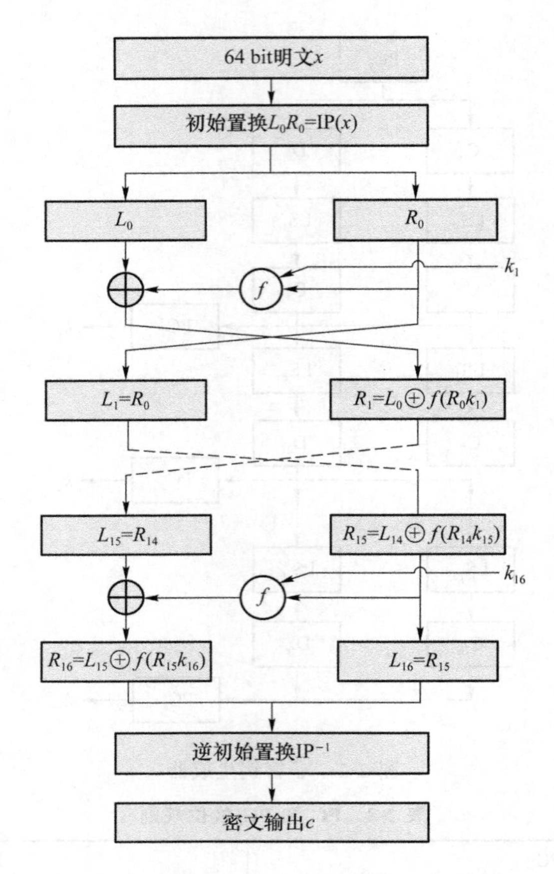

图 2-8 DES 加密算法

(8) 安全性分析

DES 的安全性争论由来已久，主要有以下几个问题。

① S 盒的设计

S 盒是 DES 算法的核心，DES 算法依靠 S 盒实现非线性变换。但美国国家安全局(NSA)修改了 S 盒的设计，所以，人们有理由怀疑 NSA 在 S 盒中隐藏了陷门，使得 NSA 借助这个陷门可以破译 DES 密码。

② 互补性

DES 算法具有互补性，即若 $y=\mathrm{DES}_k(x)$，则 $\overline{y}=\mathrm{DES}_{\overline{k}}(\overline{x})$，其中 $\overline{y}$ 是 y 逐位取补，$\overline{k}$、$\overline{x}$ 类似。这种互补性，使得穷举攻击密钥搜索工作量可以减少一半。

③ 弱密钥和半弱密钥

如果初始密钥 k，生成子密钥 $k_1=k_2=\cdots=k_{16}$，显然此时 $\mathrm{DES}_k(\mathrm{DES}_k(x))=x$，则称 k 为弱密钥。现已知 DES 的弱密钥有 4 个。

若有一对密钥 k_1,k_2，使得 $\mathrm{DES}_{k_2}(\mathrm{DES}_{k_1}(x))=\mathrm{DES}_{k_1}(\mathrm{DES}_{k_2}(x))=x$，则称 k_1,k_2 为半弱密钥，DES 至少有 12 个半弱密钥。

④ 短密钥

DES 密钥是 56 比特，其密钥量为 $2^{56}\approx10^{17}$ 个，不能抵抗穷举搜索攻击。下面的例子很有说服力。

1998 年 7 月 17 日，电子前沿基金会(Electronic Frontier Foundation，EFF)用一台价值低

于 25 万美元的计算机，在 56 小时内成功破译了 DES。

DES 现在已经不再视为一种安全的加密算法，也有一些分析报告提出了该算法在理论上的弱点，虽然实际情况未必出现，但该标准已经被高级加密标准（AES）取代。

2.3.3　高级加密标准

高级加密标准（Advanced Encryption Standard，AES），在密码学中又称 Rijndael 加密法，是美国联邦政府采用的一种区块加密标准。这个标准用来替代原来的 DES，已经被多方分析且广为全世界所使用。经过 5 年的甄选流程，高级加密标准由美国国家标准与技术研究院（NIST）于 2001 年 11 月 26 日发布于 FIPS PUB 197 上，并在 2002 年 5 月 26 日成为有效的标准。2006 年，高级加密标准已然成为对称密钥加密中最流行的算法之一。

该算法为比利时密码学家 Joan Daemen 和 Vincent Rijmen 所设计，结合两位设计者的名字，以 Rijndael 来命名。

Rijndael 是由 Daemen 和 Rijmen 早期所设计的 Square 改良而来，而 Square 则是由 SHARK 发展而来。不同于它的前任标准 DES，Rijndael 使用的是置换-组合架构，而非 Feistel 架构。AES 在软件及硬件上都能快速地加解密，相对来说易于实现，且只需要很少的存储器。

Rijndael 算法是一种分组密码体制，其明文分组长度，密钥长度可以是 128 比特、192 比特、256 比特中的任意一个。Rijndael 算法将明文分成 N_b 个字，密钥分成 N_k 个字，每个字为 4 个字节。图 2-9 所示为明文分组为 128 比特（$N_b=4$）组成的阵列。

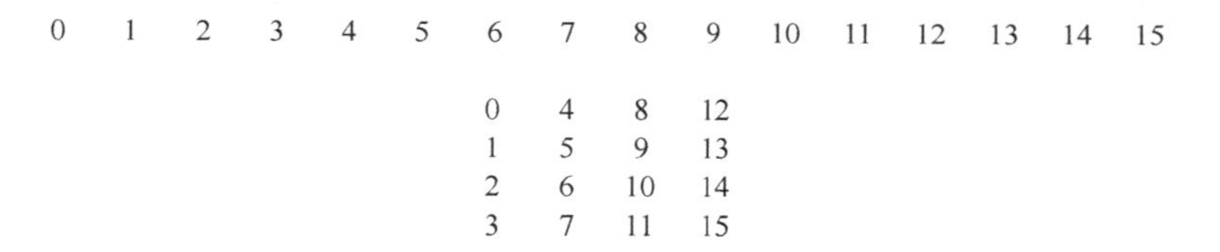

图 2-9　以明文分组为 128 比特为例组成的阵列

AES 的总体结构如图 2-10 所示。

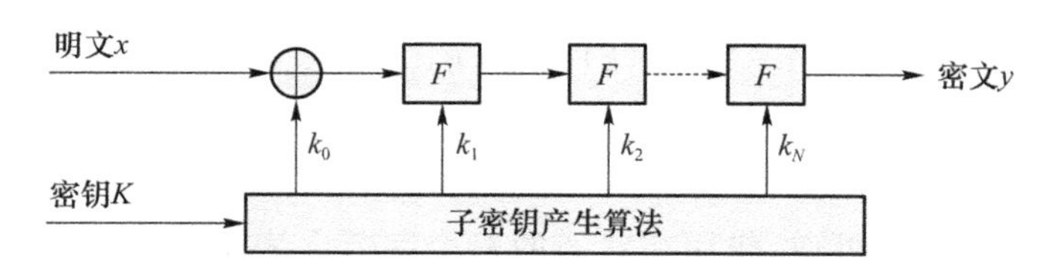

图 2-10　AES 的总体结构

首先密钥 k_0 和待加密信息按位相与，然后所有要加密的分组都用一个轮函数 F 进行迭代计算，计算用的子密钥是由一个密钥扩展函数产生的，初始的密钥是主密钥。对于 AES 函数，F 要迭代 N 次。每轮包含 4 个动作，最后一轮包含 3 个动作，其中 $N=\max(N_b, N_k)+6$。AES 算法的主要流程如图 2-11 所示。

若记初始轮变换为 T_0，末轮变换为 T_N，中间各轮为 $T_1, T_2, \cdots, T_{N-1}$，则加密过程可以描述为

$$\mathrm{AES}=T_N \circ T_{N-1} \circ \cdots \circ T_1 \circ T_0$$

若令

A_i：轮密钥为 k_i 的密钥加变换；

$H_{\boldsymbol{M}}$：矩阵为 $\boldsymbol{M}$ 的列混合运算；

R_C：移位向量 $\boldsymbol{C}=(c_0,c_1,c_2,c_3)$ 的行右移位操作；

$S_{u,v}$：参数为 u,v 的 S 盒变换，

则

$T_0=A_0$

$T_i=A_iR_{\boldsymbol{C}}H_{\boldsymbol{M}}S_{u,v},i=1,2,\cdots,N-1$

$T_N=A_NR_{\boldsymbol{C}}S_{u,v}$

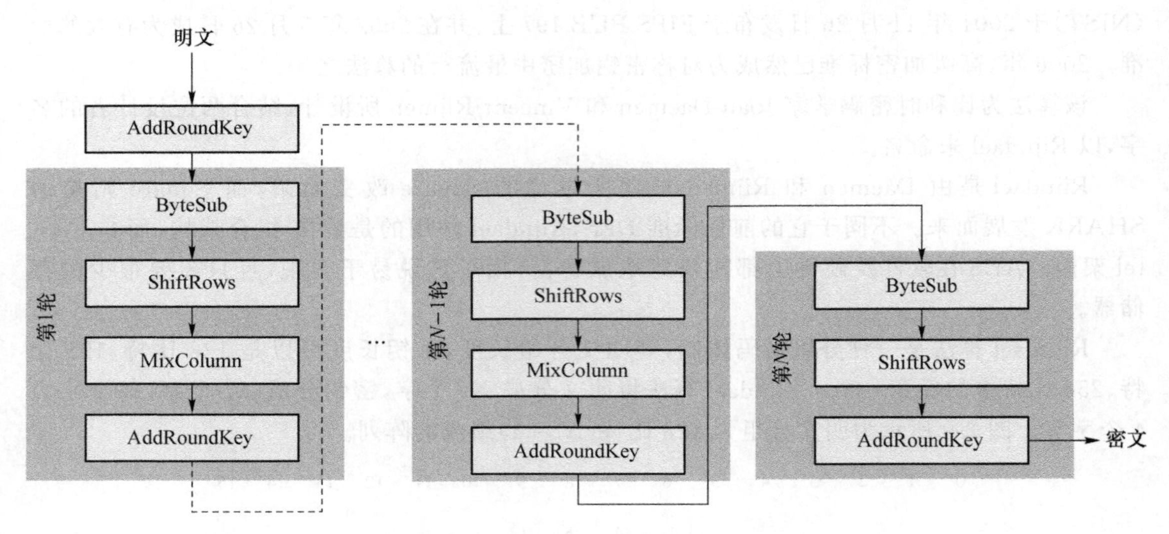

图 2-11　AES 算法的主要流程

下面简要介绍各基本部件。

(1) 密钥加变换——AddRoundKey

字节运算是 AES 的基本运算，一个字节被看作有限域 GF(2^8)的元素。AES 每一轮变换的结果称为态，每个态是一个 $4\times N_b$ 阶字节的矩阵，如下式。

$$A_i(a)=(a_{ij})+k_i$$

其中"＋"运算为 GF(2^8)中的运算。

(2) ByteSub 运算

ByteSub(S 盒)非线性、可逆，作用在状态的每个字节上表示为 ByteSub(State)。该变换由以下 2 个子变换合成。

首先做倒数变换：t：GF(2^8)→GF(2^8)，对 $\forall a\in$ GF(2^8)，$t(a)=\begin{cases}0, & a=0\\ a^{-1}, & a\neq 0\end{cases}$。

然后做仿射变换：$L_{u,v}$：GF(2^8)→GF(2^8)，对 $\forall a\in$ GF(2^8)，$L_{u,v}(a)=b=(b_7b_6b_5b_4b_3b_2b_1b_0)$。

用多项式 $b(x)=b_0+b_1x+\cdots+b_7x^7$ 表示$(b_7b_6b_5b_4b_3b_2b_1b_0)$，用多项式 $a(x)=a_0+a_1x+\cdots+a_7x^7$ 表示$(a_7a_6a_5a_4a_3a_2a_1a_0)$，则有

$$b(x)=u(x)a(x)+v(x)\bmod x^8+1$$

其中 $u(x)=x^7+x^6+x^5+x^4+1$，$v(x)=x^7+x^6+x^2+x$。

这样，仿射变换可表示为如下矩阵形式：

$$\begin{pmatrix} b_0 \\ b_1 \\ b_2 \\ b_3 \\ b_4 \\ b_5 \\ b_6 \\ b_7 \end{pmatrix} = \begin{pmatrix} 1 & 1 & 1 & 1 & 1 & 0 & 0 & 0 \\ 0 & 1 & 1 & 1 & 1 & 1 & 0 & 0 \\ 0 & 0 & 1 & 1 & 1 & 1 & 1 & 0 \\ 0 & 0 & 0 & 1 & 1 & 1 & 1 & 1 \\ 1 & 0 & 0 & 0 & 1 & 1 & 1 & 1 \\ 1 & 1 & 0 & 0 & 0 & 1 & 1 & 1 \\ 1 & 1 & 1 & 0 & 0 & 0 & 1 & 1 \\ 1 & 1 & 1 & 1 & 0 & 0 & 0 & 1 \end{pmatrix} \begin{pmatrix} a_0 \\ a_1 \\ a_2 \\ a_3 \\ a_4 \\ a_5 \\ a_6 \\ a_7 \end{pmatrix} + \begin{pmatrix} 0 \\ 1 \\ 1 \\ 0 \\ 0 \\ 0 \\ 1 \\ 1 \end{pmatrix}$$

记 ByteSub 运算为 $S_{u,v}$，则 $S_{u,v}=L_{u,v}\circ t$。可以看出该 S 盒具有一定的代数结构，而 DES 中 S 盒是人为构造的。

进行 ByteSub 变换时只需要查表操作，表 2-10 所示为 $S_{u,v}$ 给出的 $GF(2^8)\rightarrow GF(2^8)$ 的变换表，表 2-11 所示为 $S_{u,v}^{-1}$ 给出的 $GF(2^8)\rightarrow GF(2^8)$ 的变换表。

表 2-10　S 盒变换的十六进制表示

	0	1	2	3	4	5	6	7	8	9	a	b	c	d	e	f
00	63	7c	77	7b	f2	6b	6f	c5	30	01	67	2b	fe	d7	ab	76
10	ca	82	c9	7d	fa	59	47	f0	ad	d4	a2	af	9c	a4	72	c0
20	b7	fd	93	26	36	3f	f7	cc	34	a5	e5	f1	71	d8	31	15
30	04	c7	23	c3	18	96	05	9a	07	12	80	e2	eb	27	b2	75
40	09	83	2c	1a	1b	6e	5a	a0	52	3b	d6	b3	29	e3	2f	84
50	53	d1	00	ed	20	fc	b1	5b	6a	cb	be	39	4a	4c	58	cf
60	d0	ef	aa	fb	43	4d	33	85	45	f9	02	7f	50	3c	9f	a8
70	51	a3	40	8f	92	9d	38	f5	bc	b6	da	21	10	ff	f3	d2
80	cd	0c	13	ec	5f	97	44	17	c4	a7	7e	3d	64	5d	19	73
90	60	81	4f	dc	22	2a	90	88	46	ee	b8	14	de	5e	0b	db
a0	e0	32	3a	0a	49	06	24	5c	c2	d3	ac	62	91	95	e4	79
b0	e7	c8	37	6d	8d	d5	4e	a9	6c	56	f4	ea	65	7a	ae	08
c0	ba	78	25	2e	1c	a6	b4	c6	e8	dd	74	1f	4b	bd	8b	8a
d0	70	3e	b5	66	48	03	f6	0e	61	35	57	b9	86	c1	1d	9e
e0	e1	f8	98	11	69	d9	8e	94	9b	1e	87	e9	ce	55	28	df
f0	8c	a1	89	0d	bf	e6	42	68	41	99	2d	0f	b0	54	bb	16

表 2-11　逆盒变换的十六进制表示

	0	1	2	3	4	5	6	7	8	9	a	b	c	d	e	f
00	52	09	6a	d5	30	36	a5	38	bf	40	a3	9e	81	f3	d7	fb
10	7c	e3	39	82	9b	2f	ff	87	34	8e	43	44	c4	de	e9	cb
20	54	7b	94	32	a6	c2	23	3d	ee	4c	95	0b	42	fa	c3	4e
30	08	2e	a1	66	28	d9	24	b2	76	5b	a2	49	6d	8b	d1	25
40	72	f8	f6	64	86	68	98	16	d4	a4	5c	cc	5d	65	b6	92

50	6c	70	48	50	fd	ed	b9	da	5e	15	46	57	a7	8d	9d	84
60	90	d8	ab	00	8c	bc	d3	0a	f7	e4	58	05	b8	b3	45	06
70	d0	2c	1e	8f	ca	3f	0f	02	c1	af	bd	03	01	13	8a	6b
80	3a	91	11	41	4f	67	dc	ea	97	f2	cf	ce	f0	b4	e6	73
90	96	ac	74	22	e7	ad	35	85	e2	f9	37	e8	1c	75	df	6e
a0	47	f1	1a	71	1d	29	c5	89	6f	b7	62	0e	aa	18	be	1b
b0	fc	56	3e	4b	c6	d2	79	20	9a	db	c0	fe	78	cd	5a	f4
c0	1f	dd	a8	33	88	07	c7	31	b1	12	10	59	27	80	ec	5f
d0	60	51	7f	a9	19	b5	4a	0d	2d	e5	7a	9f	93	c9	9c	ef
e0	a0	e0	3b	4d	ae	2a	f5	b0	c8	eb	bb	3c	83	53	99	61
f0	17	2b	04	7e	ba	77	d6	26	e1	69	14	63	55	21	0c	7d

(3) ShiftRows 变换

状态阵列的后 3 行循环移位使用不同的偏移量。第 1 行循环移位 C_1 字节，第 2 行循环移位 C_2 字节，第 3 行循环移位 C_3 字节。偏移量 C_1、C_2、C_3 与分组长度 N_b 有关，如表 2-12 所示。

表 2-12　循环移位偏移量

N_b	C_1	C_2	C_3
4	1	2	3
6	1	2	3
8	1	3	4

设 $N_b=4$，则行移位向量 $\boldsymbol{C}=(0,1,2,3)$，$R_C: a \rightarrow R_C(a)$ 为

$$\begin{pmatrix} a_{01} & a_{02} & \cdots & a_{0N_b-1} & a_{0N_b} \\ a_{11} & a_{12} & \cdots & a_{1N_b-1} & a_{1N_b} \\ a_{21} & a_{22} & \cdots & a_{2N_b-1} & a_{2N_b} \\ a_{31} & a_{32} & \cdots & a_{3N_b-1} & a_{3N_b} \end{pmatrix} \rightarrow \begin{pmatrix} a_{01} & a_{02} & \cdots & a_{0N_b-1} & a_{0N_b} \\ a_{12} & a_{13} & \cdots & a_{1N_b} & a_{11} \\ a_{23} & a_{24} & \cdots & a_{21} & a_{22} \\ a_{34} & a_{35} & \cdots & a_{32} & a_{33} \end{pmatrix}$$

(4) MixColumn 变换

将状态的列看作有限域 $GF(2^8)$ 上的多项式 $a(x)$，则列混合变换可表示为

$$H_M: a(x) \rightarrow b(x),\ b(x)=c(x)\times a(x) \bmod (x^4+1)$$

其中 $c(x)=\{03\}x^3+\{01\}x^2+\{01\}x+\{02\}$，写成矩阵形式为

$$\begin{pmatrix} b_0 \\ b_1 \\ b_2 \\ b_3 \end{pmatrix} = \begin{pmatrix} 02 & 03 & 01 & 01 \\ 01 & 02 & 03 & 01 \\ 01 & 01 & 02 & 03 \\ 03 & 01 & 01 & 02 \end{pmatrix} \begin{pmatrix} a_0 \\ a_1 \\ a_2 \\ a_3 \end{pmatrix}$$

MixColumn 变换运算过程如图 2-12 所示。

(5) 密钥扩展方案

在加密过程中，如要 $N+1$ 个子密钥，需要 $4(N+1)$ 个 32 比特字。当种子密钥为 128 和 192 比特时，构造 $4(N+1)$ 个 32 比特字的程序是一样的，但当种子密钥为 256 比特时，用另一

个不同的程序构造 4(N+1)个 32 比特字。

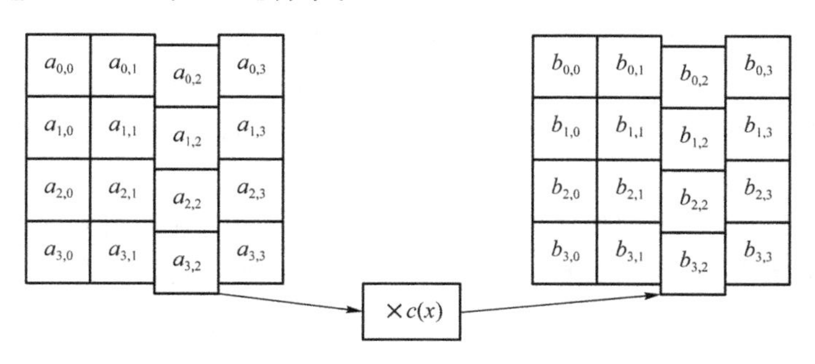

图 2-12 MixColumn 变换运算过程

(6) 解密过程

解密过程是加密过程的逆,这里不再详细讨论,读者可以参考密码学相关文献。

(7) 安全性分析

与 DES 相比,AES 无 DES 中的弱密钥和半弱密钥,紧凑的设计使得设计者没有足够的空间来隐藏陷门。与 IDEA 相比,AES 无 IDEA 中的弱密钥。

具有扩展性,密钥长度可以扩展到为 32 位倍数的任意密钥长度,分组长度可以扩展到为 64 位倍数的任意分组长度。

在设计结构及密钥的长度上均已达到保护机密信息的标准。最高机密信息的传递,则至少需要 192 位或 256 位的密钥长度。

2.4 公钥密码体制

对称密钥密码体制的一个薄弱环节是密钥的传递,几乎所有的保密通信都为此付出过沉重的代价。随着计算机和通信技术的飞速发展,保密通信的需求越来越广泛,尤其是电子商务的发展,往往要求互不认识的通信双方进行保密通信。在这种情况下,很难要求通信双方先交互密钥,然后再通信。于是,若将保密通信运用到一般通信中,密钥分配就成了关键问题。换句话说,之前没有任何接触的通信双方如何实现分配密钥呢?这就是公钥密码体制提出的背景,密钥分配问题也成为密码学研究的核心内容。

1976 年,Diffie 和 Hellman 提出了他们革命性的思想——公开密钥密码思想,它使密码学发生了一场变革,并成为公钥密码体制发展的里程碑。

公钥密码体制(Public Key Cryptography)又称非对称密码体制(Asymmetric Key Cryptography)和双钥密码体制。采用公钥密码体制的每个用户都有一对选定的密钥:一个是公开的,称为公钥(Public Key),记为 K;另一个则是私有的秘密密钥,称为私钥(Private Key),仅自己拥有,记为 K^{-1}。加密算法 E 和解密算法 D 都是公开的,要求为从已知的公钥 K 推导出 K^{-1} 在"计算上是不可行的"。

公钥密码体制的主要特点是将加密和解密能力分开,因而可以实现多个用户加密的消息只能由一个用户解读,或只能由一个用户加密的消息而使多个用户解读。前者可用于公共网络中以实现保密通信,后者可用于认证系统中对消息进行数字签名。下面分别介绍两种情况。

第 1 种情况,保密通信。假定用户 A 要向用户 B 发送机密消息 m,若用户 A 通过公开渠道获得用户 B 的公开密钥 K_B，就可以用 K_B 对消息 m 加密，得到密文 $c=E_{K_B}(m)$，然后传递给用户 B，用户 B 收到后以自己的私钥 K_B^{-1} 对 c 进行解密得到原文：

$$m=D_{K_B^{-1}}(c)=D_{K_B^{-1}}(E_{K_B}(m))$$

系统的安全性保障在于从公开密钥 K_B 和密文 c 推出明文 m 或解密密钥 K_B^{-1} 在计算上是不可行的。

第 2 种情况，认证性。所谓认证性，即指用户 A 发出的消息是别人不能伪造的，这样，用户 B 在收到这样的消息时，就可以确认是用户 A 发出的，而不是其他人。为使用户 A 发出的消息具有认证性，用户 A 以自己的私钥 K_A^{-1} 对消息 m 进行变换，得到密文 $c=D_{K_A^{-1}}(m)$，然后将密文 c 发送给用户 B，B 收到 c 后，可用 A 的公钥 K_A 对 c 进行公开变换就可以恢复出原来的信息：

$$m=E_{K_A}(c)=E_{K_A}(D_{K_A^{-1}}(m))$$

由于 K_A^{-1} 是秘密的，所以其他人不能伪造密文 c，因此，可以验证 m 来自用户 A，而不是其他人，从而实现了认证性。但由于任何用户都可以获得用户 A 的公钥，所以任何用户都能获得消息 m，从而消息 m 不具有保密性。

如果要同时实现保密性和认证性，可以采用双重加、解密。其理论基础在于加、解密算法次序可以调换，即

$$E_K(D_{K^{-1}}(m))=D_{K^{-1}}(E_K(m))=m$$

例如，如果用户 A 要向用户 B 发送保密信息 m，同时需要消息 m 具有认证性，可将用户 B 的一对密钥作为保密之用，而将用户 A 的一对密钥作为认证之用。

用户 A 发给用户 B 的密文为

$$c=E_{K_B}(D_{K_A^{-1}}(m))$$

用户 B 恢复明文的过程为

$$\begin{aligned} m &= E_{K_A}(D_{K_B^{-1}}(c)) \\ &= E_{K_A}(D_{K_B^{-1}}(E_{K_B}(D_{K_A^{-1}}(m)))) \\ &= E_{K_A}(D_{K_A^{-1}}(m)) \end{aligned}$$

2.4.1 单向陷门函数

在讨论 RSA 密码体制之前，先了解一下与公钥密码体制密切相关的一个概念——单向陷门函数。

所谓单向函数，即有许多函数正向计算上是容易的，但其求逆计算在计算上是不可行的，也就是很难从输出推算出它的输入。即已知 x，很容易计算 $f(x)$，但已知 $f(x)$，却难于计算 x。

在密码学中最常用的单向函数有两类，一是公开密钥密码中使用的单向陷门函数，二是消息摘要中使用的单向散列函数。单向散列函数将在后面的章节中单独介绍。

单向函数不能用作加密，因为用单向函数加密的信息是无人能解开的。但我们可以利用具有陷门信息的单向函数构造公开密钥密码。

单向陷门函数是有一个陷门的一类特殊单向函数。它首先是一个单向函数，在一个方向上易于计算而反方向却难于计算。但是，如果知道那个秘密陷门，则也能很容易地在另一个方向计算这个函数。即已知 x，易于计算 $f(x)$，而已知 $f(x)$，却难于计算 x。然而，一旦给出 $f(x)$

和一些秘密信息 y，就很容易计算 x。

在公开密钥密码中，计算 $f(x)$ 相当于加密，陷门 y 相当于私有密钥，而利用陷门 y 求 $f(x)$ 中的 x 则相当于解密。

2.4.2　RSA 密码体制

RSA 加密算法是一种非对称加密算法。在公钥加密标准和电子商业中 RSA 被广泛使用。RSA 是 1977 年由罗纳德・李维斯特(Ron Rivest)、阿迪・萨莫尔(Adi Shamir)和伦纳德・阿德曼(Leonard Adleman)一起提出的。RSA 算法正是用他们名字的首字母命名的。

(1) 算法描述

RSA 算法通过下面的方法产生公钥和私钥：

随意选择两个大的质数 p 和 q，$p \neq q$，计算 $n = pq$；

根据欧拉函数，不大于 n 且与 n 互质的整数个数为 $\Phi(n) = (p-1)(q-1)$；

选择一个整数 e，使得 $\gcd(e, \Phi(n)) = 1$，并且 e 小于 $\Phi(n)$；

计算 d：$d \times e \equiv 1 (\text{mod } \Phi(n))$；

将 p 和 q 的记录销毁；

e 是公钥，d 是私钥，d 是秘密的，相当于单向函数的陷门信息，而 n 是已知的；

加密算法：$E(m) = (m^e \text{ mod } n)$；

解密算法：$D(c) = (c^d \text{ mod } n)$。

下面通过一个简单的例子来说明 RSA 算法的工作原理。

假设用户 A 想要通过一个不可靠的媒体接收用户 B 的一条私人信息。他可以用 RSA 算法来产生一个公钥和一个私钥：e、d。然后，用户 A 将他的公钥 e 传给用户 B，而将他的私钥 d 藏起来。

具体计算过程：假设取两个素数 $p=11$，$q=13$，p 和 q 的乘积为 $n=pq=143$，算出秘密的欧拉函数 $\Phi(n)=(p-1)(q-1)=(11-1)(13-1)=120$，再选取一个与 $\Phi(n)=120$ 互质的数，如 $e=7$，作为公开密钥。

根据 $d \times e \equiv 1 (\text{mod } \Phi(n))$，即 $d \times 7 \equiv 1 (\text{mod } 120)$，可以算出另一个值 $d=103$，d 即为私有密钥。

假设用户 B 要发送信息 $x=85$，利用 $(n,e)=(143,7)$，可以计算出加密后的值：

$$c = x^e (\text{mod } n) = 85^7 \text{ mod } 143 = 123$$

用户 A 收到密文后，利用 $(n,d)=(143,103)$，即可计算出明文：

$$x = c^d (\text{mod } n) = 123^{103} \text{ mod } 143 = 85$$

由此实现了用户 A 和用户 B 之间的加密通信。

(2) 安全性分析

RSA 的安全性在理论上存在一个空白，即不能确切知道它的安全性能如何。目前能够得出的结论是：对 RSA 攻击的困难程度不比大数分解更大，因为一旦分解出 n 的因子 p、q，就可以攻破 RSA 密码体制。对 RSA 的攻击是否等同于大数分解一直未能得到理论上的证明，因为没能证明破解 RSA 就一定需要做大数分解。目前，RSA 的一些变种算法已被证明等价于大数分解。不管怎样，分解 n 是最显然的攻击方法。1977 年，《科学美国人》杂志悬赏征求分解一个 129 位十进制数(426 比特)，直至 1994 年 3 月才由 Atkins 等人在互联网上动用了 1 600 台计算机，前后花了 8 个月找出答案。现在，人们已能分解 155 位(十进制)的大素数。

其他的安全问题包括以下几方面。

① 公共模数攻击。每个人具有相同的 n，但有不同的指数 e 和 d，这是不安全的。

② 低加密指数攻击。如果选择了较低的 e 值，虽然可以加快计算速度，但存在不安全性。

③ 低解密指数攻击。如果选择了较低的 d 值，这是不安全的。

2.4.3 MH 背包体制

与 RSA 体制一样，MH 背包体制是另外一个著名的公钥体制。1978 年 Merkle 和 Hellman 首先提出了一个背包体制密码，现称为 MH 背包体制。

所谓背包问题，可通俗地描述为：设有长度为 b 的背包和一组直径相同的盘子共 n 个，圆盘的厚度分别为 $a_1, a_2, \cdots, a_n$，能否从中选择一些盘子，正好装满这个背包，如果有，应该如何选？

背包问题有若干变种，下面给出 0-1 背包问题的数学描述。

设 b，$a_1, a_2, \cdots, a_n$ 为已知的正整数，求满足方程：

$$b = a_1x_1 + a_2x_2 + \cdots + a_nx_n$$

的二进制向量 $\boldsymbol{X} = (x_1, x_2, \cdots, x_n)$。

已经证明背包问题是 NP 完全问题，没有有效的算法。目前最好的算法需要的时间和空间分别为 $O(2^{n/2})$ 和 $O(2^{n/4})$。但并不是所有的背包问题都不能在线性时间内解出，例如有一类特殊类型的背包问题，称之为简单背包问题，就可以在线性时间内解出。

在简单背包问题中，序列 $a_1, a_2, \cdots, a_n$ 是超递增序列，所谓超递增序列指的是，序列满足以下条件：

$$a_k > \sum_{i=1}^{k-1} a_i, k = 2, 3, \cdots, n$$

简单背包满足性质：若 $c_k = a_1x_1 + a_2x_2 + \cdots + a_kx_k$，则 $x_k = 1 \Leftrightarrow c_k \geqslant a_k$。

证明过程这里不再详细讨论，读者可以参考密码学相关文献。根据这个性质，就可以很容易地求出简单背包问题的解。

MH 背包体制的本质就是将简单背包变成陷门背包，如果不知道附加的陷门信息，就是一个一般的背包问题，是一个难解的问题，但如果知道陷门信息，就是一个简单背包问题，很容易求解。

(1) 基本原理

设 $a_1, a_2, \cdots, a_n$ 是一个超递增序列，$b_1, b_2, \cdots, b_n$ 是一个普通序列，做变换 T，使

$$T: a_1x_1 + a_2x_2 + \cdots + a_nx_n \rightarrow b_1x_1 + b_2x_2 + \cdots + b_nx_n$$

满足：

$$T(a_i) = b_i$$

T 是一个可逆变换。

将 $b_1, b_2, \cdots, b_n$ 公开。

这样加密的过程如下。

给定明文：$M = m_1m_2\cdots m_n$，$m_i = 0$ 或 1，加密：$c = b_1m_1 + b_2m_2 + \cdots + b_nm_n$。对于密码分析者而言，要破译密码需要解一般背包问题：

$$b_1m_1 + b_2m_2 + \cdots + b_nm_n = c$$

但对于合法用户而言，做逆变换 $T^{-1}(b_1m_1 + b_2m_2 + \cdots + b_nm_n) = T^{-1}(c)$，得

$$a_1x_1 + a_2x_2 + \cdots + a_kx_n = T^{-1}(c)$$

这是一个简单背包问题。

(2) 算法描述

设 $a_1, a_2, \cdots, a_n$ 是一个超递增序列，取正整数 m, w，满足 $m > \sum_{k=1}^{n} a_k$，$\gcd(m, w) = 1$。令

$$b_i = wa_i \pmod m, i = 1, 2, \cdots, n$$

定义线性变换 $T: \langle a_1, a_2, \cdots, a_n \rangle \rightarrow \langle b_1, b_2, \cdots, b_n \rangle$ 为

$$T: x \rightarrow wx \pmod m$$

将超递增序列 $a_1, a_2, \cdots, a_n$ 及整数 w 保密，而将序列 $b_1, b_2, \cdots, b_n$ 公开。

$b_1x_1 + b_2x_2 + \cdots + b_nx_n = c$ 是一个一般背包问题，分析者不能在有限时间内求解这个问题，但如果已知 w，就可以做以下变换：

$$w^{-1}(b_1x_1 + b_2x_2 + \cdots + b_nx_n) = w^{-1}c$$

$$w^{-1}b_1x_1 + w^{-1}b_2x_2 + \cdots + w^{-1}b_nx_n = w^{-1}c$$

即 $a_1x_1 + a_2x_2 + \cdots + a_kx_n \equiv w^{-1}c \pmod m$，此时已经转换为简单背包问题了。

(3) 安全性分析

MH 背包体制是一种早期的公开密钥算法，早在 20 世纪 80 年代初，就被 Shamir 等人破译了，目前除 Chor-Rivest 背包体制外，其余算法都已经被破译，但它的思想和有关理论仍然具有重要的理论研究价值。

2.5　数字签名

2.5.1　数字签名的基本概念

简单地说，所谓数字签名(Digital Signature)就是附加在数据单元上的一些数据，或是对数据单元所做的密码变换。数据单元的接收者可以利用这些数据或变换确认数据单元的来源。此外数字签名还可以提供数据单元的完整性保护，防止他人(如接收者)伪造数据。它是对电子形式的消息进行签名的一种方法，一个签名消息能在一个通信网络中传输。

基于公钥密码体制和对称密码体制都可以获得数字签名，目前主要是基于公钥密码体制的数字签名。显然，数字签名的应用涉及法律问题，美国联邦政府基于有限域上的离散对数问题制定了自己的数字签名标准(Digital Signature Standard，DSS)。在我国，数字签名是具有法律效力的，正在被普遍使用。1999 年，《中华人民共和国合同法》首次确认了电子合同、电子签名的法律效力。2005 年 4 月 1 日起，首部《中华人民共和国电子签名法》正式实施。

数字签名技术是公钥密码体制算法的典型应用。数字签名的应用过程是，数据源发送方使用自己的私钥对数据校验和或其他与数据内容有关的变量进行加密处理，完成对数据的合法"签名"，数据接收方则利用对方的公钥来解读收到的"数字签名"，并将解读结果用于对数据完整性的检验，以确认签名的合法性。数字签名的工作过程如图 2-13 所示。

数字签名技术是在网络系统虚拟环境中确认身份的重要技术，完全可以代替现实过程中的"亲笔签字"，在技术和法律上有保证。在数字签名应用中，发送者的公钥可以很方便地得到，但他的私钥则需要严格保密。

与传统的签名方式相比，数字签名应具有以下性质：

签名与文件应该是一个不可分割的整体，这样可以防止替换文件或替换签名等形式的伪造；

数字签名应该具有时间特性，防止签名文件的重复使用；

对于一个文件，签名应该可以精确、唯一生成，公开、精确、有效验证。

数字签名可以同时具有两个作用：确认数据的来源，以及保证数据在发送的过程中未做任何修改或变动。数字签名必须能够保证以下特点，即发送者事后不能抵赖对信息的签名。这一点相当重要，由此，信息的接收者可以通过数字签名，使第三方确信签名人的身份及发出信息的事实。当双方就信息发出与否及其内容出现争论时，数字签名就可成为一个有力的证据。从这种意义上来说，确认一个数字签名，可以确认信息的来源。

采用数字签名和加密技术相结合的方法，可以很好地解决信息传输过程中的完整性、身份认证以及不可否认性等问题。

完整性。因为它提供了一项用于确认电子文件完整性的技术和方法，可认定文件为未经更改的原件。

身份认证。可以确认电子文件的来源，由于发件人以私钥产生的电子签名，所以唯有用与发件人的私钥对应的公钥方能解密，故可确认发送者的身份。

不可否认性。由于只有信息的发送者拥有私钥，所以其他主体无法伪造数字签名，从而保证发送者不能否认他发送了该信息的事实。

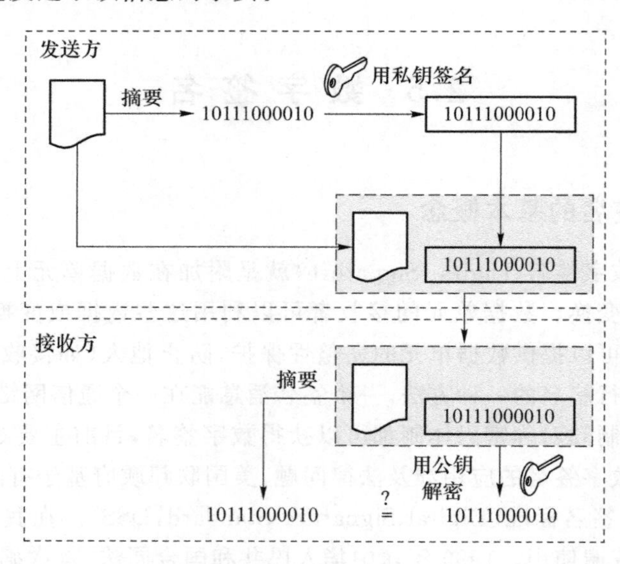

图 2-13 数字签名的工作过程

2.5.2 数字签名方案

一个签名方案由两部分组成：带有陷门的公开签名算法和验证算法。

一般来说，签名算法是一个由密钥控制的函数，对任意一个消息 x，一个密钥 k，签名算法产生一个签名 $y=\mathrm{sig}_k(x)$，算法公开，密钥保密，这样不知道密钥的人，无法产生签名 y。与之对应，验证算法 ver 也公开，通过计算 $\mathrm{ver}(x,y)=\begin{cases}\text{真}, & y=\mathrm{sig}_k(x)\\ \text{假}, & y\neq\mathrm{sig}_k(x)\end{cases}$ 是否为真，来判断签名。

如果设 P 是消息的有限集合，A 是签名的有限集合，K 是密钥的有限集合，则五元组(P，K，A，sig，ver)称为一个签名方案。

2.5.3 RSA 数字签名

RSA 体制的加密算法和解密算法互为逆变换，所以 RSA 是一个既可用于加密，也可用于签名的密码方案。

RSA 签名过程为：用户 A 以自己的私钥 K_A^{-1} 对消息 m 进行变换，得到密文 $c=D_{K_A^{-1}}(m)$，然后将密文 c 发送给用户 B，B 收到 c 后，可用用户 A 的公钥 K_A 对 c 进行公开变换就可以恢复出原来的信息：

$$m=E_{K_A}(c)=E_{K_A}(D_{K_A^{-1}}(m))$$

由于 K_A^{-1} 是秘密的，所以其他人不能伪造密文 c，因此，可以验证 m 来自用户 A，而不是其他人，从而实现了数字签名。但由于任何用户都可以获得用户 A 的公钥，所以任何用户都能获得消息 m，从而消息 m 不具有保密性。

如果要同时实现保密性和认证性，可以采用双重加、解密。其理论基础在于加、解密算法次序可以调换，即

$$E_K(D_{K^{-1}}(m))=D_{K^{-1}}(E_K(m))=m$$

例如，如果用户 A 要向用户 B 发送保密信息 m，同时需要消息 m 具有认证性，可将用户 B 的一对密钥作为保密之用，而将用户 A 的一对密钥作为认证之用。

用户 A 发给用户 B 的密文为

$$c=E_{K_B}(D_{K_A^{-1}}(m))$$

用户 B 恢复明文的过程为

$$\begin{aligned} m &=E_{K_A}(D_{K_B^{-1}}(c)) \\ &=E_{K_A}(D_{K_B^{-1}}(E_{K_B}(D_{K_A^{-1}}(m)))) \\ &=E_{K_A}(D_{K_A^{-1}}(m)) \end{aligned}$$

2.6 哈希函数

2.6.1 哈希函数的基本概念

签名的数字签名方案实现了对文件的数字签名，但如果文件过大，则通过上述方法直接签名是非常不方便的。实际使用中，如图 2-13 所示，可以先对文件产生一个固定长度的信息摘要(Message Digest，MD)，然后再对信息摘要进行签名，这时就需要用到哈希(Hash)函数。

哈希函数 H 也称散列函数或杂凑函数等，是典型的多到一的函数，其输入为一可变长 x(可以足够长)，输出固定长的串 h(一般为 128 位、160 位，比输入的串短)，该串 h 被称为输入 x 的 Hash 值(或称消息摘要)，计作 $h=H(x)$。为防止传输和存储的消息被有意或无意地篡改，采用散列函数对消息进行运算生成消息摘要，附在消息之后发出或与信息一起存储，它在报文防伪中具有重要应用。

哈希函数具有以下性质。

压缩性：任意长度的输入 x，得到的 $H(x)$ 是固定长度的。

一致性：相同的输入产生相同的输出。

单向性：正向计算容易，即给定任何 x，容易算出 $H(x)$；反向计算困难，即给出 Hash 值 h，很难找出特定输入 x，使 $h=H(x)$。

抗冲突性：两个含义，一是给出消息 x，找出消息 y，使 $H(x)=H(y)$ 是计算上不可行的（弱抗冲突）；二是找出任意两条消息 x、y，使 $H(x)=H(y)$ 也是计算上不可行的（强抗冲突）。

2.6.2 几种常用哈希函数介绍

（1）MD5

1990 年 River 提出了信息摘要（MD）系列散列函数 MD4、MD5。目前常用的是 MD5。MD5 输入不定长，输出为 128 比特的信息摘要。MD5 以 512 位分组来处理输入的信息，且每一分组又被划分为 16 个 32 位子分组，经过了一系列的处理后，算法的输出由 4 个 32 位分组组成，将这 4 个 32 位分组级联后将生成一个 128 位散列值。

算法过程描述如下。

① 分割和填充。将消息分割成 512 比特的信息块 $x_1, x_2, \cdots, x_t$，对最后一块信息进行填充，使其位长对 512 求余的结果等于 448，具体填充方法是在信息的后面填充一个 1 和无数个 0，直到满足上面的条件时才停止用 0 对信息的填充。在这个结果后面附加一个以 64 位二进制表示的填充前信息的长度。

将每个信息块划分成 16 个 32 比特的子快：$M_0, M_1, \cdots, M_{15}$。

MD5 中有 4 个 32 位被称作链接变量（chaining variable）的整数参数，它们分别为

$$a_0=0x01234567, b_0=0x89abcdef, c_0=0xfedcba98, d_0=0x76543210$$

② 基本函数为

$$F(x,y,z)=(x\wedge y)\vee(\bar{x}\wedge z)$$
$$G(x,y,z)=(x\wedge z)\vee(y\wedge\bar{z})$$
$$H(x,y,z)=x\oplus y\oplus z$$
$$I(x,y,z)=y\oplus(x\vee\bar{z})$$

③ 四轮循环运算。MD5 做四轮循环运算，每轮做 16 次操作。设

$$\mathrm{FF}(a,b,c,d,M_i,s,t_i):\ a=b+((a+F(b,c,d)+M_i+t_i)<<s)$$
$$\mathrm{GG}(a,b,c,d,M_i,s,t_i):\ a=b+((a+G(b,c,d)+M_i+t_i)<<s)$$
$$\mathrm{HH}(a,b,c,d,M_i,s,t_i):\ a=b+((a+H(b,c,d)+M_i+t_i)<<s)$$
$$\mathrm{II}(a,b,c,d,M_i,s,t_i):\ a=b+((a+I(b,c,d)+M_i+t_i)<<s)$$

MD5 主循环如图 2-14 所示。

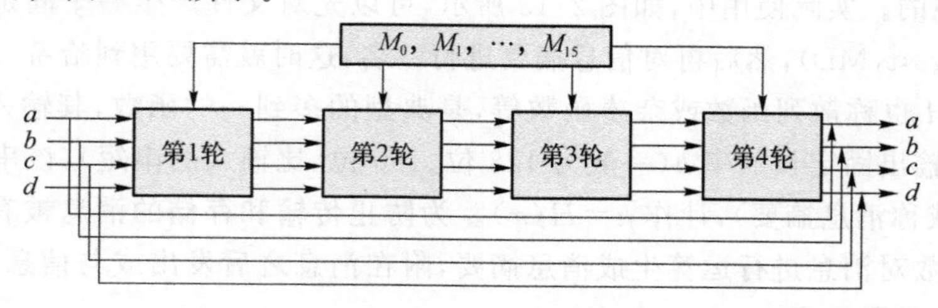

图 2-14　MD5 主循环

轮操作如图 2-15 所示。

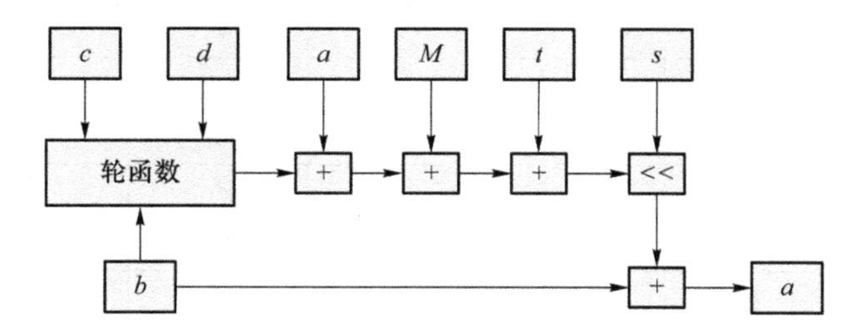

图 2-15　轮操作

四轮操作步骤如下。

第 1 轮操作如表 2-13 所示。

表 2-13　第 1 轮操作

FF	a	b	c	d	M_i	s	t_i
第 1 轮	a	b	c	d	M_0	7	0xd76aa478
	d	a	b	c	M_1	12	0xe8c7b756
	c	d	a	b	M_2	17	0x242070db
	b	c	d	a	M_3	22	0xc1bdceee
	a	b	c	d	M_4	7	0xf57c0faf
	d	a	b	c	M_5	12	0x4787c62a
	c	d	a	b	M_6	17	0xa8304613
	b	c	d	a	M_7	22	0xfd469501
	a	b	c	d	M_8	7	0x698098d8
	d	a	b	c	M_9	12	0x8b44f7af
	c	d	a	b	M_{10}	17	0xffff5bb1
	b	c	d	a	M_{11}	22	0x895cd7be
	a	b	c	d	M_{12}	7	0x6b901122
	d	a	b	c	M_{13}	12	0xfd987193
	c	d	a	b	M_{14}	17	0xa679438e
	b	c	d	a	M_{15}	22	0x49b40821

第 2 轮操作如表 2-14 所示。

表 2-14　第 2 轮操作

GG	a	b	c	d	M_i	s	t_i
	a	b	c	d	M_1	5	0xf61e2562
	d	a	b	c	M_6	9	0xc040b340
	c	d	a	b	M_{11}	14	0x265e5a51
	b	c	d	a	M_0	20	0xe9b6c7aa
	a	b	c	d	M_5	5	0xd62f105d
	d	a	b	c	M_{10}	9	0x02441453
	c	d	a	b	M_{15}	14	0xd8a1e681
第 2 轮	b	c	d	a	M_4	20	0xe7d3fbc8
	a	b	c	d	M_9	5	0x21e1cde6
	d	a	b	c	M_{14}	9	0xc33707d6
	c	d	a	b	M_3	14	0xf4d50d87
	b	c	d	a	M_8	20	0x455a14ed
	a	b	c	d	M_{13}	5	0xa9e3e905
	d	a	b	c	M_2	9	0xfcefa3f8
	c	d	a	b	M_7	14	0x676f02d9
	b	c	d	a	M_{12}	20	0x8d2a4c8a

第 3 轮操作如表 2-15 所示。

表 2-15　第 3 轮操作

HH	a	b	c	d	M_i	s	t_i
	a	b	c	d	M_5	4	0xfffa3942
	d	a	b	c	M_8	11	0x8771f681
	c	d	a	b	M_{11}	16	0x6d9d6122
	b	c	d	a	M_{14}	23	0xfde5380c
	a	b	c	d	M_1	4	0xa4beea44
	d	a	b	c	M_4	11	0x4bdecfa9
	c	d	a	b	M_7	16	0xf6bb4b60
第 3 轮	b	c	d	a	M_{10}	23	0xbebfbc70
	a	b	c	d	M_{13}	4	0x289b7ec6
	d	a	b	c	M_0	11	0xeaa127fa
	c	d	a	b	M_3	16	0xd4ef3085
	b	c	d	a	M_6	23	0x04881d05
	a	b	c	d	M_9	4	0xd9d4d039
	d	a	b	c	M_{12}	11	0xe6db99e5
	c	d	a	b	M_{15}	16	0x1fa27cf8
	b	c	d	a	M_2	23	0xc4ac5665

第 4 轮操作如表 2-16 所示。

表 2-16 第 4 轮操作

II	a	b	c	d	M_i	s	t_i
第 4 轮	a	b	c	d	M_0	6	0xf4292244
	d	a	b	c	M_7	10	0x432aff97
	c	d	a	b	M_{14}	15	0xab9423a7
	b	c	d	a	M_5	21	0xfc93a039
	a	b	c	d	M_{12}	6	0x655b59c3
	d	a	b	c	M_3	10	0x8f0ccc92
	c	d	a	b	M_{10}	15	0xffeff47d
	b	c	d	a	M_1	21	0x85845dd1
	a	b	c	d	M_8	6	0x6fa87e4f
	d	a	b	c	M_{15}	10	0xfe2ce6e0
	c	d	a	b	M_6	15	0xa3014314
	b	c	d	a	M_{13}	21	0x4e0811a1
	a	b	c	d	M_4	6	0xf7537e82
	d	a	b	c	M_{11}	10	0xbd3af235
	c	d	a	b	M_2	15	0x2ad7d2bb
	b	c	d	a	M_9	21	0xeb86d391

④ $a=a_0+a, b=b_0+b, c=c_0+c, d=d_0+d$。

⑤ 对剩余的块继续做循环操作。

⑥ 输出 128 比特散列值。

输出 128 比特散列值为 $MD5(x)=a \| b \| c \| d$。

MD5 一度被广泛应用于安全领域。但是由于 MD5 的弱点被不断发现以及计算机能力的不断提升，现在已经可以构造两个具有相同 MD5 的信息，使本算法不再适合当前的安全环境。目前，MD5 计算广泛应用于错误检查。例如在一些 BitTorrent 下载中，软件通过计算 MD5 校验信息检验下载碎片的完整性。

MD5 散列长度通常为 128 位，随着计算机运算能力的提高，找到"碰撞"是可能的。因此，在安全要求高的场合不使用 MD5。

2004 年，王小云证明 MD5 数字签名算法可以产生碰撞。2007 年，Marc Stevens 等进一步指出通过伪造软件签名，可重复性攻击 MD5 算法。研究者使用前缀碰撞法(chosen-prefix collision)，使程序前端包含恶意程序，利用后面的空间添上垃圾代码凑出同样的 MD5 Hash 值。

2008 年，荷兰埃因霍芬理工大学科学家成功地把 2 个可执行文件进行了 MD5 碰撞，使得这 2 个运行结果不同的程序被计算出同一个 MD5。2008 年 12 月一组科研人员通过 MD5 碰撞成功生成了伪造的 SSL 证书，这使得在 https 协议中服务器可以伪造一些根 CA 的签名。

(2) SHA-1

安全散列算法(Secure Hash Algorithm，SHA)是 1995 年美国国家标准与技术研究院发布的国家标准 FIPS PUB 180-1，一般称为 SHA-1。其对长度不超过 264 二进制位的消息产生

160 位的消息摘要输出，按 512 比特块处理其输入。

下面简单讨论一下 SHA-1 算法的基本过程，详细讨论及实例请参考相关文献。

① 消息分割和填充。SHA-1 的消息分割和填充同 MD5。使用以下常数：

$$K_t=\begin{cases}5A827999 & 0\leqslant t\leqslant 19\\ 6ED9EBA1 & 20\leqslant t\leqslant 39\\ 8F1BBCDC & 40\leqslant t\leqslant 59\\ CA62C1D6 & 60\leqslant t\leqslant 79\end{cases}$$

② 基本函数。SHA-1 使用 80 个连续的逻辑函数 $f_t(a,b,c)$，其中 $0\leqslant t\leqslant 79$，这些函数定义如下：

$$f_t(a,b,c)=\begin{cases}(a\wedge b)\vee(\bar{b}\wedge c) & 0\leqslant t\leqslant 19\\ a\oplus b\oplus c & 20\leqslant t\leqslant 39\\ (a\wedge b)\vee(a\wedge c)\vee(b\wedge c) & 40\leqslant t\leqslant 59\\ a\oplus b\oplus c & 60\leqslant t\leqslant 79\end{cases}$$

③ 初始化。

$H_0^{(0)}=67452301, H_1^{(0)}=EFCDAB89, H_2^{(0)}=98BADCFE, H_3^{(0)}=10325476, H_4^{(0)}=C3D2E1F0$

④ $W_t=\begin{cases}M_t, & 0\leqslant t\leqslant 15\\ (W_{t-3}\oplus W_{t-8}\oplus W_{t-14}\oplus W_{t-16})<<1, & 16\leqslant t\leqslant 79\end{cases}$。

⑤ 令 $a=H_0^{(i-1)}, b=H_1^{(i-1)}, c=H_2^{(i-1)}, d=H_3^{(i-1)}, e=H_4^{(i-1)}$。

⑥ 对 $t=0\sim 79$：

$$\text{Temp}=a<<5+f_t(b,c,d)+e+W_t+K_t$$
$$e=d, d=c, c=b<<30, b=a, a=\text{Temp}$$

⑦ $H_0^{(i)}=H_0^{(i-1)}+a, H_1^{(i)}=H_1^{(i-1)}+b, H_2^{(i)}=H_2^{(i-1)}+c, H_3^{(i)}=H_3^{(i-1)}+d, H_4^{(i)}=H_4^{(i-1)}+d$。

⑧ 以 $H_0^{(i)}, H_1^{(i)}, H_2^{(i)}, H_3^{(i)}, H_4^{(i)}$ 为初始值，接着对 x_{i+1} 进行处理，最后输出 16 比特散列值：

$$\text{SHA-1}(x)=H_0^{(n)}\parallel H_1^{(n)}\parallel H_2^{(n)}\parallel H_3^{(n)}\parallel H_4^{(n)}$$

相比于 MD5，SHA-1 是安全的，是一个强无碰撞散列函数，对于输入的任何微小改变都会引起输出的巨大差异。但近些年来，SHA-1 的安全性受到了威胁，很多研究表明，SHA-1 并不是不能破解的，例如，2005 年，Rijmen 和 Oswald 发表了对 SHA-1 较弱版本（53 次的加密循环而非 80 次）的攻击，在 280 的计算复杂度之内找到碰撞；2005 年 2 月，王小云等发表了对完整版 SHA-1 的攻击，只需少于 269 的计算复杂度，就能找到一组碰撞。此外，王小云等还展示了一次对 58 次加密循环 SHA-1 的破密，在 233 个单位操作内就找到一组碰撞；2005 年的 CRYPTO 会议上，王小云、姚期智、姚储枫再度发表更有效率的 SHA-1 攻击法，能在 263 个计算复杂度内找到碰撞；2006 年的 CRYPTO 会议上，Christian Rechberger 和 Christophe De Cannière 宣布他们能在容许攻击者决定部分原信息的条件之下，找到 SHA-1 的一个碰撞。

在密码学的学术理论中，任何攻击方式，其计算复杂度若少于暴力搜寻法所需要的计算复杂度，就能被视为针对该密码系统的一种破密法；但这并不表示该破解方法已经可以进入实际应用的阶段。即使如此，专家们仍建议那些计划将 SHA-1 作为密码系统的人们重新考虑。在 2005 年的 CRYPTO 会议结果公布之后，NIST 即宣布他们将逐渐减少使用 SHA-1，改以 SHA-2 取而代之。

2.7　本章小结

本章重点介绍了密码学中的几个主要概念和算法，包括对称密钥密码体制、公钥密码体制、数字签名和哈希函数。

习　题

1. 简述密码体制的基本概念。什么是对称密钥密码体制？什么是公钥密码体制？

2. 简述DES的基本变换及作用。

3. 简述AES的基本变换及作用。

4. 简述数字签名方案的基本概念。

5. 设用户A选取 $p=11$ 和 $q=7$ 作为模数为 $n=pq$ 的RSA公钥体制的两个素数，选取 $e_A=7$ 作为公开密钥。请给出用户A的秘密密钥，并计算 $m=101$ 的密文。

第二部分
安全协议原理

第 3 章

安全协议概述

安全协议(Security Protocols),又称密码协议(Cryptographic Protocols),是建立在密码学基础上的协议,为分布式系统、网络等提供各式各样的安全服务。主要安全服务包括:提供主体的身份识别和认证,会话的密钥管理和分配,实现信息的机密性、完整性、匿名性、不可否认性、公平性、可用性等。

3.1 概　　述

协议是在计算机网络或分布式系统中两个或多个主体(Principals)为相互交换信息而规定的一组信息交换规则和约定。其中的主体,可以是用户(users)、进程(processes)或计算机(machines)。它设计的目的是要完成一项任务或者几项任务。协议有如下特点:

① 协议中的每个主体都必须了解协议,并且预先知道要完成的所有步骤;

② 协议中的每个主体都必须同意并遵守协议;

③ 协议必须是清楚的,每一步必须有明确定义,并且不会引起误解;

④ 协议必须是完整的,对每种可能的情况必须规定具体的动作。

安全协议有时也称密码协议,即在协议中应用加密解密的手段隐藏或获取信息,以达到安全性的各种目的。运用安全协议人们可以解决一系列的安全问题,例如,完成信息源和目标的认证;保证信息的完整性,防止窜改;密钥的安全分发,保证通信的秘密性;公正性和及时性,保证网络通信的时效性与合法性;不可否认性;授权,实现权限的有效传送,等等。其中,认证协议是其他安全目标的基础,也是本书研究的重点。安全协议是通信和网络安全体系、分布式系统和电子商务的关键组成部分,是安全系统的主要保障手段和工具。

协议执行过程中,参与协议的双方或者多方,简单地说也就是消息的发送方和接收方,称协议的参与者,或称主体。主体可以是完全信任的主体,也可以是隐藏的攻击者,或者是不信任的主体。

在一个分布式环境中,如果将安全协议所处的环境视为一个系统,那么在系统中,包括发送和接收的诚实主体和一个攻击者,它们在协议运行中扮演着不同的角色。

在协议运行过程中,企图破坏协议安全性和正确性的主体,称攻击者。攻击者又可分为主动攻击者和被动攻击者。主动攻击者在窃听的同时,可以篡改消息,在协议运行过程中引入新的消息,或者删除消息等,以达到欺骗、获取秘密信息等破坏协议安全性的目的;被动攻击者一般只窃听协议,而不影响协议的正常运行。

攻击者可以是合法的参与协议的主体,也可能是第三方主体。攻击者如果是协议的合法参与者，称内部攻击者，这类攻击者在协议运行期间不诚实，或者根本不遵守协议规则；攻击者如果是第三方主体，称外部攻击者。协议的合法消息可被攻击者截取、重放和篡改。攻击者将所有已知的消息放入其知识集合中。诚实主体之间交换的任何消息都将被加入攻击者的知识集合中，并且，攻击者可对知识集合中的消息进行操作，所得消息也将加入其知识集合中。攻击者可进行的操作至少包括级联、分离、加密和解密等。

除上述参与者外，在协议运行环境中，还存在另外一类主体，称可信第三方（Trusted Third Party，TTP），它们能帮助互不信任的主体完成通信。可信第三方指在完成协议的过程中，值得信任的第三方主体。可信第三方能解决协议运行中可能出现的纠纷，扮演如仲裁者、密钥分发中心、认证中心等角色。

下面给出一个通用的安全协议系统模型，模型由分布式协议环境以及参与协议的主体组成，模型如图 3-1 所示。

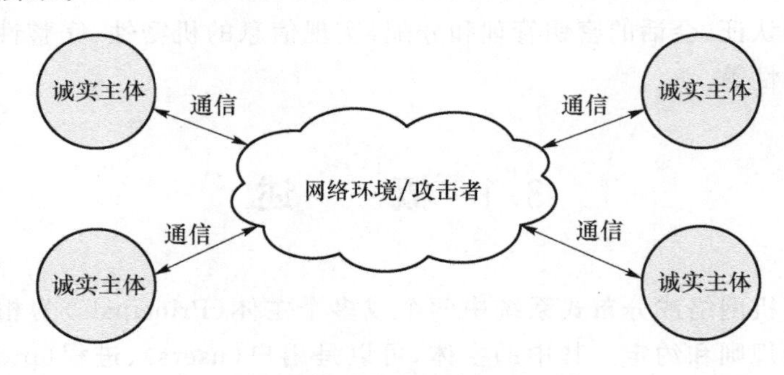

图 3-1　安全协议系统模型

3.2　安全协议分类

1978 年 Needham 和 Schroeder 提出的 NS 认证协议是第一个应用于计算机网络的安全协议，也是 Kerberos 协议的前身。这个安全协议的提出使得网络通信的安全性应用进入一个新的领域，随之出现了很多应用于各方面的安全协议，包括认证协议、密钥交换协议、电子商务协议等。

在网络通信中最常用的、基本的安全协议按照其完成的功能可以分成以下四类。

（1）认证协议

提供给一个参与方关于其通信对方身份的一定确信度。认证协议中包括主体认证（身份认证）协议、消息认证协议、数据源认证和数据目的认证协议等。认证协议可用来防止假冒、篡改、否认等攻击。

（2）密钥交换协议

在参与协议的两个或者多个主体之间建立共享的秘密，特别是这些秘密可以作为对称密钥，用于随后的加密、消息认证以及实体认证等多种密码学用途。协议可以采用对称密码体制，也可以采用非对称密码体制，如 Diffie-Hellman（DH）密钥交换协议。

（3）认证与密钥交换协议

为身份已经被确认的参与方建立一个共享秘密。这类协议将认证和密钥交换协议结合在一起，先对通信主体的身份进行认证，在成功的基础上，为下一步的安全通信分配所使用的会话密钥，是网络通信中最普遍应用的安全协议。

（4）电子商务协议

电子商务协议是指为了完成电子商务活动，电子商务参与者所采取的一系列特定步骤。电子商务协议中主体往往代表交易的双方，其利益目标是不一致的，或者根本是矛盾的。与其他安全协议不同，电子商务协议更关注协议的不可否认性以及公平性。

除按完成的功能区分外，1997年，Clark和Jacob对安全协议进行了概括和总结，列举了一系列有研究意义和实用价值的安全协议。他们将安全协议进行如下分类。

（1）无可信第三方的对称密钥协议

属于这一类的典型协议包括以下国际标准化组织（International Organization for Standardization，ISO）系列协议：ISO one-pass对称密钥认证协议、ISO two-pass对称密钥单向认证协议、ISO two-pass对称密钥双向认证协议、ISO three-pass对称密钥双向认证协议、Andrew安全RPC协议等。

（2）应用密码校验函数（CCF）的认证协议

属于这一类的典型协议包括以下ISO系列协议：ISO one-pass应用CCF的单向认证协议、ISO two-pass应用CCF的单向认证协议、ISO two-pass应用CCF的双向认证协议、ISO three-pass应用CCF的双向认证协议。

（3）具有可信第三方的对称密钥协议

属于这一类的典型协议包括NSSK协议、Otway-Rees协议、Yahalom协议、大嘴青蛙协议、Denning-Sacco协议、Woo-Lam协议等。

（4）对称密钥重复认证协议

属于这一类的典型协议有Kerberos协议版本5、Neuman-Stubblebine协议、Kao-Chow重复认证协议等。

（5）无可信第三方的公开密钥协议

属于这一类的典型协议包括以下ISO系列协议：ISO one-pass公开密钥单向认证协议、ISO two-pass公开密钥单向认证协议、ISO two-pass公开密钥双向认证协议、ISO three-pass公开密钥双向认证协议、ISO two-pass公开密钥并行双向认证协议、Diffie-Hellman密钥交换协议等。

（6）具有可信第三方的公开密钥协议

属于这一类的典型协议有NSPK协议等。

3.3　安全协议的缺陷

安全协议是网络和分布式系统安全的基础，确保这些协议的安全运行是极为重要的。大多数安全协议只有为数不多的几个消息传递，其中每一个消息都是经过巧妙设计的，消息之间存在着复杂的相互作用和制约；同时，安全协议中使用了多种不同的密码体制，安全协议的这种复杂的情况导致目前的许多安全协议存在安全缺陷。由于实际应用的安全协议产生缺陷的原因是多种多样的，所以很难有一种通用的分类方法将安全协议的安全缺陷进行分类。Gritzalis和Spinellis根据安全缺陷产生的原因和相应的攻击方法对安全缺陷进行了分类。

（1）基本协议缺陷

基本协议缺陷是指在安全协议的设计中没有或者很少防范攻击者的攻击而引发的协议缺陷，例如使用公钥密码系统加密交换消息时，不能预防中间人攻击。

（2）口令/密钥猜测缺陷

口令/密钥猜测缺陷产生的原因是用户往往从一些常用的词中选择其口令，从而导致攻击者能够进行口令猜测攻击；或者选取了不安全的伪随机数生成算法构造密钥，使攻击者能够恢复该密钥。

（3）陈旧消息缺陷

陈旧消息缺陷主要是指协议设计中对消息的新鲜性没有充分考虑，从而使攻击者能够进行消息重放攻击，包括消息源的攻击、消息目的的攻击等。

（4）并行会话缺陷

并行会话缺陷是指协议对并行会话攻击缺乏防范，从而导致攻击者通过交换适当的协议消息能够获得所需要的信息，包括并行会话单角色缺陷、并行会话多角色缺陷等。

（5）内部协议缺陷

内部协议缺陷是指协议的可达性存在问题，协议的参与者中至少有一方不能够完成所有必需的动作而导致的缺陷。

（6）密码系统缺陷

密码系统缺陷是指协议中使用的密码算法存在问题，导致协议不能完全满足所要求的机密性、完整性等需求而产生的缺陷。

造成协议存在安全缺陷的原因主要有3个：

① 对于安全协议的一些目的、需求和概念没有明确的认识和准确的形式化描述，例如对于认证目的没有一个明确的认识等；

② 安全协议运行在非常复杂的环境中，攻击者无处不在，并且攻击能力越来越强，新的攻击手段不断出现，只有采用形式化方法来描述攻击者的特性、能力和行为，才能真正认识整个攻击的环境；

③ 协议设计者误解或者采用了不恰当的技术。

安全协议的安全性是一个很难解决的问题，许多广泛应用的安全协议后来都被发现存在安全缺陷。因此，从安全协议的分析和设计角度来看，我们都不能够存在轻信和盲从心理，而应当对协议的安全性做出全面和仔细的分析。

3.4 安全协议的威胁模型

在开放的网络环境中，必须考虑攻击者的存在，他们可能实施各种攻击，不仅是被动地窃听，而且会主动地改变（可能用某些未知的运算或方法）、伪造、复制、删除或插入消息。插入的消息可能是恶意的并会对接收端造成破坏性的影响。一般假定攻击者的能力很强，其行为是不规范的，实施攻击的技术也是难以预料的。而且，攻击者有时不仅是一个实体，还可能是一个相互勾结的团伙。因此，在脆弱的网络环境中不能低估攻击者的能力。

1983年，Dolev和Yao提出了一个威胁模型，这是用于安全协议验证研究并且使用最为广泛的一个安全协议攻击者模型，它界定了安全协议攻击者的行为能力。该模型将安全协议本身与安全协议具体所采用的密码系统分开，在假定密码系统“完善”（即只有掌握密钥的主体才能理解密文消息）的基础上讨论安全协议本身的正确性、安全性和冗余性等问题。同时指出，在这个模型中，攻击者的知识和能力不可低估，假设攻击者可以控制整个通信网，并具有如下特征：①可以窃听所有经过网络的消息；②可以阻止和截获所有经过网络的消息；③可以存储所获得或自身创造的消息；④可以根据存储的消息伪造并发送消息；⑤可以作为合法的主体参与协议的运行。

因此，在 Dolev-Yao 威胁模型中，发送到网络中的任何消息都可看成是发送给攻击者处理的（根据他的计算能力）。因而从网络接收到的任何消息都可以看成是经过攻击者处理的。换句话说，可以认为攻击者已经完全控制了整个网络。

当然攻击者也不是全能的，也有一些事情攻击者无法做到，具体包括：①攻击者不能猜到从足够大的空间中选出的随机数；②没有正确的密钥，攻击者不能由给定的密文恢复出明文；③对于完善的加密算法，攻击者也不能从给定的明文构造出正确的密文；④攻击者不能求出私有部分，如与给定的公钥相匹配的私钥；⑤攻击者虽然能控制计算和通信环境的大量公共部分，但一般不能控制计算环境中的许多私有区域，如访问离线主体的存储器等。

Dolev-Yao 的工作具有深远的影响，目前，绝大部分关于安全协议分析与设计的工作都基于 Dolev-Yao 攻击模型。

3.5　针对安全协议的攻击

安全协议建立在密码学的基础上，其目的在于证明所声称的某种属性。安全协议的攻击者包括未经授权而企图获益的攻击者或共谋者。他们发动的攻击可能会造成严重的后果，例如，攻击者获得机密信息或者密钥，或者攻击者成功地欺骗某个参与者使其对宣称的某个属性做出错误判断，从而造成重大损失。通常，如果某个主体断定自己和对方正常运行了协议，而对方却有不同的结论，那么就认为该协议存在着缺陷。

必须指出，本书中所涉及的对安全协议的攻击主要是指那些不涉及破解底层密码算法的攻击。通常，我们认为安全协议不安全不是因为该协议所使用的底层密码算法不安全，而是因为协议在设计上的缺陷使得攻击者能够在不需要破解底层密码算法的条件下达到破坏协议安全性的目的。因此，在分析安全协议时，通常假设底层的密码算法是“完善的”，不考虑其中可能存在的弱点。这些弱点通常在密码学的其他研究领域中予以研究解决。

对安全协议的典型攻击主要有：消息重放攻击、中间人攻击、并行会话攻击（parallel session attack）、反射攻击（reflection attack）、交错攻击（interleaving attack）、归因于类型缺陷的攻击（attack due to type flaw）、归因于姓名遗漏的攻击，等等。事实上，攻击方法难以穷尽，还有其他的分类方法。因此，对安全协议的分析和设计不能特定针对某一种或几种已知类型的攻击，而是需要综合考虑所有可能的安全威胁，研究安全协议的设计与分析的理论，通过形式化的方法进行协议的安全性和正确性的分析和证明。

下面将详细讨论各种攻击方法的定义及攻击实例，为了让读者更好地理解攻击实例，首先介绍协议描述中用到的符号。

① $A,B,P,Q,S,\cdots$，表示参与协议的主体。

② K_{ab}，主体 A 和主体 B 共享的会话密钥。

③ K_a，主体 A 的公开密钥。

④ K_a^{-1}，与③相对应的，主体 A 的私钥。

⑤ T_a，主体 A 生成的时间戳。

⑥ N_a，主体 A 生成的随机数。

⑦ $\{X\}_{K_a}$，用密钥 K_a，对消息 X 加密。

⑧ $A \rightarrow B: X$，表示主体 A 向主体 B 发送消息 X。

⑨ $I(A) \rightarrow B: X$，表示攻击者冒充主体 A 向主体 B 发送消息 X。

⑩ $B \rightarrow I(A): Y$，表示攻击者截获了主体 B 发送给主体 A 的消息 Y。

3.5.1 重放攻击

在重放攻击中，攻击者通过监视协议的运行，记录下协议先前运行实例的部分消息，然后在新的协议运行中重放这些消息。如果协议没有检测消息新鲜的机制或无法区分协议是否在单独运行，诚实用户就很可能受骗并将全部或部分协议步骤重新执行一遍。

3.5.2 中间人攻击

在中间人攻击中，攻击者将自己伪装于两个通信实体之间进行通信，甚至可以冒充其中任何一个主体的身份，向对方发送消息。出现中间人攻击的原因在于协议没有提供任何形式的认证。

[例 3-1] 以下协议：

① $A \rightarrow B: \{X\}_{K_a}$

② $B \rightarrow A: \{\{X\}_{K_a}\}_{K_b}$

③ $A \rightarrow B: \{X\}_{K_b}$

上述协议使得两个不知道对方私钥的实体，可以通过公钥传递秘密。首先实体 A 用自己的公钥加密秘密 X，并将密文发送给实体 B；实体 B 由于不知道 A 的私钥，所以无法获得秘密 X，那么他将密文再用自己的公钥加密后发送给 A；A 利用 RSA 算法的交换性，$\{\{X\}_{K_a}\}_{K_b} = \{\{X\}_{K_b}\}_{K_a}$，得到 $\{X\}_{K_b}$，然后再发送给 B，从而实现了交换秘密的目的。

对该协议存在以下中间人攻击：

① $A \rightarrow I(B): \{X\}_{K_a}$

② $I(B) \rightarrow A: \{\{X\}_{K_a}\}_{K_i}$

③ $A \rightarrow B: \{X\}_{K_i}$

攻击者截获 A 发送给 B 的消息，并冒充 B，用自己的公钥 K_i 加密信息，发送给 A，A 由于无法识别密文是由 B 发送的，还是由攻击者发送的，所以 A 正常解除自己的加密，将用攻击者公钥加密的信息发送给攻击者，这样攻击者得到 A 和 B 的共享秘密 X，达到攻击目的。

3.5.3 并行会话攻击

当两个或者多个协议同时运行时，如果把一个协议轮的消息使用在另外一个协议轮中，并行会话攻击就可能发生。在安全协议的设计中，协议的设计者可能会注重一个协议轮运行的安全性，很容易忽视并行会话时的攻击。而且，由于并行会话带来了极大的复杂性，所以协议设计的时候要防止这种攻击相对于其他的一些攻击方法来说更加困难。这也使得这种攻击方式为协议设计者和协议攻击者所关注。

［**例 3-2**］　以下单向认证协议：

① $A \rightarrow B: A$

② $B \rightarrow A: N_{ab}$

③ $A \rightarrow B: \{N_{ab}\}_{K_{as}}$

④ $B \rightarrow S: \{A, \{N_{ab}\}_{K_{as}}\}_{K_{bs}}$

⑤ $S \rightarrow B: \{N_{ab}\}_{K_{bs}}$

首先，实体 A 向实体 B 发起协议请求，B 响应一个随机数 N_{ab}，然后 A 将随机数 N_{ab} 用 K_{as} 加密发送给 B，B 将该密文与 A 的标识一起用 K_{bs} 加密发送给服务器 S，S 解密得到 N_{ab}，将 N_{ab} 用 K_{bs} 加密发送给 B，B 验证 N_{ab} 是否为自己产生的随机数，从而完成身份认证。

对该协议可实施如下并行会话攻击。

① $I(A) \rightarrow B: A$

①′ $I \rightarrow B: I$

② $B \rightarrow I(A): N_{ab}$

②′ $B \rightarrow I: N_{ib}$

③ $I(A) \rightarrow B: \{N_{ab}\}_{K_{is}}$

③′ $I \rightarrow B: \{N_{ab}\}_{K_{is}}$

④ $B \rightarrow S: \{A, \{N_{ab}\}_{K_{is}}\}_{K_{bs}}$

④′ $B \rightarrow S: \{I, \{N_{ab}\}_{K_{is}}\}_{K_{bs}}$

⑤ $S \rightarrow B: \{???\}_{K_{bs}}$

⑤′ $S \rightarrow B: \{N_{ab}\}_{K_{bs}}$

上述攻击中①—⑤为一个协议轮，①′—⑤′ 为另一个协议轮，消息⑤中的符号??? 表示乱码。I 为系统的一个合法用户，他首先冒充 A 向 B 进行认证，然后再以自己的身份向 B 进行认证，B 分别产生随机数 N_{ab} 和 N_{ib} 作为应答，注意攻击者在③′将随机数 N_{ib} 换成 N_{ab}，然后用 K_{is} 加密发送给 B，这样协议运行结束时，在①—⑤协议轮，B 拒绝与 $I(A)$ 通信，而在①′—⑤′ 协议轮，B 成功验证随机数 N_{ab}，从而使 B 相信他在与 A 通信，而实际上，A 根本没参与协议，达到攻击目的。

3.5.4　反射攻击

在反射攻击中，当一个协议主体给他意定的主体发送消息以请求对方应答时，攻击者截获该消息，并将该消息直接返回给发送者，从而达到破坏协议的目的。

［**例 3-3**］　一个简单的认证协议如下：

① $A \rightarrow B: \{N_a\}_{K_{ab}}$

② $B \rightarrow A: \{N_a + 1\}_{K_{ab}}$

对于上述认证协议，可以实施以下并行会话攻击：

① $A \rightarrow I(B): \{N_a\}_{K_{ab}}$

①′ $I(B) \rightarrow A: \{N_a\}_{K_{ab}}$

②′ $A \rightarrow I(B): \{N_a + 1\}_{K_{ab}}$

② $I(B) \rightarrow A: \{N_a + 1\}_{K_{ab}}$

其中①、②代表一个协议轮，①′、②′代表另一个协议轮，攻击者并不知道共享密钥 K_{ab}，但

通过直接将主体 A 发送的消息返回给主体 A,使 A 误认为是主体 B 向他发起的新一轮协议,并正确应答,这样攻击者就冒充 B 与 A 完成了认证协议。

3.5.5 交错攻击

在交错攻击中,攻击者在两个或多个连接中同时执行,造成各个协议步骤之间的重复,并获得期望的结果。

[**例 3-4**] 一个简单的协议:

① $A \to B: \{A, N_a\}_{K_b}$

② $B \to A: \{N_a, N_b\}_{K_a}$

③ $A \to B: \{N_b\}_{K_b}$

上述协议通过随机数 N_a 和 N_b 完成双向认证,对该协议可实施如下交错攻击:

① $A \to I: \{A, N_a\}_{K_i}$

①′ $I(A) \to B: \{A, N_a\}_{K_b}$

②′ $B \to I(A): \{N_a, N_b\}_{K_a}$

② $I \to A: \{N_a, N_b\}_{K_a}$

③ $A \to I: \{N_b\}_{K_i}$

③′ $I(A) \to B: \{N_b\}_{K_b}$

在此攻击中,I 是系统中的合法用户,首先用户 A 向 I 发起协议请求,但 I 不遵守协议规则,他利用 A 的随机数 N_a,冒充 A 与 B 发起另外一个连接,这样,最终协议执行的结果是用户 A 认为自己与 I 共享了消息 N_a 和 N_b,而用户 B 认为自己与 A 共享了消息 N_a 和 N_b,造成了协议混乱,达到攻击目的。

3.5.6 类型缺陷攻击

如果协议数据项没有明确标注,那么参与协议的主体就很难辨识数据项的语义,利用这一点,攻击者可以实施类型缺陷攻击,使主体将一个消息错误地解释成其他的消息,例如将随机数、身份标识误解为密钥等。

[**例 3-5**] 下面是一个简单的交换会话密钥的协议,协议描述如下:

① $A \to B: M, A, B, \{N_a, M, A, B\}_{K_{as}}$

② $B \to S: M, A, B, \{N_a, M, A, B\}_{K_{as}}, \{N_b, M, A, B\}_{K_{bs}}$

③ $S \to B: M, \{N_a, K_{ab}\}_{K_{as}}, \{N_b, K_{ab}\}_{K_{bs}}$

④ $B \to A: M, \{N_a, K_{ab}\}_{K_{as}}$

参与协议的主体利用服务器 S,成功地交换了会话密钥。对该协议存在一种类型缺陷攻击。假如 M 的长度是 64 比特,A 和 B 的长度为 32 比特,密钥 K_{ab} 的长度为 128 比特,那么用户发起协议后,在协议第④步,存在一个类型缺陷攻击,攻击方法如下:

①′ $A \to I(B): M, A, B, \{N_a, M, A, B\}_{K_{as}}$

④′ $I(B) \to A: M, \{N_a, M, A, B\}_{K_{as}}$

在此攻击中,攻击者根本没有和服务器 S 通信,而是直接将④消息发送给 A;实体 A 收到④消息后,解密,验证 N_a 是正确的,由于数据项没有明确标识,所以实体 A 误将 N_a 后紧跟的 128 比特的数据(M, A, B)当成新的会话密钥 K_{ab},而(M, A, B)是攻击者掌握的明文,所以攻击者获得了会话密钥,达到了攻击目的。

3.5.7　姓名遗漏攻击

在协议设计过程中，有时候，协议设计者为了减小协议的冗余，省略了有关主体身份标识的信息。攻击者往往可以利用这点，对协议进行攻击，达到获取非法利益的目的。

［例3-6］　下面是一个双向认证的协议，认证过程中用到一个证书授权结构CA来分配必要的密钥，协议描述如下：

① $A \rightarrow CA: A, B, N_1$

② $CA \rightarrow A: CA, \{CA, A, N_1, K_b\}_{K_{ca}^{-1}}$

③ $A \rightarrow B: A, B, \{A, T, L, \{N_2\}_{K_b}\}_{K_a^{-1}}$

④ $B \rightarrow CA: B, A, N_3$

⑤ $CA \rightarrow B: CA, \{CA, B, N_3, K_a\}_{K_{ca}^{-1}}$

⑥ $B \rightarrow A: B, A, \{B, N_2+1\}_{K_a}$

对该协议存在一种姓名缺陷攻击，攻击过程如下：

① $I \rightarrow CA: I, B, N_1$

② $CA \rightarrow I: CA, \{CA, I, N_1, K_b\}_{K_{ca}^{-1}}$

③ $I(A) \rightarrow B: A, B, \{A, T, L, \{N_2\}_{K_b}\}_{K_i^{-1}}$

④ $B \rightarrow I(CA): B, A, N_3$

④ $I(B) \rightarrow CA: B, I, N_3$

⑤ $CA \rightarrow B: CA, \{CA, B, N_3, K_i\}_{K_{ca}^{-1}}$

⑥ $B \rightarrow I(A): B, A, \{B, N_2+1\}_{K_i}$

在攻击过程中，首先攻击者I是系统的合法用户，他向证书服务器CA发起同B通信的请求；CA按协议规定返回B的公钥K_b；第③步，攻击者冒充用户A向用户B发起通信请求，消息用攻击者的私钥加密；用户B收到请求后，向证书服务器CA请求A的公钥，攻击者截获该消息；攻击者将消息中的用户标识改为自己，然后将消息发送给CA；CA收到该消息后，误认为用户B请求攻击者的公钥，所以按协议要求返回攻击者的公钥；用户B无法区分申请到的公钥是用户A的，还是其他第三方的，所以利用该公钥解密消息获得随机数N_2，至此，用户B认为完成了认证，但实际上用户A并未参与协议，达到攻击目的。

存在上述攻击的主要原因在于证书服务器CA签名的消息中没有通信双方姓名标识，使得诚实用户无法辨识得到的公钥到底是谁的公钥，让攻击者有空可钻。

3.6　安全协议的设计原则

在安全协议设计过程中，通常要求协议具有足够的复杂性以抵御各种攻击；还要尽量使协议保持足够的经济性和简单性，以便可应用于底层网络环境。因此，安全协议的设计要遵循以下原则：

① 采用一次性随机数来替代时间戳，即用异步认证方式来替代同步认证方式。

② 具有抵御常见攻击的能力。

③ 适用于任何网络结构的任何协议层（消息要尽可能短）。所设计的协议不仅能够适用于底层网络机制，而且还必须能用于应用层的认证。这就意味着协议中包含的密码消息尽可

能短。

④ 适用于任何数据处理能力（消息尽可能简单）。所设计的协议不但能够在智能卡上使用，而且也能够在仅有很小处理能力和无专用密码处理芯片的低级网络终端和工作站上使用。这要求协议必须具有尽可能少的密码运算。

⑤ 可采用任何密码算法，安全性与具体采用的密码算法无关。

⑥ 便于进行功能扩充，特别是在方案上应该能够支持多用户（多于两个）之间的密钥共享。另一个明显的扩展是它应该允许在消息中加载额外的域，进而可以将其作为协议的一部分加以认证。

⑦ 最少的安全假设，在进行协议设计时，常常首先对网络环境进行风险分析，做出适当的初始安全假设。例如，各通信主体应该相信各自产生的密钥是最好的，或者网络中心的认证服务器是可信赖的，或者安全管理是可信赖的，等等。但是初始假设越多，协议的安全性就越差。因此要尽可能减少初始安全假设的数目。

⑧ 最好利用描述协议的形式语言，对协议本身进行形式化描述。

⑨ 通过形式化证明的方法，证明协议达到了协议目标。

⑩ 永远不要低估攻击者的能力。

以上设计规范并非一成不变，可以根据实际情况做出相应的补充或调整。但希望读者记住最后一条，这是安全协议设计时应该时刻牢记的一条重要原则。

3.7 本章小结

本章首先介绍了安全协议的概念，讨论了参与协议的主体在协议环境中所扮演的角色，给出了通用安全协议系统模型；介绍了安全协议的分类；讨论了安全协议的缺陷，包括基本协议缺陷、口令/密钥猜测缺陷、陈旧消息缺陷、并行会话缺陷、内部协议缺陷以及密码系统缺陷等。

本章还讨论了安全协议的威胁模型，引入了著名的 Dolev-Yao 威胁模型，Dolev-Yao 威胁模型认为攻击者的知识和能力不能低估，应当假设攻击者可以控制整个通信网络，并具有相应的知识和能力。Dolev-Yao 威胁模型现已成为安全协议分析和设计的基础。

3.5 节详细讨论了针对安全协议的攻击方法，这些方法包括重放攻击、中间人攻击、并行会话攻击、反射攻击、交错攻击、类型缺陷攻击以及姓名遗漏攻击等。我们讨论了这些攻击方式的定义，并通过实例，展示了上述攻击实施的过程及采用的方法。

通过上述讨论，读者对安全协议有了比较完整的认识，在此基础上，本章最后讨论了安全协议设计的一般原则。这些原则不是一成不变的，在不同的环境中，安全协议设计侧重点也不一样，这就要求协议设计者能根据实际情况做出相应的调整，但万变不离其宗，所有原则中最重要的一条，即任何时候，都不要低估攻击者的能力。

习　题

1. 简述什么是协议？什么是安全协议？
2. 简述安全协议的种类及安全协议的缺陷。

3．简述安全协议存在缺陷的原因。

4．简述随机数及时间戳保证消息新鲜性的机制，并分析各自适用的场合。讨论采用一次性随机数来替代时间戳，即用异步认证方式来替代同步认证方式的原因。

5．试设计一个密钥建立协议，该协议参与的主体有：主体 A、B 以及可信第三方 S。协议的目的是通信双方 A 和 B 利用密码技术建立一个新的会话密钥 K_{ab} 来保护他们的通信。试分析所设计协议的安全性。

6．改进[例 3-1]中的安全协议，使之能够抵御中间人攻击。

第 4 章 认证与密钥交换协议

本章主要介绍认证与密钥交换协议，这类协议将认证和密钥交换协议结合在一起，先对通信主体的身份进行认证，在成功的基础上，为下一步的安全通信分配所使用的会话密钥，是网络通信中应用最普遍的安全协议。

认证是保密通信的基础、前提。需要先明确认证的概念，认证是指分布式系统中的主体身份识别的过程。认证可以对抗假冒攻击，可获取对某人或某事的信任。在协议中，当一个主体提交一个身份并声称他就是那个主体时，需要运用认证以确认身份。认证的方法一般有以下几种：

① 使用只有两个主体知道的秘密，这个秘密可以是密钥，也可以是两个主体共同拥有的秘密信息，如果声称者可以提供上述秘密，则验证者可以通过上述秘密认证声称者的身份；

② 声称者可以使用自己的私钥对消息进行签名，验证者利用声称者的公开密钥解密，从而认证声称者的身份；

③ 双方可以通过可信第三方认证主体身份。

本章列举一些认证与密钥交换协议，使读者对具体的安全协议有一个感性的认识，同时，本章还会讨论一些针对上述协议的攻击实例，非形式化地分析上述协议存在的漏洞，加深读者对协议分析的认识，为介绍形式化分析方法奠定基础。

在协议分析之前，约定以下符号及描述方式：

① $A,B,P,Q,S,\cdots$，表示参与协议的主体。

② K_{ab}，主体 A 和主体 B 共享的会话密钥。

③ K_a，主体 A 的公开密钥；K_a^{-1}，主体 A 的私钥。

④ T_a，主体 A 生成的时间戳；N_a，主体 A 生成的随机数。

⑤ $\{X\}_{K_a}$，用密钥 K_a，对消息 X 加密。

4.1 无可信第三方的对称密钥协议

4.1.1 ISO one-pass 对称密钥单向认证协议

ISO one-pass 对称密钥单向认证协议仅包含一条从 A 到 B 的消息，协议完成了从 A 到 B 的单向认证，协议描述如下：

$A \rightarrow B: \{T_a, B\}_{K_{ab}}$

主体 B 通过时间戳 T_a 判断消息的新鲜性。

4.1.2　ISO two-pass 对称密钥单向认证协议

ISO two-pass 对称密钥单向认证协议包含两条消息，与第 1 个协议类似，只是用随机数代替了时间戳，完成从 A 到 B 的单向认证，协议描述如下：

① $B \rightarrow A: N_b$

② $A \rightarrow B: \{N_b, B\}_{K_{ab}}$

4.1.3　ISO two-pass 对称密钥双向认证协议

ISO two-pass 对称密钥双向认证协议由第 1 个协议的两个实例组成，完成主体 A 和 B 的双向认证，协议描述如下：

① $A \rightarrow B: \{T_a, B\}_{K_{ab}}$

② $B \rightarrow A: \{T_b, A\}_{K_{ab}}$

4.1.4　ISO three-pass 对称密钥双向认证协议

ISO three-pass 对称密钥双向认证协议用随机数代替时间戳，保持消息的新鲜性，完成主体 A 和 B 的双向认证，协议描述如图 4-1 所示。

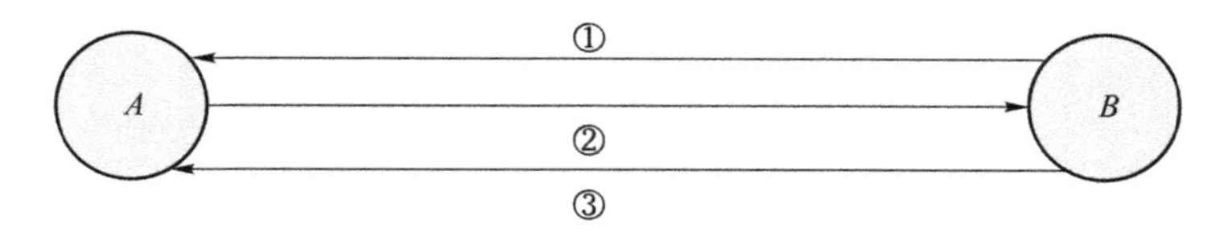

图 4-1　ISO three-pass 对称密钥双向认证协议交互过程

① $B \rightarrow A: N_b$

② $A \rightarrow B: \{N_a, N_b, B\}_{K_{ab}}$

③ $B \rightarrow A: \{N_b, N_a\}_{K_{ab}}$

4.1.5　Andrew 安全 RPC 协议

Andrew 安全 RPC 协议也是一种早期的认证协议，是双向认证协议，包含两个主体 A 和 B，协议的目的是 A 向 B 申请一个新的会话密钥，协议描述如图 4-2 所示。

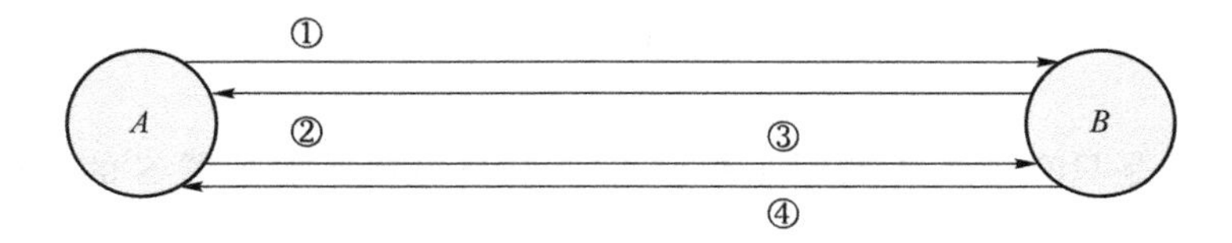

图 4-2　Andrew 安全 RPC 协议交互过程

① $A \rightarrow B: A, \{N_a\}_{K_{ab}}$

② $B \rightarrow A: \{N_a + 1, N_b\}_{K_{ab}}$

③ $A \rightarrow B: \{N_b + 1\}_{K_{ab}}$

④ $B \rightarrow A: \{K'_{ab}, N'_b\}_{K_{ab}}$

其中 K'_{ab} 是新生成的会话密钥，N'_b 是序列号，在以后的通信中用作标识符。

4.2 具有可信第三方的对称密钥协议

4.2.1 NSSK 协议

Needham-Schroeder 对称密钥（NSSK）协议是由 Needham 和 Schroeder 于 1978 年提出的，其目的是在通信双方之间分配会话密钥，参与协议的主体有 3 个：通信双方 A 和 B 以及认证服务器 S。协议交互过程如图 4-3 所示。

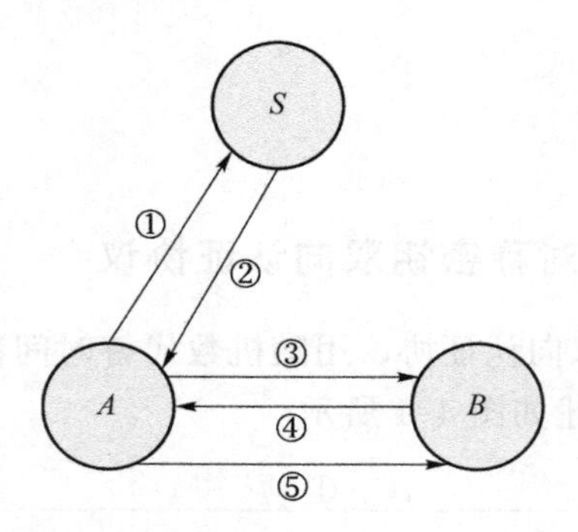

图 4-3 NSSK 协议交互过程

协议描述如下：

① $A \to S: A, B, N_a$

② $S \to A: \{N_a, B, K_{ab}, \{K_{ab}, A\}_{K_{bs}}\}_{K_{as}}$

③ $A \to B: \{K_{ab}, A\}_{K_{bs}}$

④ $B \to A: \{N_b\}_{K_{ab}}$

⑤ $A \to B: \{N_b - 1\}_{K_{ab}}$

首先主体 A 向服务器 S 发送通信主体标识 A 和 B，以及 A 产生的随机数 N_a；服务器 S 收到消息后，生成 A 和 B 的会话密钥 K_{ab}，并生成消息 2，发送给 A，其中 $\{K_{ab}, A\}_{K_{bs}}$ 是用 B 与 S 的共享密钥 K_{bs} 加密的证书；主体 A 收到上述消息后，将加密证书 $\{K_{ab}, A\}_{K_{bs}}$ 转发给主体 B；主体 B 收到证书信息后，解密，获得会话密钥 K_{ab}，然后生成随机数 N_b，并将 N_b 用会话密钥 K_{ab} 加密后发送给主体 A；主体 A 解密获得随机数 N_b，将 $N_b - 1$ 作为应答，完成身份认证及会话密钥分配。

该协议的特点是只有主体 A 与服务器 S 通信，这样减轻了服务器 S 的负载，有利于提高通信效率。

4.2.2 Otway-Rees 协议

Otway-Rees 协议是 1987 年提出的一种认证协议，同 NSSK 协议一样，Otway-Rees 协议参与的主体是通信双方 A 和 B 以及认证服务器 S，协议的目的是在通信双方之间分配会话密钥。协议交互过程如图 4-4 所示。

协议描述如下：

① $A \to B: M, A, B, \{N_a, M, A, B\}_{K_{as}}$

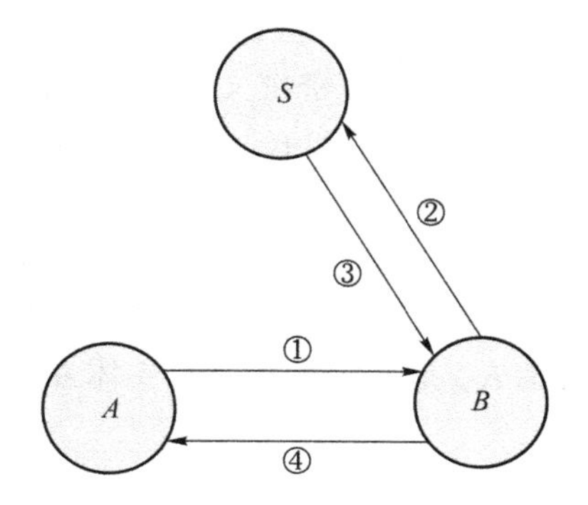

图 4-4　Otway-Rees 协议交互过程

② $B \rightarrow S: M, A, B, \{N_a, M, A, B\}_{K_{as}}, \{N_b, M, A, B\}_{K_{bs}}$

③ $S \rightarrow B: M, \{N_a, K_{ab}\}_{K_{as}}, \{N_b, K_{ab}\}_{K_{bs}}$

④ $B \rightarrow A: M, \{N_a, K_{ab}\}_{K_{as}}$

首先主体 A 生成 M 和随机数 N_a，然后用 A 与 S 的共享密钥 K_{as} 加密消息(N_a, M, A, B)，并将明文信息 M, A, B 同上述加密信息一起发送给主体 B；主体 B 收到该信息后，生成随机数 N_b，用 B 与 S 的共享密钥 K_{bs} 加密消息(N_b, M, A, B)，并与 A 发送给自己的消息①一起发送给服务器 S；服务器 S 收到消息后，解密获得随机数 N_a 和 N_b，生成 A 与 B 的会话密钥 K_{ab}，并将 K_{ab} 分别用 K_{as} 和 K_{bs} 加密生成消息③，然后将消息发送给主体 B；主体 B 收到消息后，将用 K_{as} 加密的密文直接转发给主体 A，这样 A 和 B 可以分别解密相应信息，获得会话密钥 K_{ab}，并可以验证随机数 N_a 和 N_b，如果随机数正确，则完成会话密钥分配。

4.2.3　Yahalom 协议

Yahalom 协议是于 1998 年提出的一种认证协议，参与协议的主体有通信双方及认证服务器，协议的目的是为通信双方分配会话密钥。协议交互过程如图 4-5 所示。

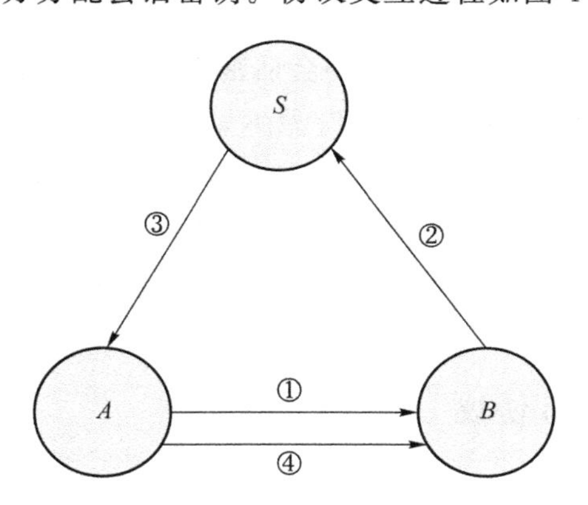

图 4-5　Yahalom 协议交互过程

① $A \rightarrow B: A, N_a$

② $B \rightarrow S: B, \{A, N_a, N_b\}_{K_{bs}}$

③ $S \rightarrow A: \{B, K_{ab}, N_a, N_b\}_{K_{as}}, \{A, K_{ab}\}_{K_{bs}}$

④ $A \rightarrow B: \{A, K_{ab}\}_{K_{bs}}, \{N_b\}_{K_{ab}}$

首先由主体 A 发起通信请求，在消息中包含主体 A 生成的随机数 N_a；主体 B 收到请求后，生成随机数 N_b，然后用与服务器 S 共享的密钥 K_{bs} 加密，生成密文 $\{A,N_a,N_b\}_{K_{bs}}$，并将消息发送到服务器 S；服务器 S 收到信息后，解密密文，得知主体 A 与主体 B 通信，于是生成会话密钥 K_{ab}，并将该密钥与随机数分别用 K_{as} 和 K_{bs} 加密发送给主体 A；主体 A 用 K_{as} 解密相应的密文，获得 K_{ab} 和随机数 N_b，然后验证随机数 N_a 的正确性，如果正确，则主体 A 相信 K_{ab} 是 S 分发的其与主体 B 通信的会话密钥，并将 N_b 用 K_{ab} 加密，连同消息③中用 K_{bs} 加密的密文一起转发给主体 B。同样主体 B 收到该信息后，用 K_{bs} 解密获得 K_{ab}，用 K_{ab} 解密获得 N_b，然后验证 N_b，如果正确，则主体 B 也相信 K_{ab} 是 S 分发的其与主体 A 通信的会话密钥，至此完成密钥分配。

4.2.4 大嘴青蛙协议

大嘴青蛙协议由 Burrows 提出，是一种最简单的认证协议。协议交互过程如图 4-6 所示。

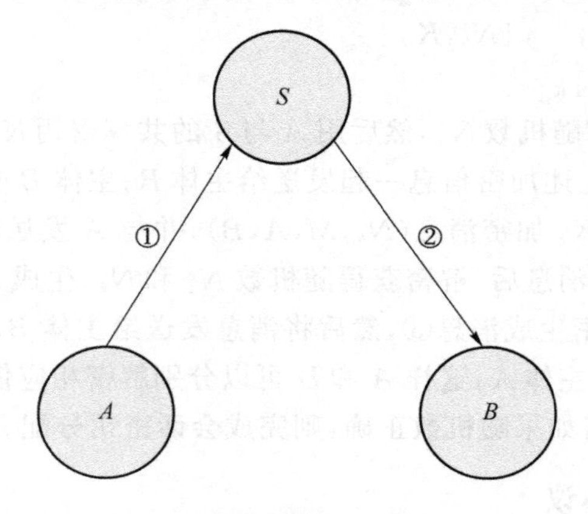

图 4-6 大嘴青蛙协议交互过程

① $A \to S: A, \{T_a, B, K_{ab}\}_{K_{as}}$

② $S \to B: \{T_s, A, K_{ab}\}_{K_{bs}}$

在协议第①步，主体 A 生成时间戳 T_a 和会话密钥 K_{ab}，并将上述信息用 K_{as} 加密发送给服务器 S；服务器 S 收到该信息后，解密获得 T_a 及 K_{ab}，服务器验证 T_a 的有效性，如果有效，服务器将产生新的时间戳 T_s，并将 T_s、通信发起方标识 A 以及会话密钥 K_{ab}，用 K_{bs} 加密发送给主体 B，主体 B 收到后，验证时间戳 T_s 的有效性，如果 B 相信 T_s 是新鲜的，则 B 相信 K_{ab} 是好的会话密钥。值得注意的是，在大嘴青蛙协议中，会话密钥由协议发起方生成，而不是由认证服务器生成。

4.2.5 Denning-Sacco 协议

Denning-Sacco 协议是由 Denning 和 Sacco 共同提出的，该协议利用时间戳来验证密钥的新鲜性，协议的目标是在通信双方之间分配会话密钥，协议交互过程如图 4-7 所示。

① $A \to S: A, B$

② $S \to A: \{B, K_{ab}, T_s, \{A, K_{ab}, T_s\}_{K_{bs}}\}_{K_{as}}$

③ $A \to B: \{A, K_{ab}, T_s\}_{K_{bs}}$

在协议第①步，主体 A 向服务器 S 发起通信请求；服务器 S 收到请求后，生成会话密钥 K_{ab} 及时间戳 T_s，然后先用 K_{bs} 加密信息(A, K_{ab}, T_s)，再用 K_{as} 加密信息$(B, K_{ab}, T_s, \{A, K_{ab},$

$T_s\}_{K_{bs}}$)，并将该信息发送给主体 A；主体 A 收到信息后，用 K_{as} 解密获得 $\{A,K_{ab},T_s\}_{K_{bs}}$ 及会话密钥 K_{ab} 和时间戳 T_s，主体 A 验证 T_s 的新鲜性，如果主体 A 相信 T_s 是新鲜的，则主体 A 相信 K_{ab} 是好的会话密钥，然后主体 A 将密文 $\{A,K_{ab},T_s\}_{K_{bs}}$ 直接转发给主体 B。主体 B 收到信息后，用 K_{bs} 解密获得会话密钥 K_{ab} 和时间戳 T_s，用户验证 T_s 的新鲜性，如果主体 B 相信 T_s 是新鲜的，则主体 B 也相信 K_{ab} 是好的会话密钥，会话密钥分配完成。

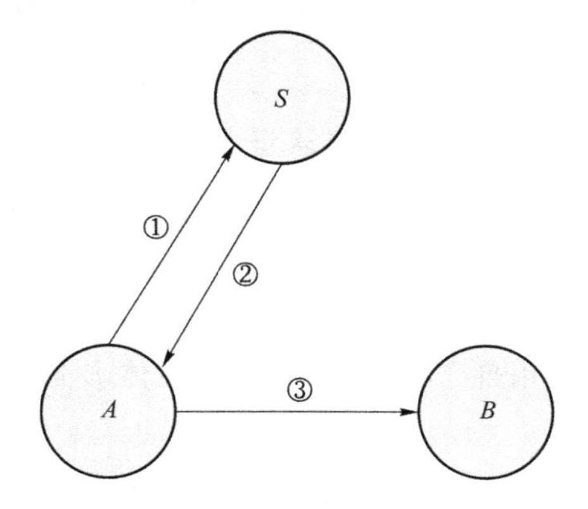

图 4-7　Denning-Sacco 协议交互过程

4.2.6　Woo-Lam 协议

Woo-Lam 协议是由 Woo 和 Lam 在 1992 年提出的，Woo-Lam 协议是一个简单的单向认证协议，协议的目的是主体 A 向主体 B 认证身份，协议交互过程如图 4-8 所示。

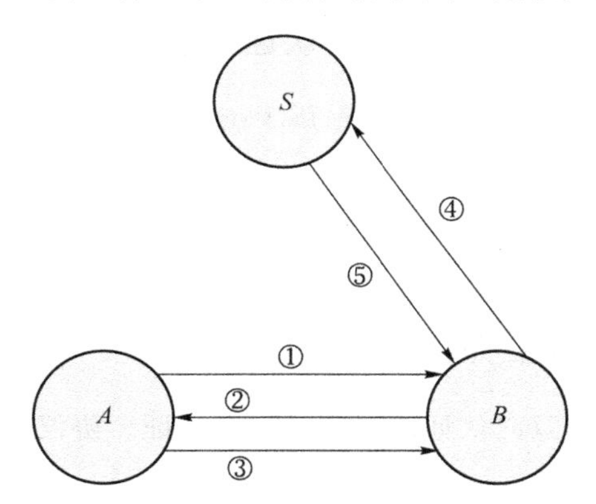

图 4-8　Woo-Lam 协议交互过程

① $A \rightarrow B: A$

② $B \rightarrow A: N_b$

③ $A \rightarrow B: \{N_b\}_{K_{as}}$

④ $B \rightarrow S: \{A, \{N_b\}_{K_{as}}\}_{K_{bs}}$

⑤ $S \rightarrow B: \{N_b\}_{K_{bs}}$

在协议第①步，主体 A 向主体 B 发起请求；主体 B 收到后，生成随机数 N_b，并将 N_b 发送给 A，以响应请求；主体 A 收到 N_b 后，用 K_{as} 加密 N_b，然后将密文返回给主体 B；主体 B 不能解密密文，他在收到的密文后附上主体标识 A，并用 K_{bs} 加密整个消息，然后将密文发送给认证服务器 S；认证服务器 S 收到密文后，先用 K_{bs} 解密，获得主体标识 A，然后用 K_{as} 解密，获得随

机数 N_b，再将 N_b 用 K_{bs} 加密，并将密文发送给主体 B；主体 B 收到后，解密，验证 N_b 的有效性，从而完成对主体 A 的认证。认证的机理在于主体 A 和 B 都相信 K_{as} 和 K_{bs} 是自己与服务器 S 之间好的共享密钥，同时 B 也相信 K_{as} 是 A 与 S 之间好的共享密钥。

4.3　无可信第三方的公开密钥协议

4.3.1　ISO one-pass 公开密钥单向认证协议

ISO one-pass 公开密钥单向认证协议由一条消息构成，采用时间戳机制保证消息的新鲜性，协议描述如下：

$$A \to B: T_a, B, \{T_a, B\}_{K_a^{-1}}$$

主体 A 生成时间戳 T_a，并用自己的私钥签名 T_a，主体 B 通过验证 A 的签名来完成对 A 的身份认证。

4.3.2　ISO two-pass 公开密钥单向认证协议

ISO two-pass 公开密钥单向认证协议用随机数代替时间戳，协议完成从主体 A 到主体 B 的认证，协议描述如下：

① $B \to A: N_b$

② $A \to B: N_a, N_b, B, \{N_a, N_b, B\}_{K_a^{-1}}$

4.3.3　ISO two-pass 公开密钥双向认证协议

ISO two-pass 公开密钥双向认证协议是 ISO one-pass 公开密钥单向认证协议的简单组合，协议提供双向认证，协议描述如下：

① $A \to B: T_a, B, \{T_a, B\}_{K_a^{-1}}$

② $B \to A: T_b, A, \{T_b, A\}_{K_b^{-1}}$

4.3.4　ISO three-pass 公开密钥双向认证协议

ISO three-pass 公开密钥双向认证协议完成双向认证。协议描述如图 4-9 所示。

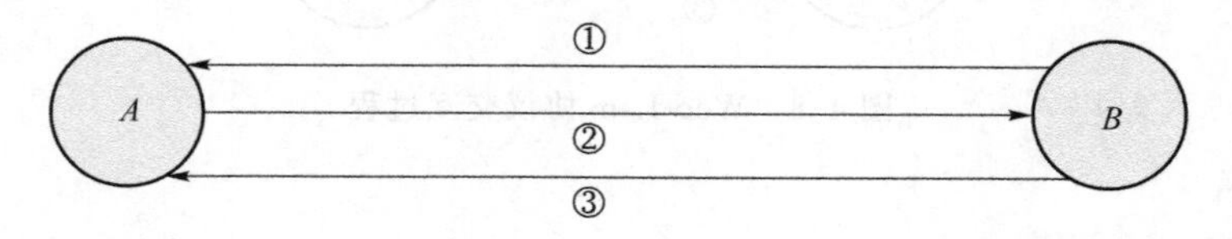

图 4-9　ISO three-pass 公开密钥双向认证协议交互过程

① $B \to A: N_b$

② $A \to B: N_a, N_b, B, \{N_a, N_b, B\}_{K_a^{-1}}$

③ $B \to A: N_b, N_a, A, \{N_b, N_a, A\}_{K_b^{-1}}$

4.3.5　ISO two-pass 公开密钥并行双向认证协议

ISO two-pass 公开密钥并行双向认证协议允许认证在 A 和 B 之间并行运行，协议描述如下。

① $A \rightarrow B: N_a$

①′ $B \rightarrow A: N_b$

② $A \rightarrow B: N_a, N_b, B, \{N_a, N_b, B\}_{K_a^{-1}}$

②′ $B \rightarrow A: N_b, N_a, A, \{N_b, N_a, A\}_{K_b^{-1}}$

协议执行过程中，消息①和①′，消息②和②′ 可以同时发送。

4.3.6　Diffie-Hellman 密钥交换协议

Diffie-Hellman 密钥交换协议是 1976 年由 Whitfield Diffie 和 Martin Hellman 合作提出的，它是第一个实用的在非保护信道中建立共享密钥的方法，图 4-10 展示了协议的基本原理。

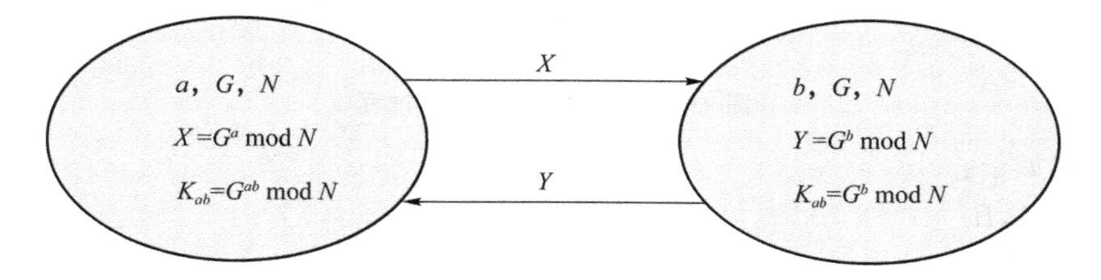

图 4-10　Diffie-Hellman 密钥交换协议交互过程

① $A \rightarrow B: X = G^a \bmod N$

② $B \rightarrow A: Y = G^b \bmod N$

其中：G，N 是通信主体 A 和 B 的共识，a 和 b 为主体 A 和 B 选取的秘密整数，协议完成后，双方分别获得了计算结果 X 和 Y，可分别通过计算得到会话密钥 K_{ab}，其计算过程如下。

对于主体 A：

$$\begin{aligned} K_{ab} &= Y^a \bmod N \\ &= (G^b \bmod N)^a \bmod N \\ &= G^{ab} \bmod N \end{aligned}$$

同理对于主体 B：

$$\begin{aligned} K_{ab} &= X^b \bmod N \\ &= (G^a \bmod N)^b \bmod N \\ &= G^{ab} \bmod N \end{aligned}$$

所以 A 和 B 可以计算出相同的共享密钥，完成密钥交换。

注意 a、b 是秘密的，其他所有的值 G、N、X、Y 都可以在公共信道上传递。此外，该协议并没有提供主体的身份认证，因此该协议可以和认证协议结合使用。

4.4　具有可信第三方的公开密钥协议

4.4.1　NSPK 协议

Needham-Schroeder 公开密钥（NSPK）协议是 1978 年发表的一个重要认证协议，其目的是使通信双方安全地交换独立的秘密，这与大多数公开密钥认证协议不同。参与协议的主体是 A、B 和 S。协议交互过程如图 4-11 所示。

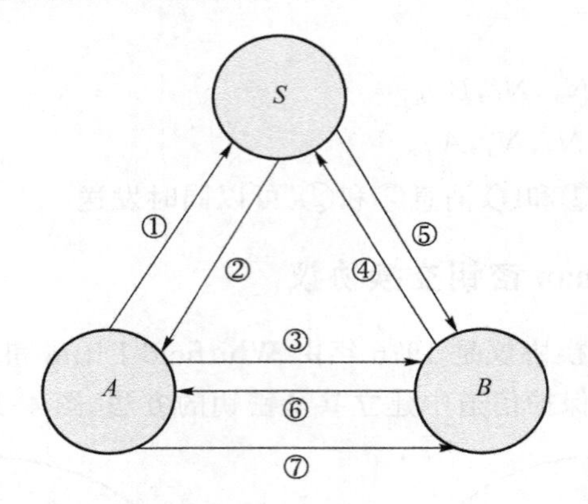

图 4-11　NSPK 协议交互过程

协议描述如下：

① $A \to S: A, B$

② $S \to A: \{K_b, B\}_{K_s^{-1}}$

③ $A \to B: \{N_a, A\}_{K_b}$

④ $B \to S: B, A$

⑤ $S \to B: \{K_a, A\}_{K_s^{-1}}$

⑥ $B \to A: \{N_a, N_b\}_{K_a}$

⑦ $A \to B: \{N_b\}_{K_b}$

其中 N_a 与 N_b 就是 A 与 B 之间要交换的秘密。

首先，主体 A 发起通信请求；服务器 S 收到请求后，向主体 A 发送用其私钥加密的主体 B 的标识和 B 的公钥 K_b；主体 A 收到信息后，解密获得 B 的公钥 K_b，然后用 K_b 加密秘密 N_a 和主体标识 A，并将密文发送给主体 B；主体 B 收到信息后，向服务器 S 发起认证请求；服务器 S 收到信息后，向主体 B 发送用其私钥加密的主体 A 的标识和 A 的公钥 K_a；主体 B 收到信息后，解密获得秘密 N_a，将其与秘密 N_b 一起用 K_a 加密生成密文，并将密文发送给主体 A；主体 A 收到信息后，解密获得秘密 N_b，然后用 K_b 加密秘密 N_b，并将密文发送给主体 B，从而完成认证及交换秘密的目的。

4.4.2　SPLICE/AS 协议

SPLICE/AS 协议是关于客户和服务器进行双向认证的协议，认证过程中使用了一个证书授权机构 AS 用于分配密钥。协议描述如图 4-12 所示。

① $C \to \mathrm{AS}: C, S, N_1$

② $\mathrm{AS} \to C: \mathrm{AS}, \{\mathrm{AS}, C, N_1, K_s\}_{K_{\mathrm{as}}^{-1}}$

③ $C \to S: C, S, \{C, T, L, \{N_2\}_{K_s}\}_{K_c^{-1}}$

④ $S \to \mathrm{AS}: S, C, N_3$

⑤ $\mathrm{AS} \to S: \mathrm{AS}, \{\mathrm{AS}, S, N_3, K_c\}_{K_{\mathrm{as}}^{-1}}$

⑥ $S \to C: S, C, \{S, N_2 + 1\}_{K_c}$

首先由客户 C 生成随机数 N_1，并向证书服务器 AS 发起认证请求；AS 收到请求后，将服

务器 S 的公钥 K_s 用自己的私钥 K_{as}^{-1} 加密后发送给 C；C 收到消息后，验证 N_1，解密获得 K_s，然后生成随机数 N_2 及时间戳等信息，将 N_2 用 K_s 加密，然后整体信息用自己的私钥 K_c^{-1} 加密，然后发送给服务器 S；S 收到后，生成随机数 N_3，并向证书服务器 AS 发起认证请求；AS 收到请求后，将客户 C 的公钥 K_c 用自己的私钥 K_{as}^{-1} 加密后发送给 S；S 收到后，验证 N_3，解密获得 K_c，用 K_c 解密消息③，获得随机数 N_2 及时间戳等信息，如相信时间戳是新鲜的，则相信 C 的身份，然后将 N_2+1 等信息用 K_c 加密后发送给 C；C 收到后，解密验证随机数 N_2，如验证通过，则相信 S 的身份，完成通信双方的双向认证。

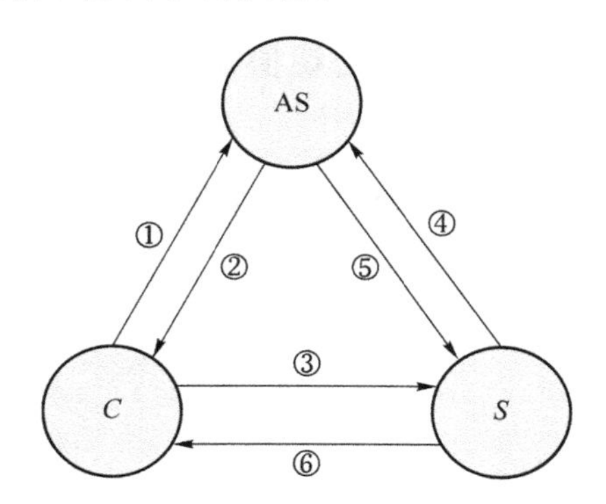

图 4-12　SPLICE/AS 协议交互过程

4.4.3　Denning-Sacco 密钥分配协议

Denning-Sacco 密钥分配协议的目的是将主体 A 生成的会话密钥 K_{ab} 传送给主体 B，S 为证书服务器，负责传递 A 和 B 的公钥证书，协议描述如图 4-13 所示。

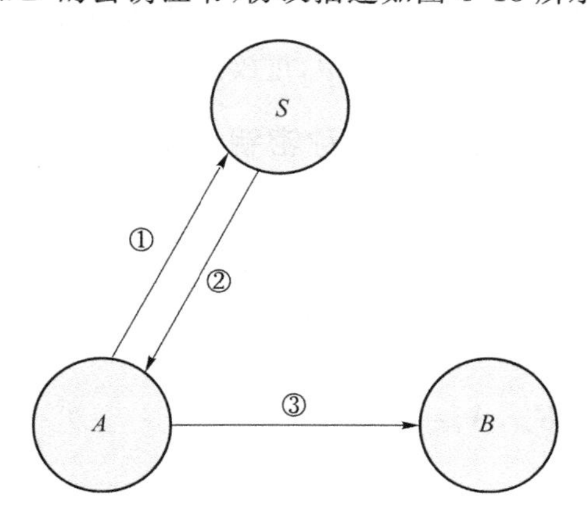

图 4-13　Denning-Sacco 密钥分配协议交互过程

① $A \to S: A, B$

② $S \to A: \{A, K_a, T_1\}_{K_s^{-1}}, \{B, K_b, T_1\}_{K_s^{-1}}$

③ $A \to B: \{A, K_a, T_1\}_{K_s^{-1}}, \{B, K_b, T_1\}_{K_s^{-1}}, \{\{K_{ab}, T_a\}_{K_a^{-1}}\}_{K_b}$

首先主体 A 向证书服务器 S 发送证书传递请求；服务器 S 收到请求后，分别产生主体 A 和 B 的公钥证书，并将证书发送给 A；A 收到证书后，解密验证时间戳，如果相信时间戳是新鲜的，则主体 A 相信主体 B 的公钥 K_b，然后 A 将自己生成的会话密钥 K_{ab} 及时间戳 T_a 用自己的私钥签名后，再用主体 B 的公钥 K_b 加密，然后将公钥证书及生成的密文一起发送给主体

B；主体 B 收到后，解密获得主体 A 的公钥，主体 B 如果相信时间戳是新鲜的，则主体 B 相信主体 A 的公钥，然后主体 B 解密获得 K_{ab} 和 T_a，如果主体 B 相信 T_a 是新鲜的，则主体 B 相信 K_{ab} 是好的共享密钥，完成密钥分配。

4.5 针对认证与密钥交换协议的攻击

4.5.1 针对无可信第三方的对称密钥协议——Andrew 安全 RPC 协议的攻击

(1) 利用类型缺陷攻击

对 Andrew 安全 RPC 协议存在一种利用类型缺陷实施攻击的方法。假设随机数、序列号与密钥的长度相同，则存在以下攻击方法。

① $A \rightarrow B: A, \{N_a\}_{K_{ab}}$

② $B \rightarrow A: \{N_a+1, N_b\}_{K_{ab}}$

③ $A \rightarrow I(B): \{N_b+1\}_{K_{ab}}$

④ $I(B) \rightarrow A: \{N_a+1, N_b\}_{K_{ab}}$

协议运行中，攻击者监听并存储了消息②，如果假设成立，那么攻击者就可以在第④步中，将存储的消息②发送给主体 A，主体 A 收到消息后，会误认为 N_a+1 为新的会话密钥，虽然攻击者可能并不知道 N_a+1，但攻击的结果使通信双方以随机数作为通信密钥，猜测随机数的难度要远远低于猜测密钥的难度，所以攻击是成功的。

(2) 重放攻击

在原协议中，协议第④步消息中，没有标识消息新鲜性的数据，这样攻击者可以监听并存储以前协议轮中的消息④，并在当前协议轮中，重放该消息，达到扰乱通信的目的。

4.5.2 针对具有可信第三方的对称密钥协议的攻击

1. NSSK 协议

在 NSSK 协议中，消息③中缺少新鲜性的标识，所以接收消息的主体无法判断获得的密钥的新鲜性，这样容易遭到重放攻击，攻击过程如下。

① $A \rightarrow S: A, B, N_a$

② $S \rightarrow A: \{N_a, B, K_{ab}, \{K_{ab}, A\}_{K_{bs}}\}_{K_{as}}$

③ $I(A) \rightarrow B: \{K'_{ab}, A\}_{K_{bs}}$

④ $B \rightarrow I(A): \{N_b\}_{K'_{ab}}$

⑤ $I(A) \rightarrow B: \{N_b-1\}_{K'_{ab}}$

攻击成功的前提是，攻击者在之前的协议运行过程中，破解了会话密钥 K'_{ab}，并保存了消息 $\{K'_{ab}, A\}_{K_{bs}}$，这样在当前的协议轮中才能重放该消息，达到攻击目的。

此外，由于在 NSSK 协议消息④中缺乏主体 A 可辨识的信息，所以 NSSK 协议也容易遭受以下攻击。

① $A \rightarrow S: A, B, N_a$

② $S \rightarrow A: \{N_a, B, K_{ab}, \{K_{ab}, A\}_{K_{bs}}\}_{K_{as}}$

③ $A \rightarrow I(B): \{K_{ab}, A\}_{K_{bs}}$

④ $I(B) \to A: N_i$

⑤ $A \to I(B): \{\{N_i\}_{K_{ab}^{-1}} - 1\}_{K_{ab}}$

攻击从第③步开始，攻击者截获主体 A 发送给主体 B 的消息，然后冒充主体 B 向主体 A 发送与 $\{N_b\}_{K_{ab}}$ 格式相同的信息 N_i，主体 A 收到后，按协议规定解密，然后再将其加 1 发送回主体 B，同样攻击者截获该消息，协议执行结束，最终主体 A 相信与主体 B 建立了通信连接，并且主体 B 收到了通信密钥 K_{ab}，而实际上从始至终主体 B 并没有参与通信过程，所以达到攻击目的。

2. Otway-Rees 协议

对该协议存在一种类型缺陷攻击。假如 M 的长度是 64 比特，A 和 B 的长度为 32 比特，密钥 K_{ab} 的长度为 128 比特，那么用户发起协议后，在协议第④步，存在一个类型缺陷攻击，攻击方法如下。

① $A \to I(B): M, A, B, \{N_a, M, A, B\}_{K_{as}}$

④ $I(B) \to A: M, \{N_a, M, A, B\}_{K_{as}}$

在此攻击中，攻击者根本没有和服务器 S 通信，而是直接将④消息发送给 A；主体 A 收到④消息后，解密，验证 N_a 是正确的，由于数据项没有明确标识，所以主体 A 误将 N_a 后紧跟的 128 比特的数据(M, A, B)当成新的会话密钥 K_{ab}，而(M, A, B)是攻击者掌握的明文，所以攻击者获得了会话密钥，达到了攻击目的。

3. Yahalom 协议

对该协议存在以下一种重放攻击方法。

① $A \to B: A, N_a$

② $B \to S: B, \{A, N_a, N_b\}_{K_{bs}}$

③ $S \to A: \{B, K_{ab}, N_a, N_b\}_{K_{as}}, \{A, K_{ab}\}_{K_{bs}}$

④ $A \to B: \{A, K'_{ab}\}_{K_{bs}}, \{N_b\}_{K'_{ab}}$

在协议执行过程中，如果主体是不诚实的，如上述攻击中，主体 A 是不诚实的，这样，主体 A 可以在第④步选择一个以前的密钥 K'_{ab} 重放给主体 B，而主体 B 无法验证 K'_{ab} 的新鲜性。

发现该问题后，BAN 逻辑的作者改进了 Yahalom 协议，称为 BAN-Yahalom 协议，协议描述如下。

① $A \to B: A, N_a$

② $B \to S: B, N_b, \{A, N_a\}_{K_{bs}}$

③ $S \to A: N_b, \{B, K_{ab}, N_a\}_{K_{as}}, \{A, K_{ab}, N_b\}_{K_{bs}}$

④ $A \to B: \{A, K_{ab}, N_b\}_{K_{bs}}, \{N_b\}_{K_{ab}}$

在 BAN-Yahalom 协议中，在消息④里加入随机数 N_b，这样主体 B 可通过随机数验证消息的新鲜性，可以防止简单的重放攻击，但针对 BAN-Yahalom 协议，仍存在以下攻击方法。

① $A \to I(B): A, N_a$

①′ $I(B) \to A: B, N_a$

②′ $A \to I(S): A, N'_a, \{B, N_a\}_{K_{as}}$

② $I(A) \to S: A, N_a, \{B, N_a\}_{K_{as}}$

③ $S \to I(B): N_a, \{A, K_{ab}, N_a\}_{K_{bs}}, \{B, K_{ab}, N_a\}_{K_{as}}$

③′ $I(S) \to A: N_i, \{B, K_{ab}, N_a\}_{K_{as}}, \{A, K_{ab}, N_a\}_{K_{bs}}$

④ $A \rightarrow I(B): \{A, K_{ab}, N_a\}_{K_{bs}}, \{N_i\}_{K_{ab}}$

上述攻击方法结合使用反射攻击、重放攻击、并行会话攻击等多种攻击方法，并且采用了3个回合的并行处理的攻击方法，其中①、③、④为第1个协议回合，①、②为第2个协议回合，②、③为第3个协议回合，3个回合交错进行。

首先主体A生成随机数N_a，将主体标识及随机数发送给主体B，发起通信请求，攻击者截获该通信请求，紧接着攻击者发起新的一轮协议，并且冒充主体B直接将截获的信息反射给主体A；在第②步中，主体A收到请求后，认为是主体B发起的新一轮通信，所以按照协议规定生成新的随机数N'_a，并生成加密信息$\{B, N_a\}_{K_{as}}$，然后向服务器S提交认证请求，该消息同样被攻击者截获，攻击者在第②步中，获得信息$\{B, N_a\}_{K_{as}}$，然后攻击者将收到的消息中的随机数N'_a改为N_a，并在第②步中，冒充主体A将该消息发送给服务器S；服务器S收到该信息后，认为是主体A的认证请求，所以按照协议规定生成新的会话密钥K_{ab}，并分别用A和B的共享密钥K_{as}和K_{bs}加密，在第③步中，将该消息发送给主体B；攻击者同样截获该消息，并将明文信息中的随机数N_a修改为自己生成的随机数N_i，然后在第③步中，冒充服务器S将该消息发送给主体A；主体A收到后，认为是对第1轮协议的回应，所以主体A用K_{as}解密，获得K_{ab}及随机数N_a，验证随机数，验证正确，所以主体A相信K_{ab}是好的会话密钥，然后按照协议规定利用K_{ab}加密随机数N_i，在第④步中，将该消息发送给主体B，当然攻击者也截获该消息，完成协议通信过程，协议通信的结果是第一回合的协议通信完成，主体A相信K_{ab}是好的会话密钥，并且他与B成功地交换了会话密钥，第二回合和第三回合通信没有结束，但已经没有价值，所以留下挂在那里。

虽然攻击者并没有获得会话密钥K_{ab}，但他成功地让主体A相信K_{ab}是好的会话密钥，并且他与B成功地交换了会话密钥，实际上主体B根本没有参与协议，所以达到了攻击目的。

该攻击方法成功的关键在于：

在第②步中，攻击者获得了加密密文$\{B, N_a\}_{K_{as}}$；

在第③步中，攻击者获得了加密密文$\{B, K_{ab}, N_a\}_{K_{as}}$；

分别重放上述两个信息，获得了服务器S及主体A的信任。

4. 大嘴青蛙协议

对大嘴青蛙协议最简单的攻击方法就是在有效的时间内重放消息①，造成重认证。此外，还可以进行如下攻击。

① $A \rightarrow S: A, \{T_a, B, K_{ab}\}_{K_{as}}$

② $S \rightarrow B: \{T_s, A, K_{ab}\}_{K_{bs}}$

① $I(B) \rightarrow S: B, \{T_s, A, K_{ab}\}_{K_{bs}}$

② $S \rightarrow I(A): \{T'_s, B, K_{ab}\}_{K_{as}}$

① $I(A) \rightarrow S: A, \{T'_s, B, K_{ab}\}_{K_{as}}$

② $S \rightarrow I(B): \{T''_s, A, K_{ab}\}_{K_{bs}}$

这种攻击方法共有3个回合，首先在第一回合中，攻击者窃听了主体A与B之间的一次会话。在第二和第三回合中，攻击者分别冒充B和A，从S处获得了消息②与②，这样攻击者就能够重放该消息，如：

② $I(S) \rightarrow A: \{T'_s, B, K_{ab}\}_{K_{as}}$

② $I(S) \to B: \{T''_s, A, K_{ab}\}_{K_{bs}}$

造成主体 A 与 B 之间的重认证。

5. Denning-Sacco 协议

Denning-Sacco 协议是在 Denning 和 Sacco 发现 NSSK 协议存在攻击者利用旧会话密钥攻击的漏洞后，提出的解决方案，他们用时间戳来验证消息的新鲜性。这一机制存在一个致命的弱点，即它需要一个全局的时钟，但在分布式系统中，很难保证全局时钟同步，这样，就使得攻击者有机可乘。例如，如果通信双方的时钟有较大的偏差，那么双方就很容易被攻击者利用。

6. Woo-Lam 协议

下面介绍两种针对 Woo-Lam 协议的攻击方法。

(1) 第 1 种攻击方法

① $I(A) \to B: A$

② $B \to I(A): N_b$

③ $I(A) \to B: G$

④ $B \to I(S): \{A, G\}_{K_{bs}}$

① $B \to I(C): B$

② $I(C) \to B: I, \{N_b\}_{K_{is}}$

③ $B \to I(C): \{I, \{N_b\}_{K_{is}}\}_{K_{bs}}$

④ $I(B) \to S: \{I, \{N_b\}_{K_{is}}\}_{K_{bs}}$

⑤ $S \to I(B): \{N_b\}_{K_{bs}}$

⑤ $I(S) \to B: \{N_b\}_{K_{bs}}$

攻击方法 1 需要执行协议 2 个回合，首先攻击者冒充主体 A 发起与 B 的通信；B 生成一个随机数 N_b，响应 A 的通信请求，然后等待；在新一轮的协议中，主体 B 向主体 C 发起通信请求，攻击者截获该消息，然后冒充主体 C 响应主体 B 的请求，注意在②消息中，攻击者用(I, $\{N_b\}_{K_{is}}$)代替产生的随机数发送给 B，目的在于骗取主体 B 生成加密信息 $\{I, \{N_b\}_{K_{is}}\}_{K_{bs}}$，攻击者获取该加密消息后，在第④步，直接冒充主体 B 将其转发给服务器 S，以骗取其所期望的加密消息 $\{N_b\}_{K_{bs}}$，然后在第⑤步，冒充 S 将获得的加密信息发送给主体 B，完成第 1 轮协议。至此，攻击者成功地完成了主体 A 向 B 的认证，但实际上，主体 A 并未参与通信过程，所以达到攻击目的。

(2) 第 2 种攻击方法

① $I(A) \to B: A$

① $I \to B: I$

② $B \to I(A): N_b$

② $B \to I: N'_b$

③ $I(A) \to B: X$

③ $I \to B: \{N_b\}_{K_{is}}$

④ $B \to S: \{A, X\}_{K_{bs}}$

④ $B \to S: \{I, \{N_b\}_{K_{is}}\}_{K_{bs}}$

⑤ $S \to B: \{N_b\}_{K_{bs}}$

在攻击方法 2 中，协议同样执行 2 个回合，首先攻击者冒充主体 A 向 B 发起认证请求；主体 B 以随机数 N_b 回应；紧接着，攻击者以自己的真实身份也向 B 发起认证请求，从而开始协议第 2 个回合的通信；主体 B 以随机数 N'_b 回应；攻击者获得随机数 N_b 及 N'_b，在第③步中，攻击者以 N_b 代替 N'_b，用 K_{is} 加密发送给主体 B；B 收到后，无法辨识密文信息，所以按照协议要求在第④步，向服务器 S 发送 $\{I, \{N_b\}_{K_{is}}\}_{K_{bs}}$ 信息，服务器 S 解密获得随机数 N_b，并按协议规定用 K_{bs} 加密随机数 N_b，然后将其发送给主体 B，这样在协议第 1 个回合的运行中，攻击者成功冒充主体 A，完成了向主体 B 的单向认证，达到攻击目的。

4.5.3 针对无可信第三方的公开密钥协议——Diffie-Hellman 密钥交换协议的攻击

Diffie-Hellman 密钥交换协议容易遭受一种中间人攻击，攻击方法如图 4-14 所示。

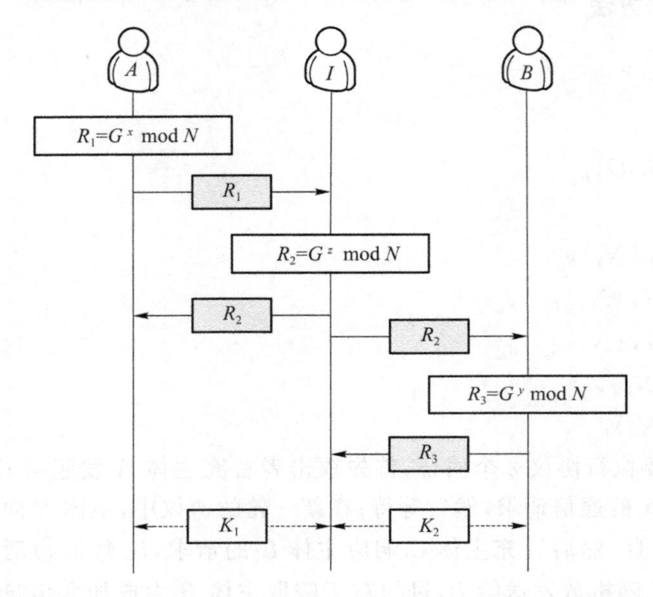

图 4-14 Diffie-Hellman 密钥交换协议中间人攻击

① $A \rightarrow I(B): R_1 = G^x \bmod N$

② $I(B) \rightarrow A: R_2 = G^z \bmod N$

③ $I(A) \rightarrow B: R_2 = G^z \bmod N$

④ $B \rightarrow I(A): R_3 = G^y \bmod N$

首先主体 A 选择一个秘密 x，并计算 R_1，然后将 R_1 发送给主体 B，攻击者截获了该消息；攻击者选择一个秘密 z，计算 R_2，然后将 R_2 发送给主体 A；同时，在第③步，攻击者冒充主体 A，将 R_2 发送给 B；主体 B 接收到消息后，选择一个秘密 y，计算 R_3，并将结果发送给主体 A，攻击者截获该消息，至此攻击完成。

协议运行的结果是主体 A 相信其与主体 B 交换了密钥 $K_1 = G^{xz} \bmod N$，而实际上密钥 K_1 是其与攻击者交换的密钥；主体 B 相信其与主体 A 交换了密钥 $K_2 = G^{yz} \bmod N$，而实际上密钥 K_2 是其与攻击者交换的密钥。

也就是说，创建了 2 个密钥，一个是主体 A 和攻击者之间的，一个是攻击者和主体 B 之间的。如果主体 A 发送用 K_1 加密的数据给主体 B，那么这个数据就可以被攻击者解密并读出其内容。攻击者可以发送一个用 K_2 加密的信息给主体 B，他甚至可以改变信息或干脆发送一个新的信息。主体 B 被欺骗从而相信信息是来自主体 A 的。相似的情形也可以在另一个方向上对主体 A 发生。

4.5.4 针对具有可信第三方的公开密钥协议的攻击

1. NSPK 协议

NSPK 协议的漏洞最早由 Lowe 发现，其攻击方法如下。

③ $A \rightarrow I: \{N_a, A\}_{K_i}$

③ $I(A) \rightarrow B: \{N_a, A\}_{K_b}$

⑥ $B \rightarrow I(A): \{N_a, N_b\}_{K_a}$

⑥ $I \rightarrow A: \{N_a, N_b\}_{K_a}$

⑦ $A \rightarrow I: \{N_b\}_{K_i}$

⑦ $I(A) \rightarrow B: \{N_b\}_{K_b}$

攻击分两个回合展开，攻击者 I 本身是系统的一个合法用户，首先，主体 A 生成随机数 N_a，用 I 的公钥加密后，发送给 I；攻击者 I 接到信息后，冒充主体 A 向主体 B 发起新的协议回合，即将 N_a 用 B 的公钥加密后在第③步发送给 B；按照协议规定，主体 B 在获得主体 A 的公钥后，生成随机数 N_b，然后将随机数 N_a 及 N_b 用 A 的公钥加密，然后在第⑥步，将密文发送给主体 A；该消息被攻击者截获后，攻击者将该消息直接转发给主体 A，但需要注意的是，此消息是攻击者以自己的身份发送的，所以主体 A 认为是上回合协议消息的应答，所以他解密获得 N_b 后，在第⑦步，将 N_b 用 K_i 加密，发送给攻击者，这样攻击者就获得了主体 B 生成的随机数 N_b，于是他在第⑦步，将 N_b 用 K_b 加密发送给主体 B，完成第二回合协议。攻击的结果使得主体 B 认为他与主体 A 成功地进行了一次秘密交换，而实际上，主体 A 并没有声明他要与主体 B 对话。

产生该漏洞的原因在于消息⑥中没有发送方主体的标识符，所以攻击者可以伪造发送者的身份。

2. SPLICE/AS 协议

对该协议存在一种姓名缺陷攻击，攻击过程如下。

① $I \rightarrow \mathrm{AS}: I, S, N_1$

② $\mathrm{AS} \rightarrow I: \mathrm{AS}, \{\mathrm{AS}, I, N_1, K_s\}_{K_{as}^{-1}}$

③ $I(C) \rightarrow S: C, S, \{C, T, L, \{N_2\}_{K_s}\}_{K_i^{-1}}$

④ $S \rightarrow I(\mathrm{AS}): S, C, N_3$

④ $I(S) \rightarrow \mathrm{AS}: S, I, N_3$

⑤ $\mathrm{AS} \rightarrow S: \mathrm{AS}, \{\mathrm{AS}, S, N_3, K_i\}_{K_{as}^{-1}}$

⑥ $S \rightarrow I(C): S, C, \{S, N_2+1\}_{K_i}$

在攻击过程中，首先攻击者 I 是系统的合法用户，他向证书服务器 AS 发起同 S 通信的请求；AS 按协议规定返回 S 的公钥 K_s；第③步，攻击者冒充主体 C 向服务器 S 发起通信请求，消息用攻击者的私钥加密；用户 S 收到请求后，向证书服务器 AS 请求 C 的公钥，攻击者截获该消息；攻击者将消息中的用户标识改为自己，然后将消息发送给 AS；AS 收到该消息后，误认为用户 S 请求攻击者的公钥，所以按协议要求返回攻击者的公钥；用户 S 无法区分申请到的公钥是主体C的，还是其他第三方的，所以利用该公钥解密消息获得随机数N_2，至此，服务器S认为完成了认证，但实际上主体C并未参与协议，达到攻击目的。

存在上述攻击的主要原因在于证书服务器AS签名的消息中没有通信双方姓名标识，使得诚实用户无法辨识得到的公钥到底是谁的公钥，让攻击者有空可钻。

此外，攻击者还可以伪装成服务器S，攻击过程如下：

① $C \rightarrow I(\mathrm{AS}):C,S,N_1$

①′ $I(C) \rightarrow \mathrm{AS}:C,I,N_1$

② $\mathrm{AS} \rightarrow C:\mathrm{AS},\{\mathrm{AS},C,N_1,K_i\}_{K_{\mathrm{as}}^{-1}}$

③ $C \rightarrow I(S):C,S,\{C,T,L,\{N_2\}_{K_i}\}_{K_c^{-1}}$

④ $I \rightarrow \mathrm{AS}:I,C,N_3$

⑤ $\mathrm{AS} \rightarrow I:\mathrm{AS},\{\mathrm{AS},I,N_3,K_c\}_{K_{\mathrm{as}}^{-1}}$

⑥ $I(S) \rightarrow C:S,C,\{S,N_2+1\}_{K_c}$

客户端向证书服务器提出的认证请求被攻击者截获，然后攻击者将主体标识S改为自己的标识I，冒充主体C，将认证请求发送给证书服务器，以期望在②中，证书服务器将攻击者的公钥K_i分发给主体C；在消息③中，主体C不能辨识公钥，所以用K_i加密随机数N_2；然后在步骤④、⑤中，攻击者很容易就获得了主体C的公钥K_c，这样攻击者就可以解密消息$\{C,T,L,\{N_2\}_{K_i}\}_{K_c^{-1}}$，从而获得随机数$N_2$，然后在第⑥步中，完成认证。同上一个攻击方法一样，由于证书服务器AS签名的消息中没有通信双方姓名标识，所以使攻击者攻击成功。

4.6 本章小结

本章重点讨论了认证及密钥交换协议。首先分类介绍了几种经典的认证及密钥交换协议，详细论述了协议的基本原理及协议交互的过程；然后，又选取一些经典的安全协议，论述了针对上述安全协议的攻击方法，分析了产生这些安全缺陷的原因，进而发现轻微的改动往往会影响安全协议的安全性，由此可见安全协议设计的困难性和精巧性。上述工作的方法及取得的经验对安全协议的设计和分析具有重要的借鉴意义。

习 题

1. 根据所列举的有可信第三方的协议，分析可信第三方在协议中的作用。

2. 本章介绍了针对NSPK协议的攻击方法，请给出NSPK协议的改进建议，并分析改进后的NSPK协议的安全性。

3. 下面给出一个认证协议，请分析该协议的安全性。

① $A \rightarrow B:\{A,K_i,N_a\}_{K_b}$

② $B \rightarrow A:\{K_r,N_a,N_b\}_{K_a}$

③ $A \rightarrow B:N_b$

该协议的目的是为主体A和B分配会话密钥K_{ab}，$K_{ab}=f(K_i,K_r)$，其中f为单向函数。

4. 通过本章的学习，我们发现轻微的改动往往会影响安全协议的安全性，安全协议的设计与分析是非常困难的，请分析其内在的原因。

第 5 章

电子商务协议

随着网络技术的发展，尤其是 Internet 的迅速发展，电子商务已经成为研究热点，电子商务业务也飞速发展，各种新的技术及应用层出不穷。例如网上购物，并通过网上银行支付，已经成为人们日常生活中一种重要的购物方式。调查显示电子商务在国民经济中的比重越来越大，对人们日常生活的影响也越来越大。但电子商务业务开展还存在一些问题，其中电子商务的安全性问题仍然是制约电子商务发展的主要因素。而电子商务的安全性在很大程度上取决于电子商务协议的安全性，因此研究电子商务协议具有重要的意义。

本章将阐述电子商务协议的基本概念，介绍一些经典的电子商务协议，并对这些协议的安全性进行分析。

5.1 电子商务协议概述

5.1.1 电子商务协议研究背景

随着互联网技术的发展，网络已经深入到社会政治、经济、文化、生活等各个领域，给企业带来了无限的商机，电子商务正是在这种前提下产生的。通过电子商务，人们可以自由地在家里进行办公、购物、交费。企业可以在网上获取信息、订购原料、交易以及进行各种信息的传递。

电子商务的安全问题仍是影响电子商务发展的主要因素。在开放的网络上处理交易，如何保证传输数据的安全成为电子商务能否普及的最重要的因素之一。调查公司曾对电子商务的应用前景进行过在线调查，当问到为什么不愿意在线购物时，绝大多数人的回答是担心遭到黑客的侵袭而导致信用卡信息丢失。因此，安全成为电子商务发展中最大的影响因素。

安全的电子商务协议是保证电子商务活动正常开展的基础。电子商务中的客户之间必须通过安全的、可信赖的协议才能建立起相互之间的信任关系。协议的缺陷可能会使客户间传送的数据遭到恶意修改而不被客户发现，从而使客户遭受严重损失。因此，电子商务协议的安全性是电子商务安全的重要环节，同时也是电子商务发展的瓶颈。

电子商务协议是指为了完成电子商务活动，电子商务参与者所采取的一系列特定步骤。电子商务协议内容广泛，包括电子支付协议、电子合同签订协议、认证电子邮件协议等。目前，得到广泛应用的电子商务协议有安全套接层(Secure Socket Layer，SSL)协议、安全电子交易(Secure Electronic Transaction，SET)协议、基于公钥体制的基于身份的签名(Identity-Based Signature，IBS)协议、不可否认协议及公平电子交易协议等。

安全的电子商务协议不但应具备传统的安全协议所具备的全部功能，还必须具备一些特殊的性质来确保交易的有效性。例如，电子商务协议必须保证货币在交易过程中守恒；顾客和商家能够出示证据显示交易商品的内容；在交易过程中不泄露主体的身份；参与协议的主体不能否认曾经参加过会话；特殊情况下还必须注意不能轻易泄露消费者的隐私，等等。

5.1.2 电子商务协议的安全属性

除了安全协议中的秘密性、认证性、完整性，电子商务协议更强调匿名性、原子性、不可否认性、可追究性以及公平性等主要性质。表 5-1 给出了相关性质的定义。

表 5-1 电子商务协议的安全属性

安全属性	定义
匿名性	客户在商业交易中往往希望保护自己的隐私，不泄露自己的身份、购物品种以及购物数量等信息
原子性	要么完全发生，要么根本不会发生，但不能悬于一种不可知或不连续的状态
不可否认性	协议参与者必须对自己的行为负责，发送者不能对自己发出了某消息这一事实进行抵赖，同时接收者也不能对自己接收了某消息这一事实进行否认。不可否认性是电子商务协议的一个重要性质，是保证交易正常进行的必要条件。保证不可否认性最常用的技术是数字签名
可追究性	某个主体可以向第三方证明另一个主体对某个动作或对象的发起负有责任
公平性	一个系统能够使其中诚实的参与者相对于其他参与者不处于劣势

5.2 不可否认协议

5.2.1 不可否认协议的基本概念

不可否认性是不可否认协议最重要的性质。在分布式环境中，人们需要防范消息的发送方否认曾发送过某消息和接收方否认曾收到过某消息这一情况。不可否认性的目标是：为协议的发起者和接收者收集、存储不可否认证据。

在电子交易中，由于网络环境是不安全的，所以在通信过程中，经常会发生如下一些情况：消息可能是真实的或者伪造的；消息可能发送给接收方或者根本没有发送；消息可能到达接收方或者在发送过程中丢失；消息到达接收方时可能是完整的或者是被破坏的；消息可能按时到达或者被延迟发送。如果这些情况中的任何一个不能被正确区分，那么参加电子交易的一方可以做如下的一种否认：

① 否认拥有某个消息；

② 否认发送过某个消息；

③ 否认接收到某个消息；

④ 否认在规定的时间内收到某个消息；

⑤ 否认在规定的时间内发送某个消息。

通常，争议涉及以下方面：一个事件是否发生、何时发生、哪些主体参与了这一事件、哪些信息和它相联系。关键在于发生争议的双方必须取得足够的证据，证明实际上发生了什么事件。有了这些证据，争议双方就能够解决它们之间的争议，或者在某个仲裁者的调停下解决争议。

在不可否认协议中，能提供以下两种服务：

① 发方不可否认(Non-Repudiation of Origin，NRO)，提供一种保护使得发送方不能否认其发送过某条消息；

② 收方不可否认(Non-Repudiation of Receipt，NRR)，提供一种保护使得接收方不能否认其接收过某条消息。

在引入可信第三方(Trusted Third Party，TTP)的不可否认协议中，还提供以下两种不可否认服务。

① 提交不可否认(Non-Repudiation of Submission，NRS)，确认发送方向 TTP 提交了某条消息；

② 传递不可否认(Non-Repudiation of Delivery，NRD)，确认某条消息已经传递给了意定接收者，由 TTP 提供。

不可否认服务的目的是为某一特定事件的参与双方提供证据，使他们对自己的行为负责。不可否认服务一般包括 4 步：证据的产生，证据的传输、存储，证据的验证和争端的解决。证据是由可信第三方或协议的参与主体产生，它一般包括协议参与主体的标识、传输的消息、日期和时间。证据需要标明协议主体参与了某件特定事件或做了某个动作。证据的产生、传输和验证需要在不可否认协议中指定。这些证据包括：

① 发送方不可否认证据(Evidence Of Origin，EOO)，不可否认服务向接收方提供不可抵赖的证据，证明接收到的消息的来源；

② 接收方不可否认证据(Evidence Of Receipt，EOR)，不可否认服务向发送方提供不可抵赖的证据，证明接收方已经收到了某条消息。

一个公平的不可否认协议应该满足：在协议的整个过程中，协议的参与方都应该处于平等的地位，协议的任何一方都不占一点优势。

不可否认服务可以通过协议的形式提供，这些协议基于一些安全机制，如数字签名、数据完整性保护、时间戳等。

5.2.2 Markowitch 和 Roggeman 协议

1999 年，Markowitch 和 Roggeman 提出了一个概率不可否认协议，在不求助可信第三方的情况下，以某种概率来保证不可否认服务。Markowitch 和 Roggeman 协议是 ε-公平(ε-fair)的，下面首先给出 ε-fair 的概念，然后再阐述 Markowitch 和 Roggeman 协议。

ε-fair 指在协议运行的每一步，或者通信双方均收到希望的消息，或者一个不诚实的实体获得了有价值的信息，而另外一个实体没有得到有价值的信息，这种情况发生的概率 $p\leqslant\varepsilon(\varepsilon\in[0,1])$。

Markowitch 和 Roggeman 协议提供消息的公平交换，发送者 O(Originator)发送的消息，需要被确认，而接收者 R(Recipient)发送的消息，则是证实已经接收了消息。协议之前假设已经完成了安全认证，交换了公钥密码系统各自的公钥。协议描述如下。

① $R\rightarrow O$：$\{\text{Request}, R, O, T\}_{K_R^{-1}}$

② $O\rightarrow R$：$\{f_n(\text{message}), O, R, T\}_{K_O^{-1}}$

③ $R\rightarrow O$：$\{\text{ack}_1\}_{K_R^{-1}}$

⋮

(2n) $O \to R: \{f_1(\text{message}), O, R, T\}_{K_O^{-1}}$

(2n+1) $R \to O: \{\text{ack}_n\}_{K_R^{-1}}$

其中，T 为时间戳，表示消息的新鲜性；message 表示交换的消息；n 是 O 选择的整数，表示协议执行的次数，主体 R 不知道 n 的数值；函数 f_i 是合成函数的一部分，消息 message 是合成函数的运算结果，即

$$\text{message} = f_n(\text{message}) \circ f_{n-1}(\text{message}) \circ \cdots \circ f_1(\text{message})$$

并且每个 f_i 运算都是独立的，只有所有的 f_i 都已知才能计算出 message。

协议开始时，接收者 R 将带有时间戳请求的签名消息发送给发送者 O；发送者 O 验证时间戳，如果通过验证，则将接收者 R 请求的消息用 f_n 函数运算后，再用自己的私钥签名，然后将消息发送给接收者 R；接收者 R 收到后，将对第 1 条消息的确认消息发送给发送者 O；以此类推，直到第(2n)步，发送者 O 将消息的最后一部分内容，自己签名后，发送给接收者 R；接收者 R 在(2n+1)步中，将 ack_n 发送给发送者 O，协议执行结束。

该协议中的不可否认证据分别如下：

① 发送方不可否认证据(EOO)：

$$\text{EOO} = \{\text{NRO}_i \mid i = 1, 2, \cdots, n\}, \text{NRO}_i = \{f_i(\text{message}), O, R, D\}_{K_O^{-1}}$$

② 接收方不可否认证据(EOR)：

$$\text{EOR} = \{\text{ack}_n\}_{K_R^{-1}}$$

协议能继续的关键是要求确认的消息必须立即被返回。发送者决定每个 ack 的接收期限，期限之后，若 ack 没有收到，协议停止。显然，函数 f_i 必须恰当地选择，在这种情况下，需要 f_i 函数合成运算的时间要比传输确认消息的时间长。

此外，n 的选取也很关键。由于 n 只有发送者 O 选择，所以接收者 R 不知道 n，自然也就不知道何时收到最后一条消息，不知道协议运行的状态。

下面简单分析 Markowitch 和 Roggeman 协议。

不可否认服务要求，在协议运行结束时，通信双方都收到相关的证据。下面分几种情况讨论。

① 若协议在(2n+1)结束，那么两个实体都能获得他们期望的信息，协议保证了不可否认性，并且是公平的。

② 若协议非正常终止，则分两种情况讨论。

接收方 R 不发送 ack，而企图计算 message，根据几何分布，通常选择 n:θ。

如果发送方 O 正确执行协议，而接收方 R：

- 决定在第(2n)条消息发送之前结束协议步骤，则发送方 O 不能获得 EOR，接收方 R 也不能获得 EOO，所以协议公平；
- 决定在收到第(2n)条消息后，结束协议，即不发送 $\{\text{ack}_n\}_{K_R^{-1}}$，这样发送方 O 不能获得 EOR，但接收方 R 能获得 EOO，所以协议不公平。这种情况出现的概率是 θ。

在这种情况下，协议对发送方 O 是 θ-fair 的。

如果接收方 R 正确执行协议，发送方 O 只有在完成所有步骤后，即接收方 R 获得 EOO

后，才能获得 EOR，所以是公平的。

这种情况下，协议对发送方 R 是公平的，并且概率是 1。

所以协议可以提供不可否认服务，但协议是 ε-fair 的，其中 $\varepsilon=\theta$。

5.2.3　Zhou-Gollmann 协议

Zhou 和 Gollmann 在 1996 年提出了一个公平的不可否认协议，该协议是第 1 个利用 TTP 设计的不可否认协议，协议提出后得到了广泛的讨论和分析，它适用于信道不可靠情况下的电子合同签订。Zhou-Gollmann 协议使用文件传输协议(File Transfer Protocol，FTP)操作，即通信主体向 TTP 通过多次的 FTP 操作，获取需要的信息，该操作记为：$A \leftrightarrow \mathrm{TTP}:m$，表示主体 A 通过 FTP 操作，从 TTP 处获得信息 m。

在描述协议之前，首先给出协议中使用的符号。

A：消息的发送方。

B：消息的接收方。

TTP：在线的可信第三方。

m：A 向 B 发送的消息。

c：用 K 加密 M 生成的密文，即 $c=\{m\}_K$。

K：A 随机生成的密钥。

EOO：$\mathrm{EOO}=\{f_{\mathrm{EOO}},B,l,c\}_{K_a^{-1}}$。

EOR：$\mathrm{EOR}=\{f_{\mathrm{EOR}},A,l,c\}_{K_b^{-1}}$。

sub_K：A 提交密钥 K 的证据，$\mathrm{sub\_}K=\{f_{\mathrm{SUB}},B,l,K\}_{K_a^{-1}}$。

con_K：TTP 确认已经交付密钥 K 的证据，$\mathrm{con\_}K=\{f_{\mathrm{CON}},A,B,l,K\}_{K_{\mathrm{ttp}}^{-1}}$。

f_x：字段名，下标 x 表示字段的含义，例如 f_{EOO} 表示 EOO 字段，说明该条消息发送 EOO 数据。

l：协议中的标记，表示该回合中交换的消息是 m，$l=h(m,K)$。

协议的主要思想是将需要交换的消息 m，用 A 生成的密钥 K 加密，得到密文 c，然后主体 A 与主体 B 之间直接交换密文 c，然后主体 A 将密钥 K 提交给 TTP，最后主体 B 从 TTP 处利用 FTP 操作获得密钥，从而获得消息 m。协议描述如图 5-1 所示。

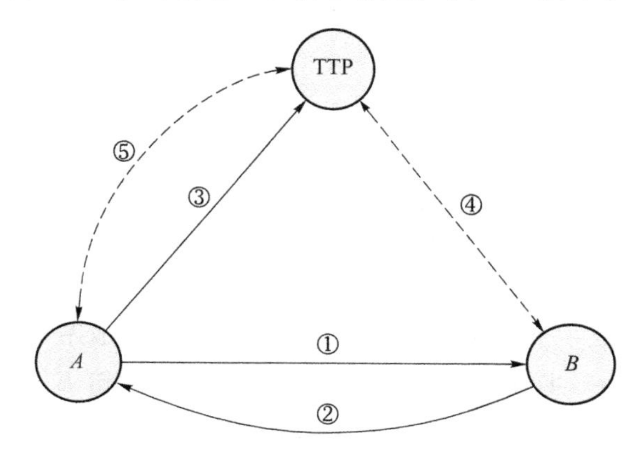

图 5-1　Zhou-Gollmann 协议交互过程

① $A \rightarrow B: f_{\mathrm{EOO}},B,l,c,\mathrm{EOO}$

② $B \rightarrow A$：f_{EOR}，A，l，EOR

③ $A \rightarrow$ TTP：f_{SUB}，B，l，K，sub_K

④ $B \leftrightarrow$ TTP：f_{CON}，A，B，l，K，con_K

⑤ $A \leftrightarrow$ TTP：f_{CON}，A，B，l，K，con_K

协议首先假设参与协议的主体都拥有自己的私钥及相应的公钥，并且都知道其他参与协议的主体的公钥。

第①步，主体 A 向 B 发送 c 与 EOO；第②步，主体 B 向 A 发送 EOR；第③步，主体 A 向 TTP 发送密钥 K 与 sub_K；第④、⑤步，主体 B 和 A 分别从 TTP 处获得 con_K。

值得注意的是，在第③步中，主体 A 向 TTP 提交密钥时，是通过明文传递的，这样主体 B 就有可能通过窃听网络而获得密钥，为保证协议的公平性，协议假设 A 与 TTP 之间的通信是“可恢复”的，即 B 不可能永远阻止 A 与 TTP 之间的通信，而 TTP 一旦收到消息③，即可生成 con_K，并且在网上公布 con_K，供公众访问，从而保证协议的公平性和不可否认性。

5.2.4 Online TTP 不可否认协议——CMP1 协议

CMP1 协议是 1995 年由 Deng 等人提出的一种认证电子邮件协议，它借助可信第三方为电子邮件的安全传输提供不可否认服务。CMP1 协议描述如图 5-2 所示。

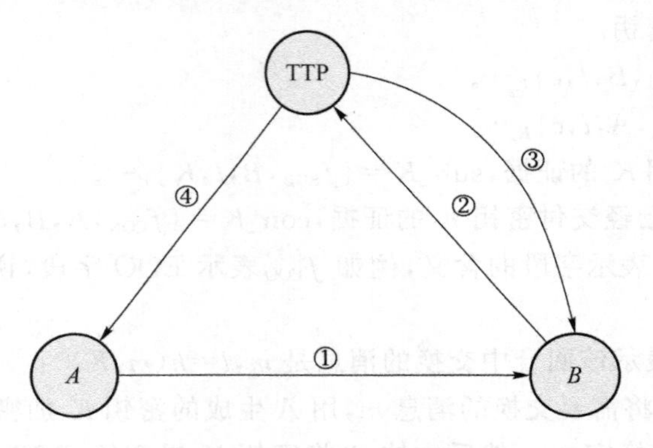

图 5-2　CMP1 协议交互过程

① $A \rightarrow B$：A，B，TTP，$h(m)$，$\{K\}_{K_{ttp}}$，$\{EOO\}_K$

② $B \rightarrow$ TTP：EOR，$\{K\}_{K_{ttp}}$，$\{EOO\}_K$

③ TTP $\rightarrow B$：$\{EOO\}_{K_{ttp}^{-1}}$

④ TTP $\rightarrow A$：EOD

其中：EOO 为发方不可否认证据，EOO $=\{A,B,\mathrm{TTP},m\}_{K_a^{-1}}$；EOR 为收方不可否认证据，EOR $=\{A,B,\mathrm{TTP},h(m)\}_{K_b^{-1}}$；EOD 为不可否认交付证据，EOD $=\{B,m,\mathrm{EOR}\}_{K_{ttp}^{-1}}$；TTP 为可信第三方。

在协议开始时，A 生成一个与 TTP 共享的会话密钥 K，生成不可否认证据 EOO，计算邮件 m 的 Hash 函数值 $h(m)$，生成信息 $\{K\}_{K_{ttp}}$，然后将消息发送给 B；B 收到上述消息后，生成不可否认证据 EOR，并将消息②发送给 TTP；TTP 收到消息后，计算获得 EOO，分别校验 A 和 B 的签名有效性，然后通过 EOO 中的 m 计算 $h(m)$，并与 EOR 中的 $h(m)$ 进行验证，如果一致，则分别向 B 和 A 发送消息③和④。

当协议正常结束时，B 获得 EOO，A 获得 EOR 与 EOD，因此 CMP1 协议满足不可否认性。

在通信信道可靠的情况下，最终协议将正常结束，此时，B 通过 EOO 可以证明 A 发送了 m，A 通过 EOR 可以证明 B 收到了 $h(m)$；通过 EOD 可以证明 TTP 向 B 交付了 m，所以 A 可以证明 B 收到了 m，此时协议满足公平性。

如果信道不可靠，则协议的第③步，或者第④步可能没有成功执行，此时有可能 B 收到了 EOO，但 A 没有收到 EOR 与 EOD，或者 B 没有收到 EOO，但 A 收到了 EOR 与 EOD，此时，CMP1 协议不满足公平性。

5.3　电子现金协议

电子现金(Electronic Cash)其实是一种用电子形式模拟现金的技术，其具有不可伪造、不可复制、匿名性、可离线使用、可存储等现金特点。电子现金，是一种以数据形式流通的货币。它把现金数值转换成一系列的加密序列数，通过这些序列数来表示现实中各种金额的币值。用户在开展电子现金业务的银行开设账户，并在账户内存钱后就可以在接受电子现金的商店购物了。电子现金系统的基本组成如图 5-3 所示。

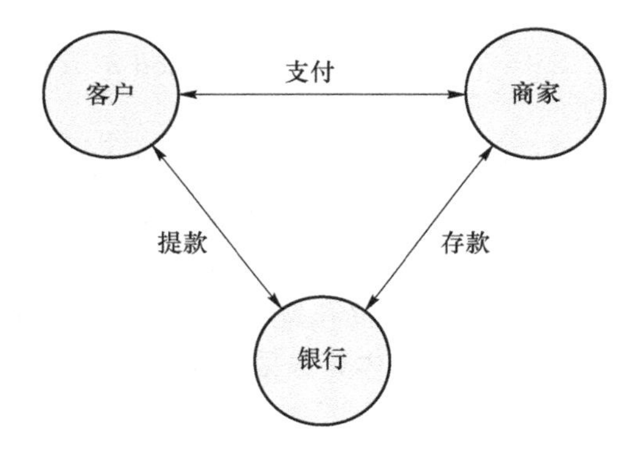

图 5-3　电子现金系统的基本组成

该系统由客户、商家和银行组成，首先客户在电子现金银行建立电子现金账户；客户按照银行规定的提款流程，从银行提取电子现金；客户和商家协商交易过程，将电子现金支付给商家；商家将电子现金转给银行，银行验证电子现金的有效性，然后将金额存放在商家的账户上。

5.3.1　电子现金协议中的密码技术

目前电子现金系统的可靠性和安全性主要依靠密码技术来实现，常用的相关密码技术如下。

(1) 盲签名

盲签名就是接收者在不让签名者获取所签署消息具体内容的情况下所采取的一种特殊的数字签名技术，它除满足一般的数字签名条件外，还必须满足下面的两条性质。

盲性：签名者对其所签署的消息的具体内容是不可见的。

不可链接性：当签名信息被公布后，签名者不能将签名与盲消息联系起来。

在电子现金支付系统中，盲签名能很好地保证电子现金的匿名性，因此在电子现金系统中得到广泛的应用。但是,在盲签名中,签名者完全不知道最终签名的任何信息,这可能造成签名被非法使用等问题。

一般盲签名的原理可用图 5-4 表示。

图 5-4 盲签名的原理

申请者首先将待签名数据进行盲变换,然后把变换后的数据发送给签名者,签名者签名后,再将结果发送给申请者。申请者对签名进行去盲变换,得出的便是签名者对原数据的盲签名。

下面以 RSA 盲签名方案为例,简单介绍盲签名算法。

RSA 盲签名方案是 1983 年由 Chaum 提出的。设用户 A 要将消息 M 发送给用户 B 进行签名,e 是 B 的公开密钥,d 是 B 的秘密密钥,n 是模,则签名算法如下。

① 盲变换:用户 A 选择随机数 k,$1<k<M$,并计算:

$$T=(Mk)^e \bmod n$$

② 用户 B 对数据 T 签名:

$$T^d=((Mk)^e)^d \bmod n$$

③ 用户 A 通过计算得到 B 对 M 的签名:

$$S=T^d/k \bmod n=(M)^d \bmod n$$

(2) 限制性盲签名

限制性盲签名是由 Brands 提出的,在限制性盲签名中,消息提供者要把其公钥附在盲化的消息后面作为待签信息的一部分交给签名者;签名的验证方要求消息的提供者用其私钥签名,用收到的公钥验证后才予以接收。对于离线的、匿名的电子现金系统来说,限制性盲签名很好地保护了合法用户身份的匿名性,同时可以对重复花费电子现金的非法用户进行匿名性撤销。

Brands 提出的限制性盲签名方案的具体算法见 5.3.3 节中的 Brands 电子现金协议。

(3) 群签名

在一个群签名方案中,允许群体中的任意一个成员以匿名的方式代表整个群体对消息进行签名。与其他的数字签名一样,群签名可以用唯一的群公钥来公开验证,但人们却无法揭示具体签名者的身份,也无法判断两个群签名是不是由同一个群成员签署。当发生争议时,唯一指定的群管理者能够“打开”群签名,揭示签名者的身份。一个好的群签名方案应该满足以下的安全需求:匿名性、不关联性、防伪造性、可跟踪性、防陷害攻击、抗联合攻击等。在电子现金系统中,群签名用于设计多银行的电子现金系统。中央银行作为群管理者,每个银行拥有自己的群成员证书。

一般的群签名包含 5 个过程。

① 设置(Setup),生成群公开密钥 Ψ 和群管理者的私钥 Σ 的一个概率算法。

② 加入(Join),群管理者与新群成员 B 之间的交互协议,生成 B 的私钥 x 和他的成员证书 Cert_B。

③ 签名(Sign),群成员 B 对消息 m 进行签名,输出签名 s。

④ 验证(Verify),输入为(m,s,Ψ),在群公钥 Ψ 下,确认 s 是不是 m 的有效签名。

⑤ 打开(Open),输入为(m,s,Σ),群管理者可利用群管理者的私钥 Σ 确定生成签名 s 的群成员身份。

（4）公正的盲数字签名

为了防止犯罪分子利用电子现金的匿名性进行诸如洗钱、勒索、非法购买等非法活动，研究者提出公正的盲数字签名技术来实现电子现金的匿名性可撤销。公正的盲数字签名除具有盲签名的性质外，还具有如下性质：可信方可以给签名者发送一些信息，使得签名者能把所签名的消息与协议的执行场景联系起来。

5.3.2　Digicash 电子现金协议

Digicash 公司于 1994 年开发了一个电子现金系统，该系统中使用的协议称为 Digicash 协议，该协议允许消费者使用电子现金进行在线交易。Digicash 协议是一个匿名现金协议，协议的参与方为客户、商家和银行。在整个交易过程中，客户如果不出现欺诈行为，则客户的信息是不会透露给商家的。协议描述如图 5-5 所示。

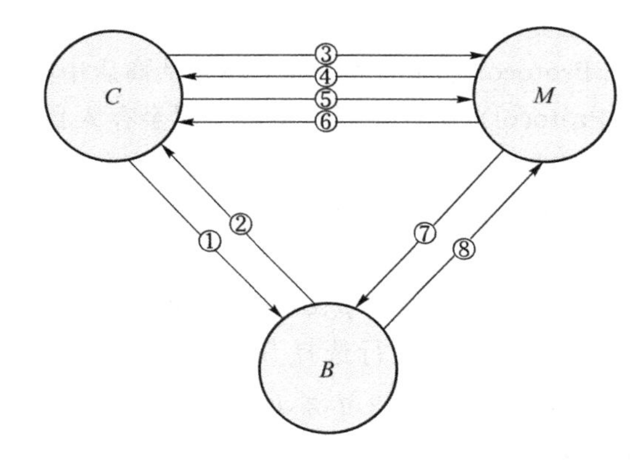

图 5-5　Digicash 协议交互过程

① $C \rightarrow B$：coin　request

② $B \rightarrow C$：coin

③ $C \rightarrow M$：goods　request　with　blinded　token

④ $M \rightarrow C$：challenge　for　the　blinded　token

⑤ $C \rightarrow M$：response　for　challenge

⑥ $M \rightarrow C$：goods

⑦ $M \rightarrow B$：blinded　token

⑧ $B \rightarrow M$：deposit　slip

其中：C 代表客户，B 代表银行，M 代表商家。协议原理如下。

① 客户从银行取款，收到一个加密的数字钱币（token），客户对该 token 做加密变换，使之仍能被商家检验其有效性，但已不能追踪客户的身份。

② 客户在商家消费，使用数字钱币购物，客户进一步对数字货币进行密码变换以纳入商家的身份。

③ 商家检验数字货币，如果以前没有收到过，就给客户发货。

④ 商家将该数字货币送银行，银行检验数字货币的唯一性。

交易完成，如果客户遵守规则，则直到交易结束，客户的身份也是被保密的，除非银行查出客户重复使用了该数字货币，才会暴露客户的身份。

已有文献指出，该协议存在缺陷。如果在协议第⑤步发生通信故障，则客户无法判断商家是否收到了数字货币，那么在下面两种情况下，将会出现纠纷。

① 客户拿着数字货币到另一个商家去消费，并且上一个商家收到了数字货币，则在商家拿着数字货币去银行兑换时，就会发现该数字货币被重复使用了。

② 客户不到其他商家消费，也不将数字货币退还给银行，并且商家也没有收到数字货币，那么商家不会发货，客户也得不到货物，却又花费了该数字货币。

5.3.3 Brands 电子现金协议

Brands 电子现金协议是由 Brands 提出的，该协议基本流程如下。

① 初始化协议：用户在银行建立账户。

② 取款协议(Withdrawal Protocol)：用户从自己的银行账户上提取电子现金。为了保证用户匿名的前提下获得带有银行签名的合法电子现金，用户将与银行交互执行盲签名协议，同时银行必须确信电子现金上包含必要的用户身份。

③ 支付协议(Payment Protocol)：用户使用电子现金从商店中购买货物。

④ 存款协议(Deposit Protocol)：用户及商家将电子现金存入自己的银行账户上。在这一步中银行将检查存入的电子现金是否被合法使用，如果发现有非法使用的情况发生，银行将使用重用检测协议跟踪非法用户的身份，对其进行惩罚。

(1) 初始化协议

银行基于离散对数问题选择两个大素数 p、q，并且满足 $q|p-1$。定义乘法群 Z_p^* 上阶为 q 的子群 G_q，g、g_1、g_2 为 G_q 的生成元。银行选择其签名私钥 $x\in Z_q^*$，无碰撞单向散列函数 H_0、H_1，并公开其公钥 $y=g^x \bmod p$，以及 p、q、g、g_1、g_2、H_0、H_1。

用户开户，选取 $u_1\in Z_q^*$，计算 $\mathrm{IU}=g_1^{u_1} \bmod p$，作为用户的银行账户。

(2) 取款协议

① 用户→银行：用户先通过身份识别协议，向银行证明自己是其账号的持有者，然后将取款需求传送给银行。

② 银行→用户：银行先验证用户提交的身份识别信息，然后选择 $w\in Z_q^*$，计算 $a_0=g^w \bmod p$，$b_0=(\mathrm{IU}g_2)^w \bmod p$，$z_0=(\mathrm{IU}g_2)^x \bmod p$，发送 a_0、b_0 和 z_0 给用户。

③ 用户→银行：用户选择随机数 $x_1,x_2,s,u,v\in Z_p^*$，计算 $B=g_1^{x_1}g_2^{x_2} \bmod p$，$A=(\mathrm{IU}g_2)^s \bmod p$，$z=(z_0)^s \bmod p$，$a=(a_0)^u g^v \bmod p$，$b=(b_0)^{su}A^v \bmod p$，$c=H_0(A\|B\|z\|a\|b)$，$c_0=c/u \bmod q$，最后将 c_0 发送给银行。

④ 银行→用户：计算 $r_0=c_0x+w \bmod q$，然后将 r_0 发送给用户。

⑤ 用户验证：

$$g^{r_0}=y^{c_0}a_0 \bmod p$$

$$(\mathrm{IU}g_2)^{r_0}=(z_0)^{c_0}b_0 \bmod p$$

若验证通过，则计算 $r=r_0u+v \bmod q$，流程如图 5-6 所示。

取款协议实际上是一个盲签名协议，签名为 $\mathrm{Sign}(A,B)=(z,a,b,r)$。用户得到的电子现金为 $\{A,B,\mathrm{Sign}(A,B)\}$。

(3) 支付协议

⑥ 用户→商家：用户将电子现金发送给商家。

⑦ 商家→用户：验证电子现金上的银行签名，若通过验证，则计算质询串 $d=H_1(A\|B\|I_s)$，其中 I_s 表示商家银行的账户，然后将质询串发送给用户。

⑧ 用户→商家:用户计算应答,

$$r_1=du_1s+x_1 \bmod q$$
$$r_2=ds+x_2 \bmod q$$

然后将(r_1,r_2)发送给商家。

⑨ 商家计算 $c=H_0(A \parallel B \parallel z \parallel a \parallel b)$,然后检验:

$$g^r=h^ca \bmod p$$
$$A^r=z^cb \bmod p$$
$$g_1^{r_1}g_2^{r_2}=A^dB \bmod p$$

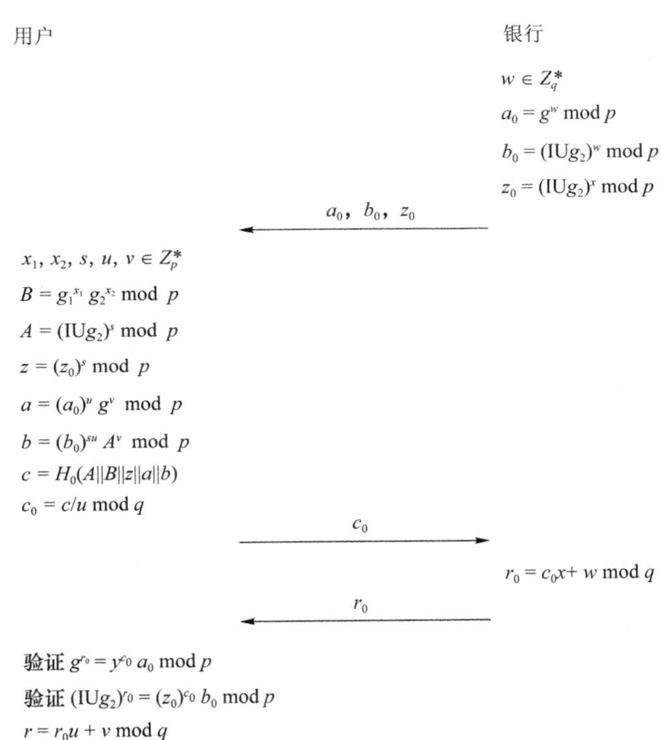

图 5-6　Brands 现金协议取款协议

若检验通过,则接受用户支付,否则拒绝,流程如图 5-7 所示。

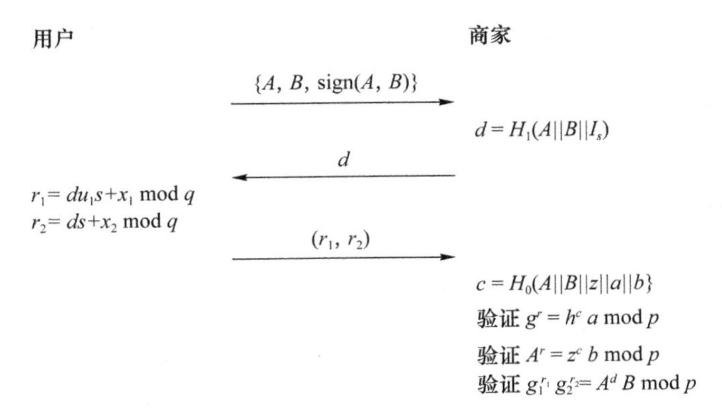

图 5-7　Brands 现金协议支付协议

(4) 存款协议

⑩ 商家→银行：商家传送支付协议的一个副本$\{d, r_1, r_2, \text{Sign}(A,B)\}$给银行，银行验证签名的有效性，若通过，则在数据库中存储(A, r_1, r_2, I_s)，并在商家的账户中存入相应金额。

5.4 电子支付协议

电子支付就是通过电子数字形式，而不是通过传统的物理的货币现金形式，在 Internet、Intranet 或者其他专用的网络上进行金融交易，例如订货、购物或消费等。电子现金协议也是一种电子支付协议，只是电子现金更特殊，它强调通过数字货币的方式支付，而除此之外，在网络上还可以通过电子支票、信用卡等其他方式支付。一般来说，电子支付协议除了要具有电子现金协议的匿名性、原子性，还需要考虑不可否认性、公平性以及可用性和可靠性等安全属性。

5.4.1 First Virtual 协议

First Virtual 协议是 Digicash 协议的改进版本，它们的流程非常相似。First Virtual 允许客户自由地购买商品，然后 First Virtual 使用 E-mail 同客户证实每一笔交易。First Virtual 对通信安全持怀疑态度并采取某种加密形式，并将每个电子商务交易转换为信用卡交易。协议步骤如下：

① 顾客申请一个 FV(First Virtual)顾客账号；

② 商家申请一个 FV 商家账号；

③ 顾客选定商家的商品，并将自己的账号传给商家；

④ 商家将顾客账号、商家账号、商品的金额传给 FV，请求付款；

⑤ FV 将付款确认请求通过 E-mail 发送给顾客；

⑥ 顾客将确认(否认、欺诈提示)发还 FV；

⑦ FV 请求信用卡公司付款，将付款确认(否认)送回商家，并在一定时间内将款项转到商家账户。

在安全性方面，First Virtual 比 Digicash 要好一些，并且在支付系统中，引入了第三方服务器。但 First Virtual 也存在一些问题，例如：

① 传送的消息容易被窃听；

② 身份认证仅停留在账户验证上，没有提供很好的不可否认性服务；

③ 用户订单和账户信息完全暴露，没有很好分离。

Digicash 协议和 First Virtual 协议都不能提供很好的安全性保证，所以仅能用来进行一些不太重要的交易，并逐渐被淘汰。

5.4.2 NetBill 协议

卡内基-梅隆大学的 Tygar 教授的研究组开发了 NetBill 协议，该协议已获得 CyberCash 的商业用途许可，CyberCash 的 CyberCoin 协议也使用 NetBill 的方法。

NetBill 协议涉及三方：客户、商家及 NetBill 服务器。客户持有的 NetBill 账号等价于一个虚拟电子信用卡账号。整个协议分为 3 个阶段：价格商讨、商品传输和金额支付。前两个阶段只有客户和商家在互相联系，直到最后支付阶段，仅当商家提出了交易请求后，NetBill 服务器才参与进来，而客户只有当通信失败或申请一定管理功能时才会与 NetBill 服务器联系。协议模型如图 5-8 所示。

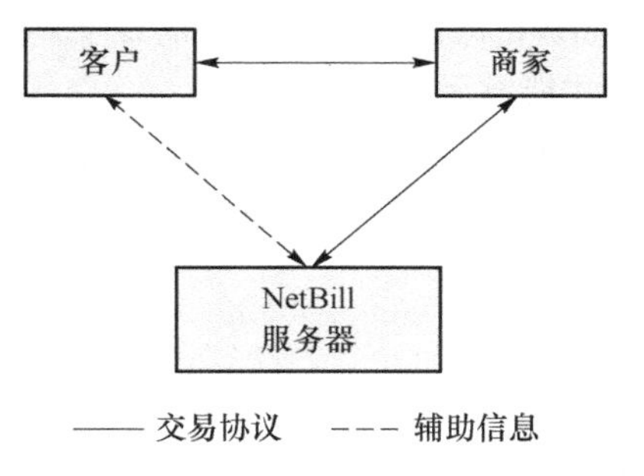

图 5-8　NetBill 协议模型

NetBill 协议交互过程如图 5-9 所示。

① 客户向商家查询某商品价格；

② 商家向该客户报价；

③ 客户告知商家他接受该报价；

④ 商家将所请求的信息商品（例如一个软件或一首歌曲）用密钥 K 加密后发送给客户；

⑤ 客户准备一份电子采购订单（Electronic Purchase Order，EPO），即三元式（价格、加密商品的密码单据、超时值）的数字签名值，并将已经数字签名的 EPO 发送给商家；

⑥ 收到电子订单后，商家检查电子订单，如果无误，则生成一张电子发货单，商家会签该 EPO，并对发货单签名，然后将二者发送给 NetBill 服务器；

⑦ NetBill 服务器验证 EPO 签名和会签。然后检查客户的账号，保证有足够的资金以便批准该交易，同时检查 EPO 上的超时值是否过期。确认没有问题时，NetBill 服务器即从客户的账号上将相当于商品价格的资金划往商家的账号上，并存储密钥 K 和加密商品的密码单据。然后准备一份包含密钥 K 的签好的收据，将该收据发给商家；

⑧ 商家记下该收据单并传给客户，然后客户将第④步收到的加密信息商品解密。

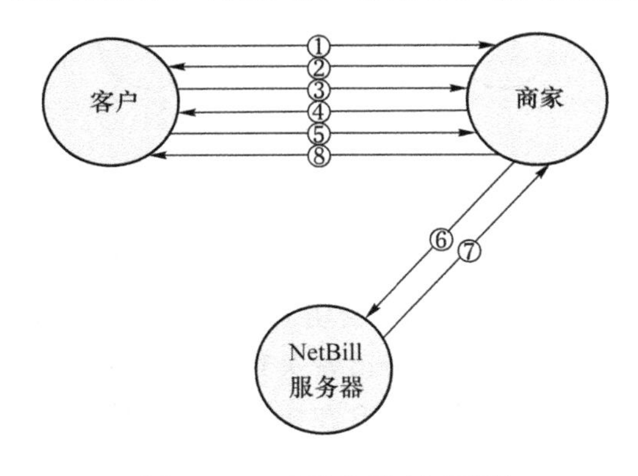

图 5-9　NetBill 协议交互过程

NetBill 协议能达到以下目标：

① 只有授权客户才能使用 NetBill 账目；

② 客户能提供身份证书来享受应有的特别优惠；

③ 客户和商家必须对购买的商品和价格达成一致意见；

④ 客户可以非常容易地保护自己的身份而不让商家知道；

⑤ 只有经第四方(存取控制服务器)同意，NetBill 才允许客户参与交易；

⑥ 客户和商家都能拿到 NetBill 提供的交易结果的证明；

⑦ 客户只有在支付完成后才能拿到真正的商品；

⑧ 传输中信息是不能被外部所获得和改动的，必须保证它的私有性和完整性。

总的来说，NetBill 协议具有一定的保密性、原子性和匿名性，但是其保密性仍然不完善，不可否认性也需要改进。

5.4.3 ISI 协议

ISI 支付协议是由 Medvinsky 和 Neuman 提出的。协议的目的是付款人 A 向收款人 B 付款，付款人 A 保持匿名。

协议描述如下：

① $A \rightarrow B: K_{ab}$

② $B \rightarrow A: \{K_b\}_{K_{ab}}$

③ $A \rightarrow B: \{\{\text{coins}\}_{K_{cs}^{-1}}, \text{SK}_a, K_{\text{sec}}, \text{Sid}\}_{K_b}$

④ $B \rightarrow \text{CS}: \{\{\text{coins}\}_{K_{cs}^{-1}}, \text{SK}_b, \text{transaction}\}_{K_{cs}}$

⑤ $\text{CS} \rightarrow B: \{\{\text{new\_coins}\}_{K_{cs}^{-1}}\}_{\text{SK}_b}$

⑥ $B \rightarrow A: \{\{\text{amount}, \text{Tid}, \text{date}\}_{K_b^{-1}}\}_{\text{SK}_a}$

协议交互过程如图 5-10 所示。

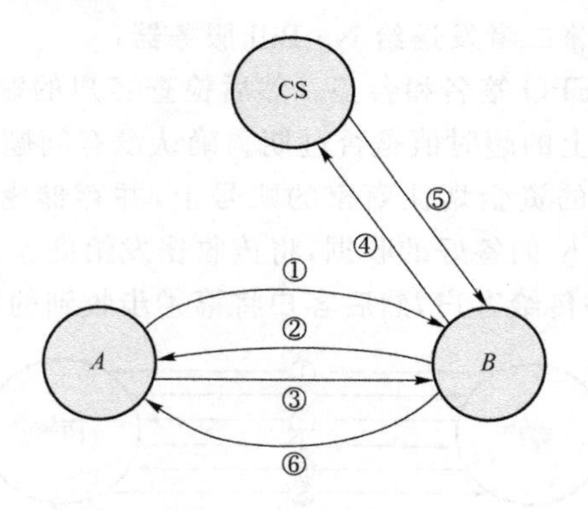

图 5-10　ISI 协议交互过程

在协议的运行过程中，首先通过第①、②步，主体 A 获得主体 B 的密钥；第③步，A 将电子货币(coins)、希望获得的服务标识 Sid，以及密钥 K_{sec} 用 B 提供的密钥 K_b 加密发送给 B；收到 A 支付的货币请求后，B 在第④步将电子货币发送到货币服务方(Currency Server，CS)，以验证电子货币的有效性；如果货币尚未使用，CS 在协议第⑤步将货币支付给主体 B；最后，B 将收据用密钥 K_b 签名后发送给主体 A。

5.4.4 *i*KP 协议

*i*KP 协议(i=1,2,3)是由 IBM 公司开发的安全电子支付协议，协议的参与方包括：用户、商家以及网关。所有的 *i*KP 协议都是基于公开密钥密码学的，只是根据拥有公开密钥及密码密钥主体的数目不同，分为 1KP 协议、2KP 协议以及 3KP 协议。

1KP 协议是其中最简单的协议，只有第三方网关才拥有公开密钥和秘密密钥对，用户和商家只需拥有网关认证的公开密钥，或经一个权威机构认证的网关公开密钥。支付是通过交换用网关的公开密钥加密的信用卡信息认证的。

2KP 协议要求网关和商家都拥有公开和秘密密钥对，该协议能使用户不用通过任何第三方就能通过检测证书，验证商家的真实身份，协议对所有商家发送的消息都能提供不可否认认证。

3KP 协议要求网关、商家和用户都拥有公开和秘密密钥对，协议对各方所有信息都能提供不可否认认证。

下面以 1KP 协议为例，简单讨论 *i*KP 协议。

1KP 协议假设所有用户和商家都拥有 CA 的公钥，用户 *C* 拥有自己的账户 CAN，下面首先给出基本的符号说明。

SALT_c：用户 *C* 产生的随机数；

Price：价格；

DATE：时间戳；

Nonce_m：商家生成的随机数；

ID_m：商家的标识；

TID_m：交易编号；

Desc：购买的货物、送货地址等订单信息的描述；

CAN：用户 *C* 的账户；

R_c：用户 *C* 生成的随机数；

CID：随机数，表示用户 *C* 的临时编号，其中 $\mathrm{CID}=h(R_c,\mathrm{CAN})$；

Y/N：响应；

Text_i：协议中可选的信息。

协议交互过程如图 5-11 所示。

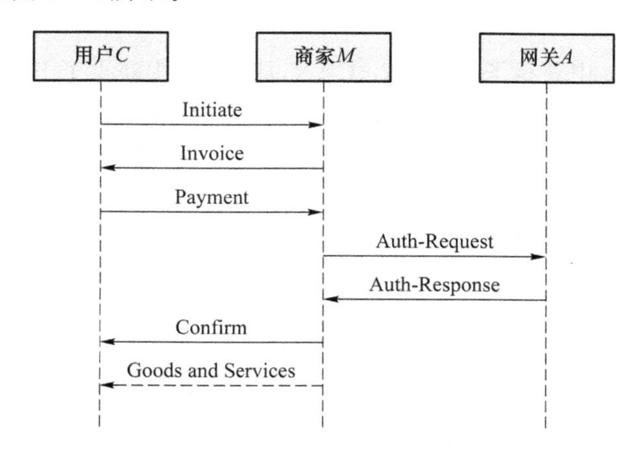

图 5-11　1KP 协议交互过程

Initiate，$C\rightarrow M$：SALT_c，CID，$[\mathrm{Text}_0]$

Invoice，$M\rightarrow C$：ID_m，TID_m，DATE，Nonce_m，$H(\mathrm{Common})$，$[\mathrm{Text}_1]$

Payment，$C\rightarrow M$：$\{\mathrm{Slip}\}_{K_a}$，$[\mathrm{Text}_2]$

Auth-Request，$M\rightarrow A$：Clear，$H(\mathrm{Desc},\mathrm{SALT}_c)$，EncSlip，$[\mathrm{Text}_3]$

Auth-Response, $A \to M$: Y/N, $\{Y/N, H(\text{Common})\}_{K_a^{-1}}$, [$\text{Text}_4$]

Confirm, $M \to C$: Y/N, Sig_a, [Text_5]

其中：

$$\text{Common} = (\text{Price}, \text{ID}_m, \text{TID}_m, \text{DATE}, \text{Nonce}_m, \text{CID}, H(\text{Desc}, \text{SALT}_c))$$

$$\text{Slip} = (\text{Price}, H(\text{Common}), \text{CAN}, R_c, [\text{PIN}])$$

$$\text{EncSlip} = \{\text{Slip}\}_{K_a}$$

$$\text{Clear} = (\text{ID}_m, \text{TID}_m, \text{DATE}, \text{Nonce}_m, H(\text{Common}))$$

$$\text{Sig}_a = \{Y/N, H(\text{Common})\}_{K_a^{-1}}$$

Initiate：用户 C 生成随机数 R_c，并计算用户 C 的临时编号 CID，然后生成随机数 SALT_c，最后将 Initiate 消息发送给商家。

Invoice：商家 M 从 Initiate 消息中获得 CID 及 SALT_c，生成时间戳 DATE，生成随机数 Nonce_m，然后选择交易号 TID_m，计算 $H(\text{Desc}, \text{SALT}_c)$，产生 Common 信息，并计算 H(Common)，然后将消息发送给用户。

Payment：用户 C 从 Invoice 消息中获得 Clear，ID_m，DATE，TID_m 和 Nonce_m，然后计算 H(Common)并校验 H(Common)是否与商家发送过来的值相同，如果相同，用户生成 Slip 信息，并将 Slip 用网关的公钥加密，然后将消息发送给商家。

Auth-Request：商家要求验证支付信息，他将 EncSlip 同 Clear 和 $H(\text{Desc}, \text{SALT}_c)$一起发送给网关。

Auth-Response：网关检查 Clear，EncSlip 以及 $H(\text{Desc}, \text{SALT}_c)$信息，步骤如下：

① 网关从 Clear 中抽取 ID_m，TID_m，DATE，Nonce_m，h_1，其中假设 $h_1 = H(\text{Common})$，网关通过 ID_m，TID_m，DATE，Nonce_m 这些值来判断该请求是否以前提交过；

② 网关解密 EncSlip，如果不能解密，那么本次交易就是非法的，否则，网关获得 Slip，进而可以得到 Price，h_2，CAN，R_c，[PIN]，根据协议规定，$h_2 = H(\text{Common})$；

③ 网关验证 h_1 及 h_2，如果 $h_1 = h_2$，则说明用户和商家是同意该订单信息的，例如价格、商家编号等；

④ 由于网关从 Slip 中获得了 Price，R_c，CAN，从 Clear 中获得了 ID_m，TID_m，DATE，Nonce_m，所以它可以计算 $\text{CID} = h(R_c, \text{CAN})$，此外网关从 Auth-Request 消息中获得 $H(\text{Desc}, \text{SALT}_c)$，上述信息综合起来，网关可以重新生成 Common 信息，计算 H(Common)，并判断 H(Common)是否与 h_1 及 h_2 相同；

⑤ 最后，网关利用现有的信息，例如通过用户账号 CAN、价格 Price 等，利用在线的认证系统验证支付信息，收到认证信息后，网关生成签名，并将结果发送给商家。

Confirm：商家收到 Auth-Response 消息后，他抽取 Y/N 及签名信息，商家拥有 H(Common)，这样他可以验证网关的签名信息，如果签名无误，则他将 Y/N 及签名信息转发给用户，以便用户验证交易状态。

下面简单分析 1KP 协议的安全性。

(1) 用户 C 对交易的不可否认性

用户 C 知道 CA 的公钥，所以用户 C 可以验证由 CA 颁发的网关 A 的公钥证书 Cert_a 的合法性，这样用户 C 可以生成$\{\text{Slip}\}_{K_a}$，并且该信息由商家转发给网关，网关解密$\{\text{Slip}\}_{K_a}$信息，并最终获得 CAN 及 PIN。这样网关可以通过验证 CAN 及 PIN，就能确信用户 C 参与交易。上述结论需要以下基本假设成立，即 Slip 信息中包含的 CAN 及 PIN，如果 Slip 包含

PIN，则 PIN 只有用户及支付系统知道，这是用户和支付系统之间的秘密；如果不包含 PIN，则必须假设用户账号信息 CAN 是用户和支付系统之间共享的好的秘密。换句话说，只有 CAN 及 PIN 的拥有者才能生成$\{Slip\}_{K_a}$，而攻击者无法生成或者修改该信息。

此外，如果不诚实的商家重放 Slip 信息，那么很容易根据其中绑定的时间戳 DATE 及 $Nonce_m$ 信息做出判断。

(2) 网关对交易的不可否认性

由于网关在协议中将$(Y/N, H(Common))$信息用自己的私钥签名，并将签名信息发送给了商家及用户。该签名信息就是网关对交易的不可否认证据。

通过上述分析，我们发现，1KP 协议存在漏洞，首先协议对商家发出的信息无法提供不可否认证据。此外，虽然可以对用户提供不可否认证据，但必须保证分析(1)中的假设条件成立。所以，1KP 协议不容易解决支付过程中产生的争端。2KP 协议及 3KP 协议部分地解决了上述问题，但比 1KP 协议复杂，由于篇幅关系，就不再详细讨论 2KP 协议和 3KP 协议了，有兴趣的读者可以参考相关文献。

5.4.5 IBS 协议

IBS 协议是由美国卡内基-梅隆大学开发的电子商务协议，该协议具体描述如图 5-12 所示。

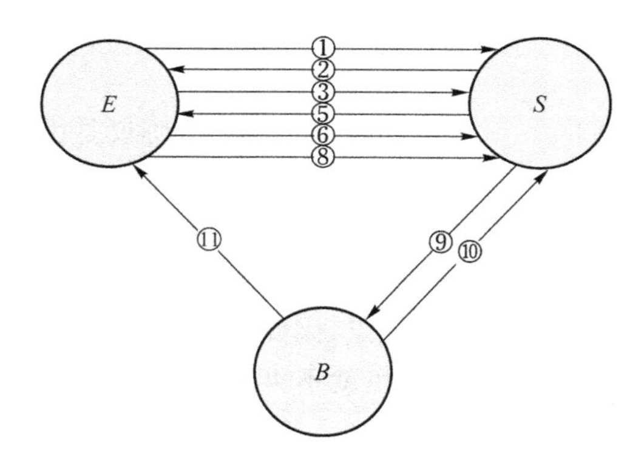

图 5-12 IBS 协议交互过程

(1) 确定价格

① $E \rightarrow S$: $\{Price \quad Request\}_{K_e^{-1}}$

② $S \rightarrow E$: $\{Price\}_{K_s^{-1}}$

用户 E 首先向服务提供方 S 发送一个自己签名的价格询问消息，如果服务提供方同意这个价格，它就发送一个自己签名的价格同意消息。

(2) 提供服务

③ $E \rightarrow S$: $\{\{Price\}_{K_s^{-1}}, Price\}_{K_e^{-1}}$

④ $S \rightarrow Invoice$: $\{\{Price\}_{K_s^{-1}}, Price\}_{K_e^{-1}}$

⑤ $S \rightarrow E$: $\{Service\}_{K_s^{-1}}$

⑥ $E \rightarrow S$: $\{Service \quad Acknowledge\}_{K_e^{-1}}$

⑦ $S \rightarrow Invoice$: $\{\{Service \quad Acknowledge\}_{K_e^{-1}}\}_{K_s^{-1}}$

在提供服务的过程中，用户 E 发送一个服务请求，服务提供方将服务请求复制到一张票据上，并发送一条签名过的服务信息给用户 E，然后用户 E 将服务确认消息发送给服务提供方 S，S 再将服务确认复制到票据上。

（3）传递收据

⑧ $E \rightarrow S: \{Invoice \quad Request\}_{K_e^{-1}}$

⑨ $S \rightarrow B: \{\{Invoice\}_{K_b}\}_{K_s^{-1}}$

⑩ $B \rightarrow S: \{\{Invoice\}_{K_s}\}_{K_b^{-1}}, \{\{Invoice\}_{K_e}\}_{K_b^{-1}}$

⑪ $S \rightarrow E: \{\{Invoice\}_{K_e}\}_{K_b^{-1}}$

在传递收据的过程中，用户 E 发起一个收据请求，服务提供方 S 向金融机构 B 发送一个用 B 的公钥加密，再用自己私钥签名的收据信息，金融机构 B 收到该信息后，进行相应处理，然后将收据分别用 S 和 E 双方的公钥加密，再用自己私钥签名，再将处理后的收据信息分别发送给 S 和 E。

5.4.6 SSL 协议

安全套接层（Security Socket Layer，SSL）协议是网景（Netscape）公司提出的基于 WEB 应用的安全协议。对于电子商务应用来说，使用 SSL 可保证信息的真实性、完整性和保密性。但由于 SSL 不对应用层的消息进行数字签名，因此不能提供交易的不可否认性，这是 SSL 在电子商务中使用的最大不足。SSL 协议将在下一章详细讨论。

5.4.7 SET 协议

安全电子交易（Secure Electronic Transaction，SET）协议是由 Master Card 和 Visa 联合 Netscape、Microsoft 等公司，于 1997 年 6 月 1 日推出的一种新的电子支付模型。SET 协议是 B2C 上基于信用卡支付模式而设计的，它保证了开放网络上使用信用卡进行在线购物的安全。SET 主要是为了解决用户、商家、银行之间通过信用卡的交易而设计的，它具有保证交易数据的完整性，交易的不可抵赖性等种种优点，因此它成为目前公认的信用卡网上交易的国际标准。下一章将详细阐述 SET 协议，在这里就不再展开讨论。

5.5 安全电子邮件协议

电子邮件是互联网上主要的信息传输手段，也是电子商务应用的主要途径之一。但它并不具备很强的安全防范措施。互联网工程任务组（Internet Engineering Task Force，IETF）为扩充电子邮件的安全性能已起草了相关的规范。

多用途网际邮件扩充（Secure/Multi-purpose Internet Mail Extensions，S/MIME）协议是在多功能电子邮件扩充报文基础上添加数字签名和加密技术的一种协议。MIME 是正式的 Internet 电子邮件扩充标准格式，其目的是在 MIME 上定义安全服务措施的实施方式。目前，S/MIME 已成为产业界广泛认可的协议。

S/MIME 由 RSA 公司提出，是电子邮件的安全传输标准，它是一个用于发送安全邮件的 IETF 标准。目前大多数电子邮件产品都包含对 S/MIME 的内部支持。

S/MIME 在 TCP/IP 协议栈中所处的层次如图 5-13 所示。它用 PKI 数字签名技术支持消息和附件的加密。其加密机制采用单向散列算法，如 SHA-1、MD5 等，也可以采用公钥机制的加密体系。

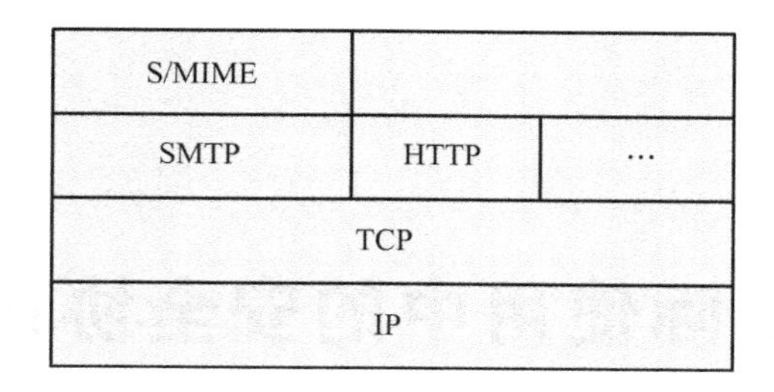

图 5-13 S/MIME 在 TCP/IP 协议栈中所处的层次

S/MIME 的证书格式采用 X.509 标准。认证机制依赖于层次结构的证书认证机构，所有下一级组织和个人的证书均由上一级组织认证，而最上一级的组织（根证书）间相互认证，整个信任关系是树状结构。另外 S/MIME 将信件内容加密签名后作为特殊附件传送。

S/MIME 应用于各种安全电子邮件发送的领域，与传统隐私增强邮件（Privacy Enhanced Mail，PEM）不同，因其内部采用 MIME 的消息格式，所以不仅能发送文本，还可携带各种附加文档，如包含国际字符集、HTML、音频、语音邮件、图像等不同类型的数据内容。

5.6 本章小结

本章详细讨论了电子商务协议，给出了电子商务的概念及电子商务协议研究的背景。研究发现电子商务的安全问题仍是影响电子商务发展的主要因素，而安全电子商务协议是保证电子商务活动正常开展的基础，所以研究电子商务协议的安全性就显得尤为重要。

本章虽然列举了一些经典的电子商务协议，但由于电子商务涉及领域广泛，各种应用也层出不穷，所以电子商务协议也种类繁多，例如电子选举协议、电子拍卖协议等，本章就没有涉及，所以感兴趣的读者在阅读本章的基础上，可以参考相关文献，了解其他类型的电子商务协议。

习 题

1. 简述电子商务及电子商务协议的概念；安全电子商务协议要满足的安全属性并试举例说明各安全属性。

2. 简述不可否认性的概念。

3. 在下述情形下，分别设计基本不可否认协议：

① 通信信道可信，且协议参与方都是诚实的主体；

② 通信信道可信，但存在不诚实的主体；

③ 通信信道不可信，但协议参与方都是诚实的主体；

④ 通信信道不可信，且存在不诚实的主体。

4. 通过相关文献学习 2KP 协议，并与 1KP 协议进行对比，分析 2KP 协议的安全性。

第 6 章 实际使用中的安全协议

前面的章节讨论了安全协议的定义、安全协议的分类、安全协议的缺陷以及安全协议的攻击模型等基本概念，并详细介绍了两类重要的安全协议：认证与密钥交换协议及电子商务协议。在介绍概念的同时，本书也详细分析了一些具体的、经典的安全协议，以使读者对安全协议有一个直观的、感性的认识。

前面提到的安全协议，无论是认证与密钥交换协议，还是电子商务协议，都是早期有代表性的经典安全协议，代表了当时的设计与分析水平。但是随着技术的进步，尤其是安全协议分析与设计水平的提高，人们发现它们都过于简单，而且存在明显的安全缺陷。所以在实际应用中，它们逐渐被新的、更加安全的协议所代替。

本章主要讨论目前实际使用的安全协议，这些协议与经典协议相比，更加复杂、精巧，也更加安全。当然由于安全协议的概念比较宽泛，所以安全协议种类繁多。本书不可能用一章的篇幅列举所有的安全协议，所以选择了其中一部分具有代表性的、常用的安全协议进行分析讨论。

6.1 Kerberos 协议

6.1.1 概述

Kerberos 是一个分布式的认证服务系统，它允许一个进程（或客户）代表一个主体（或用户）向验证者证明他的身份。该协议是麻省理工学院（Massachusetts Institute of Technology，MIT）“雅典娜计划”的一部分。Kerberos 协议主要建立在 Needham 和 Schroeder 的可信第三方认证协议以及 Denning 和 Sacco 修改建议之上，是目前互联网上重要的身份认证协议。

Kerberos 是古希腊神话中守卫地狱入口、长着 3 个头的狗。MIT 之所以将其认证协议命名为 Kerberos，是因为他们计划通过认证、清算和审计 3 个方面来建立完善的安全机制，但目前清算和审计功能还没有实现。认证是指分布式系统中的主体身份识别的过程，认证可以对抗假冒攻击，可获取对某人或某事的信任。主体（principal）是要被验证身份的一方，验证者（verifier）是要确认主体真实身份的一方。数据完整性要确保收到的数据和发送的数据是相同的，即在传输过程中没有经过任何篡改。认证机制根据所提供的确定程度有所不同，根据验证者的数目也有所不同。有些机制支持一个验证者，而另一些则允许多个验证者。另外，有些认证机制支持不可否认性，有些支持第三方认证。

Kerberos 协议共有 5 个不同的版本，目前广泛使用的是版本 5，即 Kerberos V5，所以

Kerberos V5 也就成为 Kerberos 协议的标准。该协议的特点是用户只需输入一次身份验证信息就可以凭借此验证获得的票据(Ticket-Granting Ticket,TGT)访问多个服务,即单点登录(Single Sign On,SSO)。

6.1.2　术语

Kerberos 协议中所涉及的术语如下。

① Principal,主体。参与网络通信的实体,是具有唯一标识的客户或服务器。

② Authentication,认证。验证一个主体所宣称的身份是否真实。

③ Authentication Header,认证头。是一个数据记录,包括票据和提交给服务器的认证码。

④ Authentication Path,认证路径。跨域认证时,所经过的中间域的序列。

⑤ Authenticator,认证码。是一个数据记录,其中包含一些最近产生的信息,产生这些信息需要用到客户和服务器之间共享的会话密钥。

⑥ Ticket,票据。Kerberos 协议中用来记录信息、密钥等的数据结构,client 用它向 server 证明身份,包括 client 身份标识、会话密钥、时间戳和其他信息。所有内容都用 server 的密钥加密。

⑦ Session Key,会话密钥。两个主体之间使用的一个临时加密密钥,只在一次会话中使用,会话结束即作废。

⑧ Ticket-Granting Server(TGS),票据发放服务器,为用户分发 ticket 的服务器,用户使用该 ticket 向应用服务器证明自己的身份。

⑨ Ticket-Granting Ticket(TGT),身份认证票据,用户向 TGS 证明自己身份的 ticket。

⑩ Authentication Server(AS),身份认证服务器,为用户颁发 TGT 的服务器。

⑪ Key Distribution Center(KDC),密钥分配中心,通常将 AS 及 TGS 统称为 KDC。

⑫ realm,域,指一个 Kerberos 服务器所直接提供认证服务的有效范围。

6.1.3　运行环境

Kerberos 协议本身不能提供无限的安全,为了让其正常运行,其所运行的环境必须满足以下假设。

① 网络中不存在拒绝服务攻击(Denial of Service,DOS),Kerberos 协议不能解决拒绝服务攻击,攻击者可在协议运行的多处阻断认证步骤,干扰协议的正常执行。检测和解决此类攻击依赖于管理员和用户。

② 主体必须保持其私钥的安全,如果攻击者获得了主体的私钥,他就可以冒充该主体,使认证失败。

③ Kerberos 协议不能阻止口令猜测攻击,如果用户选择了弱口令,则攻击者有可能通过字典攻击等方式破获用户的口令,而一旦口令被攻击者获得,攻击者可以获得所有用用户口令加密的信息。

④ Kerberos 协议要求网络上的主机必须是松散同步的(loosely synchronized),这种同步可以防止重复攻击。此外时钟同步协议必须保证自身的安全,这样才能提供网上主机的同步。

⑤ 主体的标识不能频繁循环使用。由于访问控制的典型模式是使用访问控制列表(ACL)来对主体进行授权。如果一个已经删除的用户标识仍保持在旧的 ACL 入口中,那么攻击者就可以利用该用户标识,获得访问控制权限。

6.1.4 消息交互

为了方便协议描述，定义符号如下。

(1) 符号

c，客户端的标识；

s，服务器的标识；

n，随机数串；

K_x，x 的密钥；

$K_{x,y}$，x 和 y 的会话密钥；

$T_{x,y}$，x 向 y 申请服务所用的 Ticket；

$\{a,b,c\}_{K_x}$，用密钥 K_x 加密消息 abc；

A_x，x 发出的认证码。

(2) 基本认证协议

在 Kerberos 认证系统中使用了一系列加密的消息，提供了一种认证方式，使得正在运行的 Client 能够代表一个特定的用户来向验证者证明身份。其基本消息包括：认证请求和响应、应用请求和响应，协议流程如图 6-1 所示。

① Client→AS：c,s,n

② AS→Client：$\{K_{c,s},n\}_{K_c},\{T_{c,s}\}_{K_s}$

③ Client→Server：$\{A_c\}_{K_{c,s}},\{T_{c,s}\}_{K_s}$

④ Server→Client：$\{T_s\}_{K_{c,s}}$

其中

$$T_{c,s}=\{c,s,\mathrm{addr},\mathrm{realm},\mathrm{timestamp},\mathrm{life},K_{c,s}\}$$

$$A_c=\{c,s,\mathrm{realm},t_s\}$$

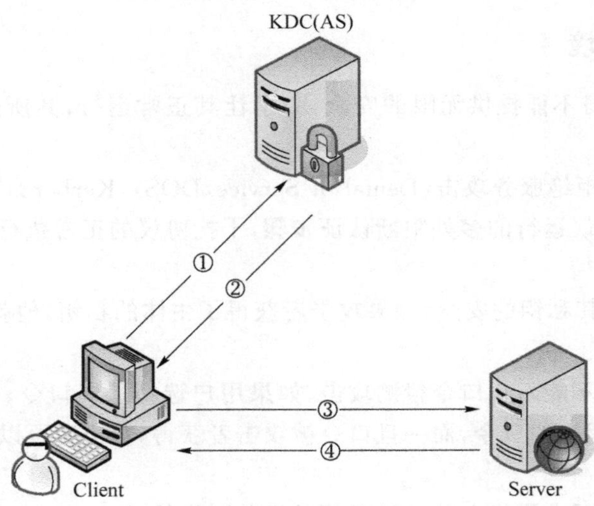

图 6-1 基本认证协议

Client 和每个服务器(Server)之间都需要一个独立的会话密钥，用它进行通信。当 Client 要和一个特定的服务器 s 建立联系时，使用认证请求和响应消息，如图 6-1 中的消息①和②，从认证服务器获得一个票据和会话密钥。在请求消息①中，Client 给认证服务器发送它的身

份 c、服务器名称 s 和一个用来匹配请求与响应的随机数 n。在响应消息②中，认证服务器 AS 返回会话密钥 $K_{c,s}$ 和请求时所发的随机数 n，所有内容均用 Client 在认证服务器上注册的口令作为密钥(K_c)来加密，再附上包含相同内容的票据 $T_{c,s}$，这个票据将作为应用请求的一部分发送给服务器，$T_{c,s}$ 用应用服务器 s 在 AS 上注册的密钥 K_s 加密，所以 Client 无法解密及修改票据。

图 6-1 中的消息③和④表示应用请求和响应，这是 Kerberos 协议中最基本的消息交换，Client 通过消息③向应用服务器证明他知道 AS 生成并分发的会话密钥 $K_{c,s}$，进而向应用服务器证明自己的身份。应用请求分为两部分，票据 $T_{c,s}$ 和认证码 A_c。认证码 A_c 包括这样一些域：时间戳、校验和、可选加密密钥等域，所有的域均用票据中附带的加密密钥 $K_{c,s}$ 加密。

在收到应用请求消息③之后，服务器解密票据 $T_{c,s}$，从中提取出会话密钥 $K_{c,s}$，再用会话密钥解密认证码 A_c。如果解密成功，服务器就可以假设认证码是按照票据上所写的主体名称生成的，会话密钥也是为该主体分发的。除此之外，Kerberos 系统还必须防止重放攻击，因此，服务器还必须检验时间戳来确保认证码是最新的。如果时间戳在指定的范围内，通常是在应用服务器时钟的前后 5 分钟内，应用服务器可认为这个请求可信而接受。此时，服务器就已经证实 Client 的身份。在有些应用中，Client 同样想验证服务器的身份，如果需要这种相互认证，服务器就通过提供认证码中的 Client 的时间，生成一个应用响应消息④，和其他信息一起用会话密钥加密传给 Client。认证请求与响应、应用请求与响应共同构成了基本的 Kerberos 认证协议。

(3) 完整的 Kerberos 认证协议

在基本 Kerberos 认证协议中，一个知道用户口令的 Client 可以获得一张票据和会话密钥，并可以通过该票据完成向应用服务器认证的过程。但是基本 Kerberos 认证协议执行起来比较麻烦，例如当用户每次和新的应用服务器进行认证时都需要提交口令。理想的工作方式是，用户只有在第 1 次登录系统时提交口令，后续的认证自动来完成。实现上述工作方式的最直接方法是在客户端缓存用户口令，但这显然很危险，因为客户端与 AS 交互的消息是使用用户的口令加密的，所以一旦口令泄露，则攻击者可以获得客户端与 AS 之间的通信内容。

为了将泄露用户口令(密钥 K_c)的风险降到最低，同时也使用户更加方便地使用 Kerberos 协议，Kerberos 系统增加一个 TGS 服务器，并修改了票据授予交换(ticket granting exchange)过程。Kerberos 协议中的票据授予交换允许用户使用短期有效的身份证明来获得票据和加密密钥，而不用重新输入口令。具体过程如下：用户第 1 次登录时，发出一个认证请求，认证服务器 AS 就返回一个票据和用于票据授予服务的会话密钥 $K_{c,\text{tgs}}$。这个票据称为身份认证票据(TGT)，也可称为票据授予票据，该票据生命周期较短，典型的是 8 个小时。客户收到 TGT 和 $K_{c,\text{tgs}}$ 后，TGT 和会话密钥 $K_{c,\text{tgs}}$ 就被保存下来，用户口令 K_c 就可以抛弃了。由于 TGT 和会话密钥 $K_{c,\text{tgs}}$ 都是用密文形式存放的，所以就将用户口令泄露的风险降至了最低。

随后，当用户想向新的应用服务器证明他的身份时，只要用 TGT 向认证服务器 TGS 请求一张新的票据即可。票据授予交换和认证交换基本相同。

图 6-2 展示了完整的 Kerberos 认证协议。只有用户在第 1 次登录时才用消息①和②，用户每次和新的应用服务器进行验证时都要用消息③和④，用户每次证明自己时用消息⑤，消息⑥是可选的，只有当用户要求和应用服务器相互认证时使用。

① Client→AS：c,tgs,n

② AS→Client：$\{K_{c,\text{tgs}},n\}_{K_c},\{T_{c,\text{tgs}}\}_{K_{\text{tgs}}}$

③ Client→TGS：$\{A_c\}_{K_{c,tgs}}$，$\{T_{c,tgs}\}_{K_{tgs}}$，s，n

④ TGS→Client：$\{K_{c,s},n\}_{K_{c,tgs}}$，$\{T_{c,s}\}_{K_s}$

⑤ Client→Server：$\{A_c\}_{K_{c,s}}$，$\{T_{c,s}\}_{K_s}$

⑥ Server→Client：$\{t_s\}_{K_{c,s}}$

其中

$$TGT=\{T_{c,tgs}\}_{K_{tgs}},T_{c,tgs}=\{c,tgs,addr,realm,timestamp,life,K_{c,tgs}\}$$

$$T_{c,s}=\{c,s,addr,realm,timestamp,life,K_{c,s}\},A_c=\{c,s,realm,t_s\}$$

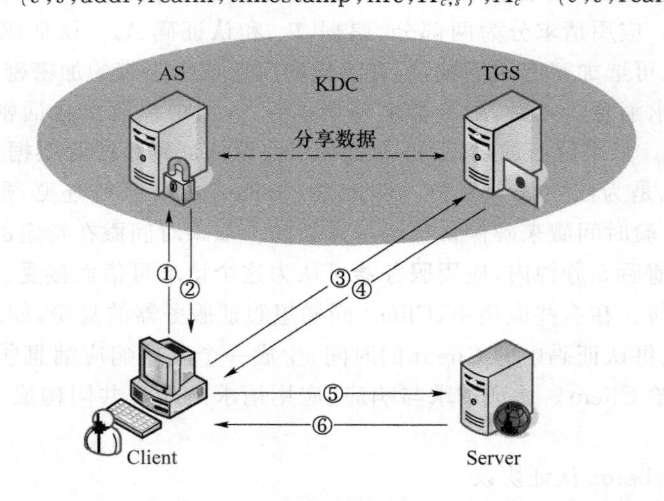

图 6-2 完整的 Kerberos 认证协议

第①步，Client 向 AS 申请 TGT，消息中包括自己的主体标识、TGS 的主体标识及产生的随机数串。

第②步，AS 发送 TGT 和会话密钥 $K_{c,tgs}$ 给 Client。

第③步，Client 向 TGS 申请访问应用服务器 s 的 ticket，发送的消息包括：认证码 A_c、票据 TGT、应用服务器 s 的主体标识和随机数 n，其中 A_c 用 $K_{c,tgs}$ 加密。

第④步，TGS 收到消息③后，首先验证票据 TGT，如验证通过，则用提取出的密钥 $K_{c,tgs}$ 解密获得认证码 A_c，如果正确获得，说明 Client 的身份是正确的，然后 TGS 根据服务器主体标识生成会话密钥 $K_{c,s}$ 及访问票据 $T_{c,s}$，其中 $K_{c,s}$ 用 $K_{c,tgs}$ 加密，而 $T_{c,s}$ 用应用服务器 s 的密钥 K_s 加密，这样保证 Client 收到票据后，不能解密也不能修改。

第⑤步，Client 用收到的票据 $T_{c,s}$ 向应用服务器认证，同时发送的还有认证码 A_c，其中 A_c 用新生成的会话密钥 $K_{c,s}$ 加密。

第⑥步，服务器收到消息⑤后，首先解密票据 $T_{c,s}$，获得密钥 $K_{c,s}$ 及时间戳，验证时间戳及 $K_{c,s}$ 的有效性，如果有效，则完成客户向应用服务器的验证，如果客户也需要认证应用服务器，则应用服务器将客户生成的时间戳用 $K_{c,s}$ 加密发送给客户，从而完成应用服务器向客户的认证。

6.1.5 跨域认证

域(realm)是 Kerberos 协议中的一个重要概念，一个域指一个 Kerberos 服务器所直接提供认证服务的有效范围。Kerberos 协议是支持跨域操作的，即这个域中的 Client 能够被另一个域的服务器认证。每个组织通过运行一个 Kerberos 服务器来建立自己的域，不同域之间可以建立域间密钥。本域内的客户通过该密钥实现向其他域的应用服务器认证身份。其交互过程如图 6-3 所示。

① $Client \to TGS_{local}: \{A_c\}_{K_{c,tgs}}, \{T_{c,tgs}\}_{K_{tgs}}, tgs_{remote}$

② $TGS_{local} \to Client: \{K_{c,tgs_{remote}}\}_{K_{c,tgs}}, \{T_{c,tgs_{remote}}\}_{K_{tgs_{remote}}}$

③ $Client \to TGS_{remote}: \{A_c\}_{K_{c,tgs_{remote}}}, \{T_{c,tgs_{remote}}\}_{K_{tgs}}, s_{remote}$

④ $TGS_{remote} \to Client: \{K_{c,s_{remote}}\}_{K_{c,tgs_{remote}}}, \{T_{c,s_{remote}}\}_{K_{s_{remote}}}$

⑤ $Client \to Server_{remote}: \{A_c\}_{K_{c,s_{remote}}}, \{T_{c,s_{remote}}\}_{K_{s_{remote}}}$

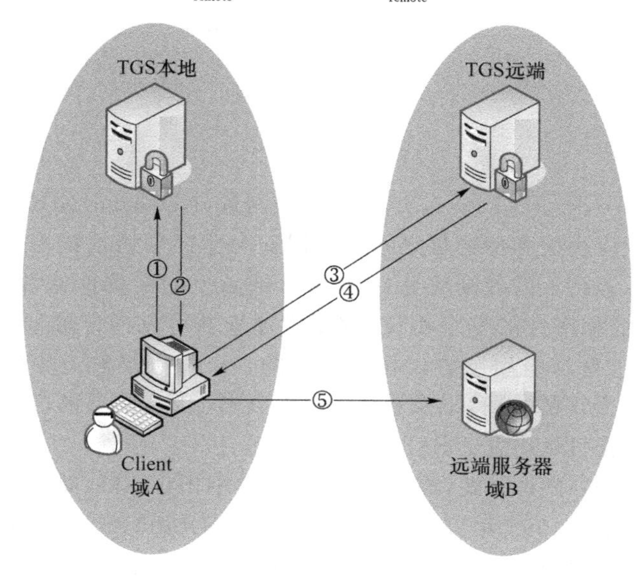

图 6-3　获取其他域服务器票据的过程

交互过程与域内的交互类似,这里就不再详细论述了。

域可以按层次组织。每个域和它的父域共享一个密钥,并和每一个子域共享不同的密钥。如果一个域间密钥没被两个域直接共享,那么这种分层的组织就可以很容易地建立一个认证路径。如果没有使用层次组织,要建立认证路径就要去查询数据库了。

6.1.6　安全性分析

(1) 不能防止口令猜测攻击

在 Kerberos 协议中,用户与 AS 交互的信息是用 K_c 加密的,由于 K_c 是由用户口令通过一个公开的算法产生的,并且在一般情况下,用户选择的口令强度都不够,这样,就为攻击者猜测用户口令提供了可能性。攻击者可以猜测用户的口令,然后尝试用生成的密钥去解密信息,来判断猜测的口令是否正确。

(2) 重放攻击

Kerberos 协议中使用时间戳来防止重放攻击,这种机制的安全性并不高,可以从以下 3 个方面分析该问题。①它要求在认证码的生命期内不存在重放,一般认证码的生命期是 5 分钟。②采用时间戳机制,还必须依靠机器的时钟来实现"松同步",如果一个主机的时钟被修改,那么过期的认证码就有可能被轻易地重放,所以时间同步问题是一个薄弱环节。③采用时间戳机制防止重放攻击代价偏高。认证服务器不仅需要保存三元组(c,s,timestamp),而且每收到一个请求，还要比较三元组，同时还要删除过期的三元组，而且上述操作还必须保证互斥，这样就会大大降低服务器的运行效率。

(3) 会话密钥的泄露

Kerberos 协议中的会话密钥实际上不是规范的会话密钥，该密钥被包含在服务票据中，在 Client 和 Server 之间的会话中多次使用，确切地说应该是多次会话密钥。这本身就存在安全隐患。

6.2 SSL 协议

6.2.1 概述

安全套接层(Secure Socket Layer，SSL)协议是网景(Netscape)公司提出的一种开放性协议，它提供了一种介于应用层和传输层之间的数据安全套接层协议机制，它包括服务器认证、客户认证(可选)、SSL 链路上的数据完整性和 SSL 链路上的数据保密性。SSL 是在 Internet 基础上提供的一种保证私密性的安全协议，它要求建立在可靠的传输层协议(如 TCP)之上。SSL 协议的优势在于它是与应用层协议相互独立的。SSL 协议在应用层协议通信之前就已经完成加密算法、通信密钥的协商，以及服务器认证工作，因此高层的应用层协议(如 HTTP、FTP、TELNET 等)能透明地建立于 SSL 协议之上。

SSL 最初由 Netscape 公司开发，该公司于 1994 年推出了 SSL V2.0 Internet-Draft，随后该版本经历了 5 次修改。1996 年，SSL V3.0 Internet-Draft(SSL3.0)推出，它不仅解决了 V2.0 中的一些问题，而且支持更多的加密算法。SSL 协议目前已成为 Internet 上保密通信的工业标准，现行 Web 浏览器普遍将 HTTP 和 SSL 相结合来实现安全通信。1999 年 1 月，IETF 将 SSL 进行了标准化，即 RFC2246，并将其称为 TLS1.0(Transport Layer Security，TLS)。TLS 1.0解决了 SSL3.0 存在的一些问题，并做了一些改进。但从技术上讲，TLS1.0 与 SSL3.0 的差别非常微小。SSL 在 TCP/IP 协议栈中所处的层次如图 6-4 所示。

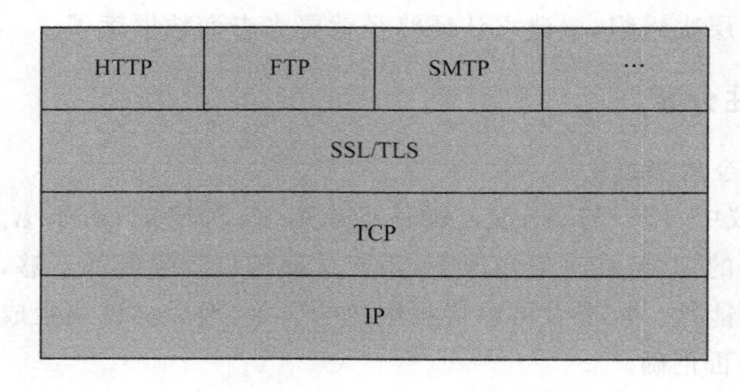

图 6-4　SSL 在 TCP/IP 协议栈中所处的层次

对于电子商务应用来说，使用 SSL 可保证信息的真实性、完整性和保密性。但由于 SSL 不对应用层的消息进行数字签名，因此不能提供交易的不可否认性，这是 SSL 在电子商务中使用的最大不足。鉴于此，Netscape 公司在从 Communicator 4.04 版开始的所有浏览器中引入了一种被称作“表单签名(Form Signing)”的功能，在电子商务中，可利用这一功能来对包含购买者的订购信息和付款指令的表单进行数字签名，从而保证交易信息的不可否认性。综上所述，在电子商务中采用单一的SSL协议来保证交易的安全是不够的，但采用“SSL＋表单签名”模式能够为电子商务提供较好的安全性保证。

6.2.2　结构

SSL协议的设计目标是在TCP基础上提供一种可靠的端到端安全服务。在SSL的体系结构中包含两个协议子层：SSL记录协议层（SSL Record Protocol Layer）和SSL握手协议层（SSL Handshake Protocol Layer），如图6-5所示。

（1）SSL记录协议层

在SSL协议中，所有的传输数据都被封装在记录中。记录是由记录头和长度不为0的记录数据组成的。所有的SSL通信，包括握手消息、安全空白记录和应用数据都使用SSL记录层。SSL记录协议包括对记录头和记录数据格式的规定。

（2）SSL握手协议层

SSL握手协议层的协议用于SSL管理信息的交换，允许应用协议传送数据之前相互验证，协商加密算法和生成密钥等。SSL握手协议层包括3个协议：

① SSL握手协议（SSL Handshake Protocol），用来完成客户端和服务器之间会话的建立。

② SSL密钥参数修改协议（SSL Change Cipher Spec Protocol），用来建立实际对话中使用的密钥组约定。

③ SSL报警协议（SSL Alert Protocol），在客户端和服务器之间传输SSL出错消息。

这些协议和应用协议的数据用SSL记录协议进行封装，如图6-5所示。

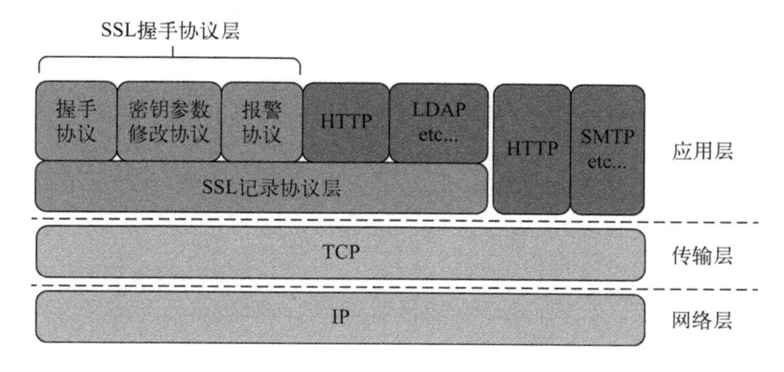

图6-5　SSL协议的结构

6.2.3　原理

（1）SSL握手协议层

① SSL握手协议

SSL握手协议用于在客户端和服务器之间建立会话，在会话建立过程中，客户端和服务器都建立新会话的会话状态或使用已存在会话的会话状态。图6-6给出了一个新会话建立的过程。

第一阶段，cipher_suite协商。首先由客户发起会话请求。客户发送ClientHello消息给服务器，ClientHello消息中包含一系列安全参数：

SSL版本号；

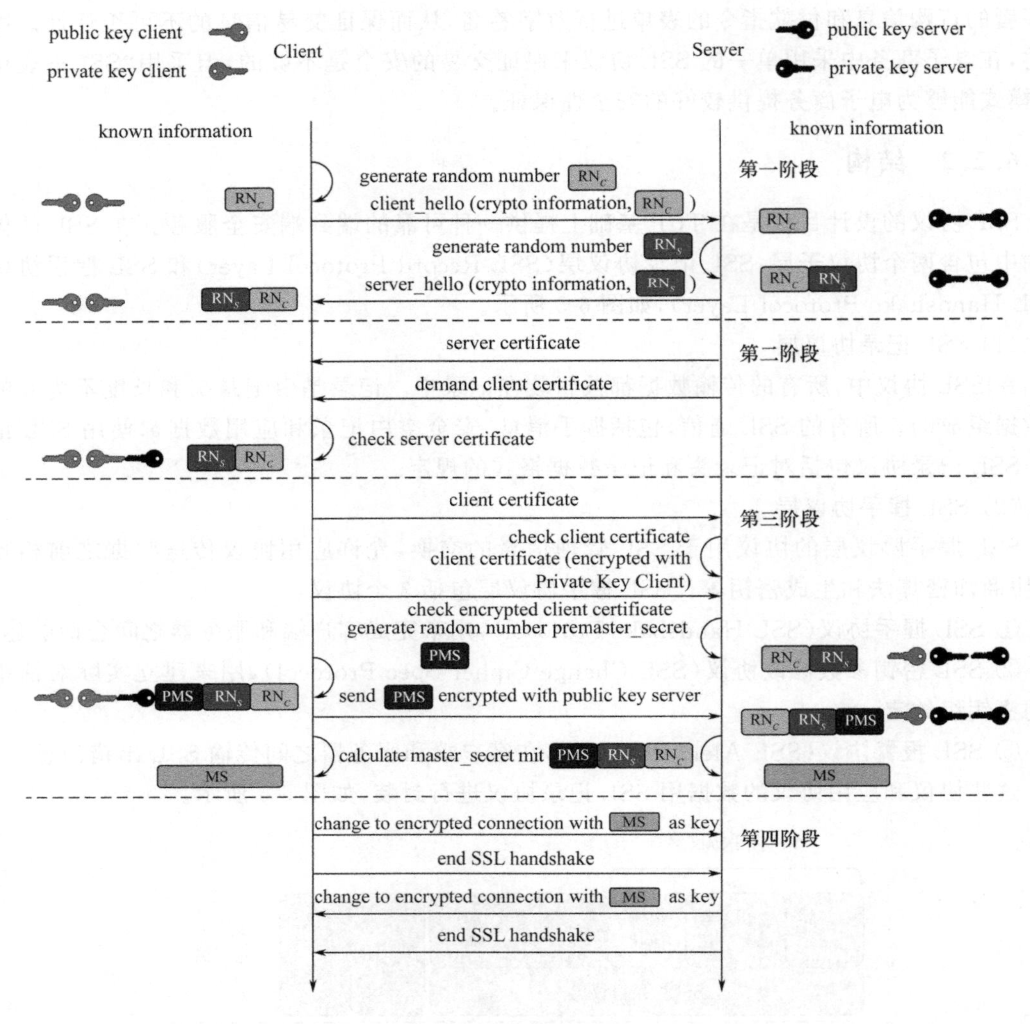

图 6-6　新会话建立过程

客户端产生的随机数 RN_c；

cipher_suite；

其他通信需要的信息，如 Session_ID 等。

服务器收到 ClientHello 消息后，产生随机数 RN_s，用 ServerHello 消息响应，同样 ServerHello 中也包含一系列安全参数，其内容、格式与 ClientHello 消息相同。

cipher_suite 协商允许客户端和服务器选择一个共同支持的 cipher_suite。SSL3.0 协议规范定义了 31 个 cipher_suite。cipher_suite 由以下各部分组成：密钥交换算法、数据传输密钥、摘要函数。

密钥交换算法：指明如何在客户端和服务器的数据传输中使用共享的对称密钥。SSL2.0 仅使用 RSA 密钥交换算法，而 SSL3.0 可以在启用证书时，选择使用包括 RSA 在内的多种密钥交换算法，以及在无需证书时，选择客户端和服务器不需要先期通信的 Diffie-Hellman 密钥交换算法。数据传输密钥：SSL 使用对称密钥算法加密数据，有包括不加密在内的 9 种选择。摘要函数：指明对一个记录单元如何建立摘要，例如，SSL 支持 MD5、SHA-1 等。用消息摘要函数生成消息认证代码(Message Authentication Code，MAC)的信息摘要，并与消息本身一同发送，以确保消息的完整性。

第二阶段，认证阶段。服务器发送 ServerHello 消息后，立即发送 Certificate 消息，Certificate 消息必须提供有效的数字证书，其类型必须符合 cipher_suite 中指定的密钥交换算法。如果服务器要求验证客户，则发送 CertificateRequest 消息。客户收到 Certificate 消息后，验证服务器的证书，验证通过后客户端取出服务器的公钥。

第三阶段，建立并共享客户端和服务器的会话密钥。如果服务器要求验证客户，则客户发送 Certificate 消息，用以证明自己的身份。

客户通过服务器与自己共享的随机数 RN_s 和 RN_c 计算生成 premaster_secret（PMS），PMS 为只有服务器和客户知道的共同秘密，并且只在本次会话有效，然后客户将 PMS 用服务器的公钥加密，最后封装到 ClientKeyExchange 消息中发送给服务器。

服务器验证客户身份后，服务器和客户端就可以分别通过 premaster_secret 计算生成 master_secret，再根据 master_secret，服务器和客户端可以分别生成会话密钥。

第四阶段，握手结束阶段。服务器和客户端分别生成会话密钥后，由客户首先发送 ChangeCipherSpec 消息，然后发送 Finished 消息，其中 Finished 消息用新生成的会话密钥加密。作为应答，服务器也发送自己的 ChangeCipherSpec 消息和 Finished 消息。至此，握手过程完成，客户和服务器开始传送应用层数据。

SSL 握手协议本质上是一个密钥交换协议，密钥协商中最重要的数据是 master_secret，一旦 master_secret 计算出来，则删除 premaster_secret，并且 master_secret 不在网络上传输，而是由服务器和客户端各自计算生成的，所以保证了密钥交换的安全性。

② SSL 密钥参数修改协议

该协议的作用是标识加密策略的改变，协议只有一条消息：ChangeCipherSpec。客户端和服务器都发送此消息，通知接收方在该消息之后的消息将采用刚协商好的算法进行压缩、加密。ChangeCipherSpec 消息用明文传输。

③ SSL 报警协议

Alert 协议包括若干个 Alert 消息，其目的是当握手过程或数据加密等操作出错或发生异常情况时，向对方发出警告或终止当前连接。

根据错误的严重程度，Alert 消息分为两类：警告消息和致命消息，致命消息立即终止当前连接。Alert 消息被加密传输。

（2）SSL 记录协议层

① SSL 记录头格式

SSL 的记录头可以是 2 个或 3 个字节长的编码。SSL 记录头包含的信息有：记录头的长度、记录数据的长度、记录数据中是否有粘贴数据。其中粘贴数据是指在使用块加密算法时的填充实际数据，使实际数据长度恰好是块的整数倍。最高位为 1 时，不含有粘贴数据，记录头的长度为 2 个字节，记录数据的最大长度为 32 767 个字节；最高位为 0 时，含有粘贴数据，记录头的长度为 3 个字节，记录数据的最大长度为 16 383 个字节。

当数据头长度是 3 个字节时，次高位有特殊的含义。次高位为 1 时，标识所传输的记录是普通的数据记录；次高位为 0 时，标识所传输的记录是安全空白记录（被保留用于将来协议的扩展）。

② SSL 记录数据格式

SSL 的记录数据包含 3 个部分：MAC 数据、实际数据和粘贴数据。

MAC 数据用于数据完整性检查。计算 MAC 所用的散列函数由握手协议中的消息确定。

若使用 MD2 和 MD5 算法，则 MAC 数据长度是 16 个字节。当会话的客户端发送数据时，密钥是客户的写密钥(服务器用读密钥来验证 MAC 数据)；而当会话的客户端接收数据时，密钥是客户的读密钥(服务器用写密钥来产生 MAC 数据)。序号是一个可以被发送和接收双方递增的计数器。每个通信方向都会建立一对计数器，分别被发送者和接收者拥有。计数器有 32 位，计数值循环使用，每发送一个记录计数值递增一次，序号的初始值为 0。

③ 数据传输

SSL 记录协议用于客户端和服务器之间传输应用和 SSL 控制数据，可能把数据分割成较小的单元，或者组合多个较高层协议数据为一个单元。在使用底层可靠传输协议传输数据单元之前，它可能会对这些单元进行压缩、附着摘要签名和加密。其工作过程如下：

将应用层数据块分段成不超过 2^{14} 字节的明文记录块；

用握手过程中协商的数据压缩算法将明文数据块压缩成压缩数据单元 SSLCompressed；

用当前 CipherSpec 中指定的 MAC 算法计算 SSLCompressed 的 MAC；

用加密算法加密 SSLCompressed 及 MAC，生成密文，交 TCP 传输。

记录协议的工作过程如图 6-7 所示。

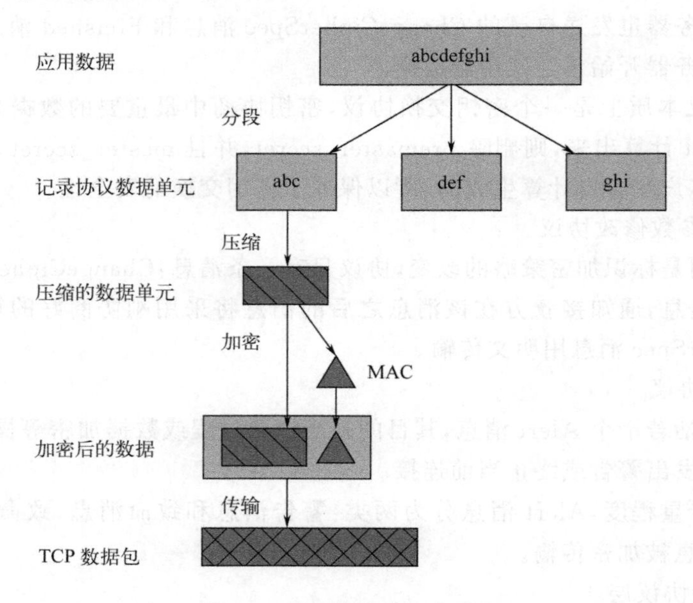

图 6-7　记录协议的工作过程

6.2.4　安全性分析

(1) 证书认证安全缺陷

因为所有的会话密钥都是由 master_secret 产生，所以 SSL 的安全核心是保证 master_secret 的安全。而 master_secret 是由 premaster_secret 与明文传送的客户端和服务器的随机数计算得出的。可以说除使用会话恢复机制无须重新获得 master_secret 外，premaster_secret 安全就相当于 master_secret 安全。而 premaster_secret 是在通信双方通过验证证书实现信任后，客户端用服务器证书中的公钥加密传递给服务器的。因此，证书验证不仅是身份认证的关键，也是协议安全的核心所在。

可是证书本身存在一定的安全问题。首先，公共 CA 机构并不一定很可靠，对于用户证书，公共CA机构可能不会向对网站数字证书一样重视其申请人请求证书的身份标识是否准确。其次，黑客可能利用木马等攻击手段获得有效证书及私钥，这种方法可使客户端认证形同虚设。

（2）易遭受中间人攻击

SSL协议并不是默认地要求进行客户端认证，这样会存在客户端假冒的安全漏洞，使中间人攻击有机可乘，有悖于安全策略，但却促进了SSL的广泛应用。可在必要时配置服务器使其选择对客户端进行认证。

（3）容易受到拒绝服务攻击

SSL协议握手成功与否取决于Finished消息的正确性，攻击者只要在客户和服务器握手过程中发送任意一个客户或服务器可以接收的消息，就可能导致验证失败而终止握手过程，使客户得不到服务。由于Finished消息之前的消息都是用明文传输的，所以为这种攻击提供了条件。

（4）无法对抗通信量分析

SSL协议IP头和TCP头未进行保护，目的地址、TCP端口号等数据都可轻易获得，使得协议易遭受通信量分析攻击，不过SSL设计者设计时就未将此攻击列入SSL的保护范围。

除上面列举的一些SSL安全缺陷外，在实际应用中还存在其他一些问题，例如，SSL不能提供不可否认服务；在SSL协议中个别与安全有关的域的完整性未做保护等。尽管SSL存在很多不安全因素，综合考虑实现成本、技术、安全、市场份额等因素，SSL仍不失为一套经得住时间考验的比较优秀的网络安全协议。然而仅用SSL保护信息安全传输是远远不够的，SSL必须与其他网络安全方案相结合，才能构造出安全、完善的网络安全方案。

6.3 IPSec协议

6.3.1 概述

Internet安全协议（Internet Protocol Security，IPSec）是由IETF提供的Internet安全通信的一系列规范，它提供私有信息通过公用网的安全保障。IPSec有两个基本目标：①保护IP数据包安全；②为抵御网络攻击提供防护措施。IPSec结合密码保护服务、安全协议组和动态密钥管理三者来实现上述两个目标，不仅能为企业局域网与拨号用户、域、网站、远程站点以及Extranet之间的通信提供强有力且灵活的保护，而且还能用来筛选特定数据流。IPSec基于一种端对端的安全模式。这种模式有一个基本前提假设，就是假定数据通信的传输媒介是不安全的，因此通信数据必须经过加密，而掌握加解密方法的只有数据流的发送端和接收端，两者各自负责相应的数据加解密处理，而网络中的其他设备，例如只负责转发数据的路由器或主机，无须支持IPSec。

由于IPSec在TCP/IP协议的核心层——IP层实现，因此可以有效地保护TCP/IP协议簇中所有IP协议和上层协议，如传输控制协议（Transmission Control Protocol，TCP）、用户数据报协议（User Datagram Protocol，UDP）、互联网控制报文协议（Internet Control Message Protocol，ICMP）等，甚至可以保护在网络层发送数据的客户自定义协议，并为各种安全服务提供一个统一的平台。在第三层上提供数据安全保护的主要优点就在于：所有使用IP协议进行数据传输的应用系统和服务都可以使用IPSec，而不必对这些应用系统和服务本身做任何修改。

与IPSec相比，其他运行在第三层以上的一些安全机制，如SSL，仅对知道如何使用SSL的应用系统（如Web浏览器）提供保护，这极大地限制了SSL的应用范围；而运作于第三层以下的安全机制，如链路层加密，通常只保护了特定链路间的数据传输，而无法做到在数据路径所经过的所有链路间提供安全保护，这使得链接层加密无法适用于 Internet 中的端对端数据保护。

由于 IPv4 缺乏有效的认证机制，并且网上传输数据的完整性和秘密性也得不到保证，这使网络传输的 IP 数据容易被监听、篡改，导致网络容易遭受信息泄露、IP 欺骗等攻击。为了有效地弥补 IPv4 的缺陷，实现安全 IP 通信，IPSec 应运而生。1994 年，IETF 成立了 IP 安全协议工程组，负责制定和推动 IPSec 安全协议标准。1995 年 8 月 IETF 公布了一系列关于 IPSec 的 RFC 建议标准。最初，IPSec 是随着 IPv6 的制定而产生的，鉴于 IPv4 的应用仍然很广泛，所以后来在 IPSec 的标准中也增加了对 IPv4 的支持。

6.3.2 结构

IPSec 提供了两种安全机制：认证和加密。认证机制使 IP 通信的数据接收方能够确认数据发送方的真实身份以及数据在传输过程中是否被篡改。加密机制通过对数据进行编码来保证数据的机密性，以防数据在传输过程中被窃听。IPSec 协议组包含认证头（Authentication Header，AH）协议、封装安全载荷（Encapsulating Security Payload，ESP）协议和 Internet 密钥交换（Internet Key Exchange，IKE）协议。这几种协议之间的关系如图 6-8 所示。

（1）AH 协议

设计 AH 协议的目的是用来增加 IP 数据报的安全性。IPSec 验证报头 AH 是一个用于提供 IP 数据报完整性、身份认证和可选的抗重传攻击的机制，但是不提供数据机密性保护。AH 的认证算法有两种：一种是基于对称加密算法（如 DES），另一种是基于单向哈希算法（如 MD5 或 SHA-1）。AH 的工作方式有传输模式和隧道模式。传输模式只对上层协议数据（传输层数据）和 IP 报头中的固定字段提供认证保护，把 AH 插在 IP 报头的后面，主要适合于主机实现。隧道模式把需要保护的 IP 包封装在新的 IP 包中，作为新报文的载荷，然后把 AH 插在新的 IP 报头的后面。隧道模式对整个 IP 数据报提供认证保护。

（2）ESP 协议

ESP 协议用于提高 Internet 协议的安全性。它可为 IP 提供机密性、数据源验证、抗重放以及数据完整性等安全服务。ESP 属于 IPSec 的机密性服务。其中，数据机密性是 ESP 的基本功能，而数据源身份认证、数据完整性检验以及抗重传保护都是可选的。ESP 主要支持 IP 数据包的机密性，它将需要保护的用户数据进行加密后再重新封装到新的 IP 数据包中。

（3）IKE 协议

IKE 是 IPSec 默认的安全密钥协商方法。IKE 通过一系列报文交换为两个实体进行安全通信交换会话密钥。IKE 建立在 Internet 安全关联（Security Association，SA）和密钥管理协议（ISAKMP）定义的框架之上。IKE 是 IPSec 目前正式确定的密钥交换协议，IKE 为 IPSec 的 AH 协议和 ESP 协议提供密钥交换管理和 SA 管理，同时也为 ISAKMP 提供密钥管理和安全管理。

（4）解释域

解释域（Domain of Interpretation，DOI）定义了有效载荷的格式、交换类型和与命名有关安全信息的协定，例如，安全策略或有关密码的算法和模式。

IPSec 协议的运行模式有两种，IPSec 隧道模式及 IPSec 传输模式。隧道模式的特点是数据包最终目的地不是安全终点。通常情况下，只要 IPSec 双方有一方是安全网关或路由器，就必须使用隧道模式。传输模式下，IPSec 主要对上层协议即 IP 包的载荷进行封装保护，通常情况下，传输模式只用于两台主机之间的安全通信。

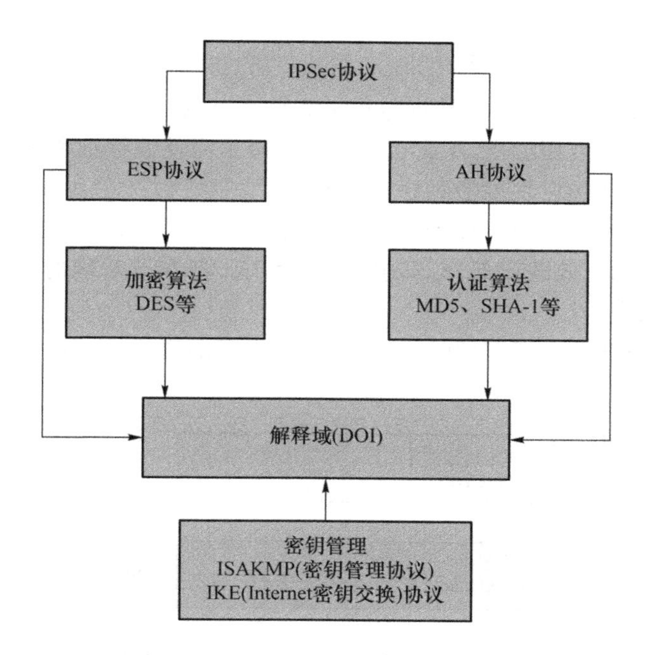

图 6-8　IPSec 协议组几种协议之间的关系

6.3.3　认证头协议

认证头(AH)协议为 IP 通信提供数据源认证、数据完整性和反重放攻击保证，它能保护通信数据免遭篡改，但不能防止窃听，适合用于传输非机密数据。AH 协议的工作原理是在每一个数据包上添加一个身份验证报头。此报头包含一个带密钥的 Hash 散列(可以将其当作数字签名，只是它不使用证书)，此 Hash 散列在整个数据包中计算，因此对数据的任何更改将导致散列无效，这样就提供了完整性保护。

AH 报头位置在 IP 报头和传输层协议报头之间，如图 6-9 所示。AH 协议的 IP 协议号为 51，该值包含在 AH 报头之前的协议报头中，如 IP 报头。AH 协议可以单独使用，也可以与 ESP 协议结合使用。

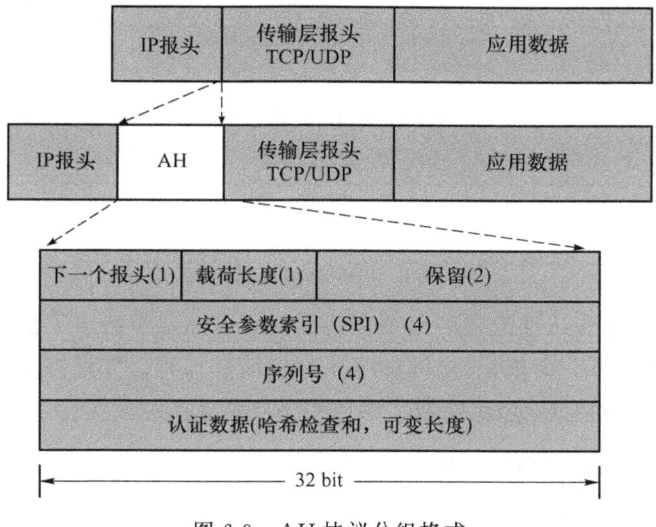

图 6-9　AH 协议分组格式

6.3.4 封装安全载荷协议

封装安全载荷(ESP)协议为IP数据包提供完整性、认证性和保密性支持。ESP协议的加密服务是可选的,但如果启用加密,那么也就同时选择了完整性检查和认证。因为如果仅使用加密,入侵者就可能伪造包以发动密码分析攻击。

ESP协议可以单独使用,也可以和AH协议结合使用。一般ESP协议不对整个数据包加密,而是只加密IP包的有效载荷部分,不包括IP报头。但在端对端的隧道通信中,ESP协议需要对整个数据包加密。

ESP报头插在IP报头之后,TCP或UDP等传输层协议报头之前,如图6-10所示。ESP协议的IP协议号为50。

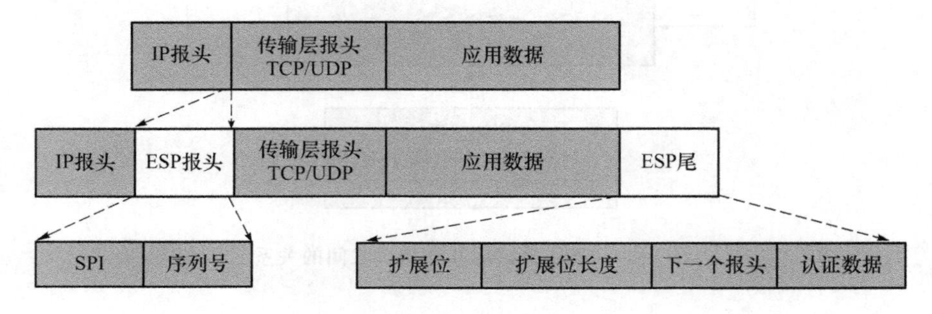

图6-10 ESP封装过程

ESP协议分组格式如图6-11所示。

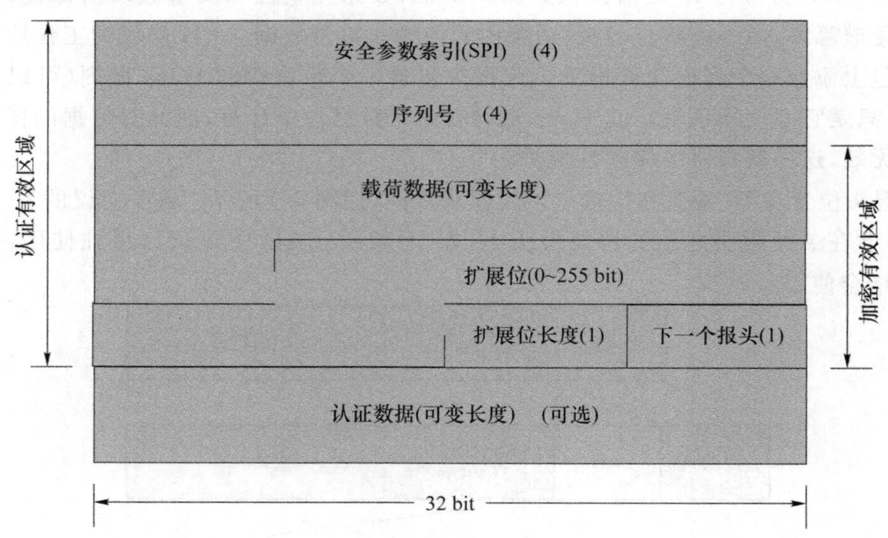

图6-11 ESP协议分组格式

图6-11给出了加密和认证覆盖的数据字段。如果在SA中指定了加密,从Payload(载荷数据)到Next Header(下一个报头)之间的字段都应该被加密。如果指定了认证,那么它应该出现在从SPI字段到Next Header字段之间的可变字段上。

6.3.5 AH协议及ESP协议的工作模式

AH协议和ESP协议有两种工作模式:传输模式和隧道模式。

(1) 传输模式

传输模式主要用于主机之间的端对端连接,隧道模式则用于其他所有情况,图 6-12 和图 6-13 分别给出了 AH 协议和 ESP 协议的传输模式。

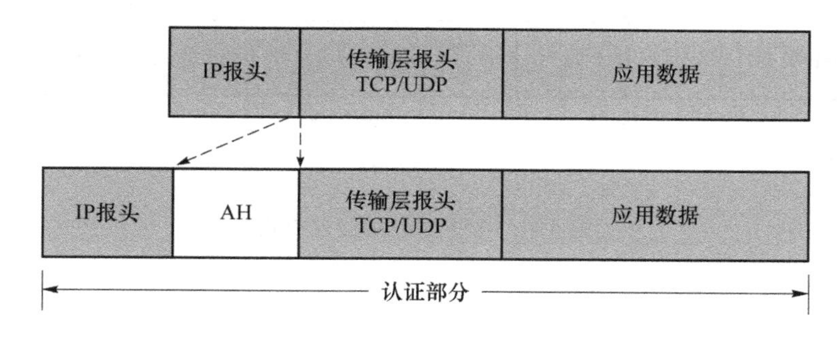

图 6-12 AH 协议的传输模式

在 AH 协议的传输模式中,第 3 层以及第 4 层协议头被分开,在它们之间添加了 AH。认证可以保护原始 IP 协议头中除可变字段外的其他部分。

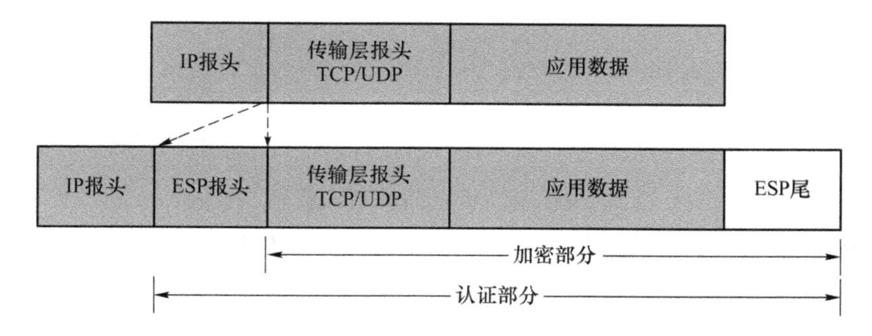

图 6-13 ESP 协议的传输模式

与 AH 协议一样,在 ESP 协议的传输模式中,IP 协议头被调整到数据报左边,并插入 ESP 协议头。ESP 协议尾以及认证数据附加在数据报末端。如果需要加密,仅对原始数据和新的 ESP 协议尾进行加密。认证从 ESP 协议头一直延伸到 ESP 协议尾。

(2) 隧道模式

IPSec 隧道模式用于两个网关之间。在隧道模式中,不是将原始的 IP 协议头移到最左边然后插入 IPSec 协议头,而是复制原始 IP 协议头,并将复制的 IP 协议头移到数据报最左边作为新的 IP 协议头。随后在原始 IP 协议头与 IP 协议头的副本之间放置 IPSec 协议头。原始 IP 协议头保持原封不动,并且整个原始 IP 协议头都被认证或由加密算法进行保护。AH 协议和 ESP 协议的隧道模式分别如图 6-14 和图 6-15 所示。

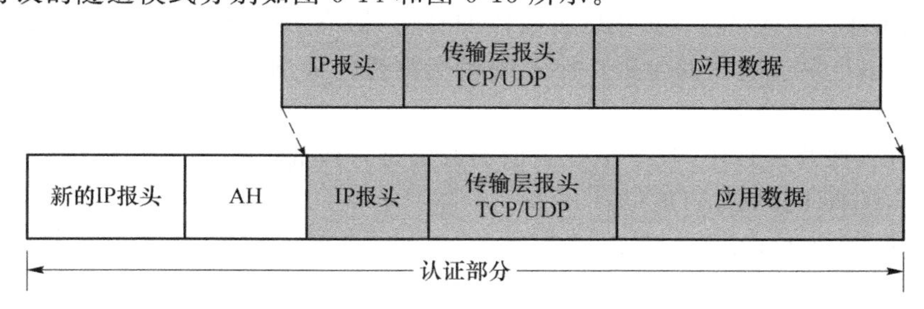

图 6-14 AH 协议的隧道模式

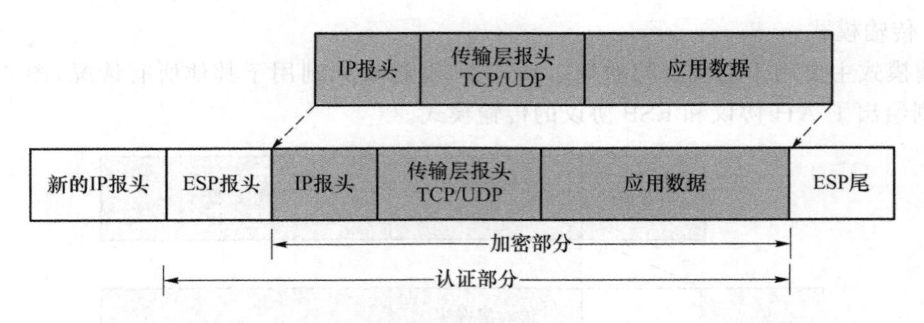

图 6-15　ESP 协议的隧道模式

6.3.6　Internet 密钥交换协议

两台 IPSec 计算机在交换数据之前，必须首先建立某种约定，这种约定，称为安全关联（Security Association，SA），指双方就如何保护信息、交换信息等公用的安全设置达成一致。更重要的是，必须有一种方法，使两台计算机安全地交换一套密钥，以便在它们的连接中使用，如图 6-16 所示。

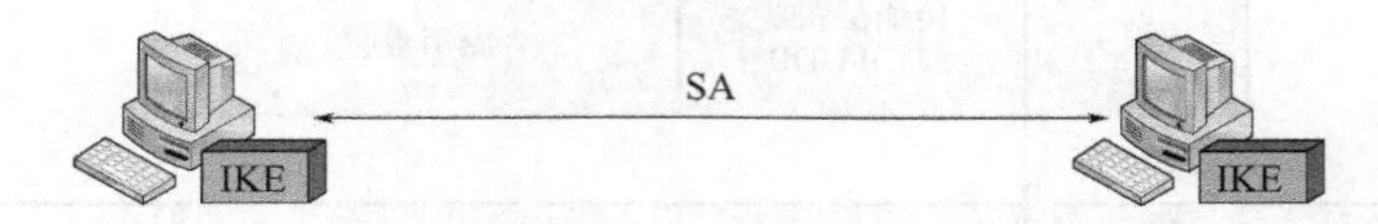

图 6-16　Internet 密钥交换

Internet 密钥交换（IKE）协议提供一种方法供两台计算机建立 SA。SA 对两台计算机之间的策略协议进行编码，指定它们将使用的算法和密钥长度，以及实际的密钥本身。IKE 主要有两个作用：①SA 的集中化管理，减少连接时间；②密钥的生成和管理。

SA 是在两个使用 IPSec 的实体间建立的逻辑连接，定义了实体间如何使用安全服务进行通信。它由下列元素组成：①安全参数索引（SPI）；②IP 目的地址；③安全协议。

SA 是一个单向的逻辑连接，也就是说，在一次通信中，IPSec 需要建立两个 SA，一个用于入站通信，另一个用于出站通信。若某台服务器需要同时与多台客户机通信，则该服务器需要与每台客户机分别建立不同的 SA。每个 SA 用唯一的 SPI 标识，当处理接收数据包时，服务器根据 SPI 值来决定该使用哪种 SA。

IKE 建立 SA 分两个阶段：第一阶段，协商创建一个通信信道（IKE SA），并对该信道进行认证，为双方进一步的 IKE 通信提供机密性、数据完整性以及数据源认证服务；第二阶段，使用已建立的 IKE SA 建立 IPSec SA。分两个阶段来完成服务有助于提高密钥交换的速度。

第一阶段 SA 的目的是鉴别 IPSec 对等体，在对等体间设立安全通道，以便 IKE 交换信息。其主要功能如下：鉴别和保护 IPSec 实体的身份，协商 IKE SA，执行 DH 交换，建立安全通道以便协商 IKE 第二阶段的参数。IKE 密钥交换过程如图 6-17 所示。第一阶段协商步骤如下。

① SA 交换，在这一步中，就 4 个强制性参数值进行协商。

加密算法：选择 DES 或 3DES。

Hash 算法：选择 MD5 或 SHA。

认证方法：选择证书认证、预置共享密钥认证或 Kerberos V5 认证。

Diffie-Hellman 组的选择。

② 密钥交换。虽然名为密钥交换，但事实上在任何时候，两台通信主机之间都不会交换真正的密钥，它们之间交换的只是一些 DH 算法生成共享密钥所需要的基本信息。DH 交换，可以是公开的，也可以是受保护的。在彼此交换过密钥生成信息后，两端主机可以各自生成完全一样的共享主密钥，保护紧接其后的认证过程。DH 交换的过程在前面的章节中已详细讨论，这里就不再讨论了。

③ 认证。DH 交换需要得到进一步认证，如果认证不成功，通信将无法继续下去。主密钥结合在第①步中确定的协商算法，对通信实体和通信信道进行认证。在这一步中，整个待认证的实体载荷，包括实体类型、端口号和协议，均由前一步生成的主密钥提供机密性和完整性保证。

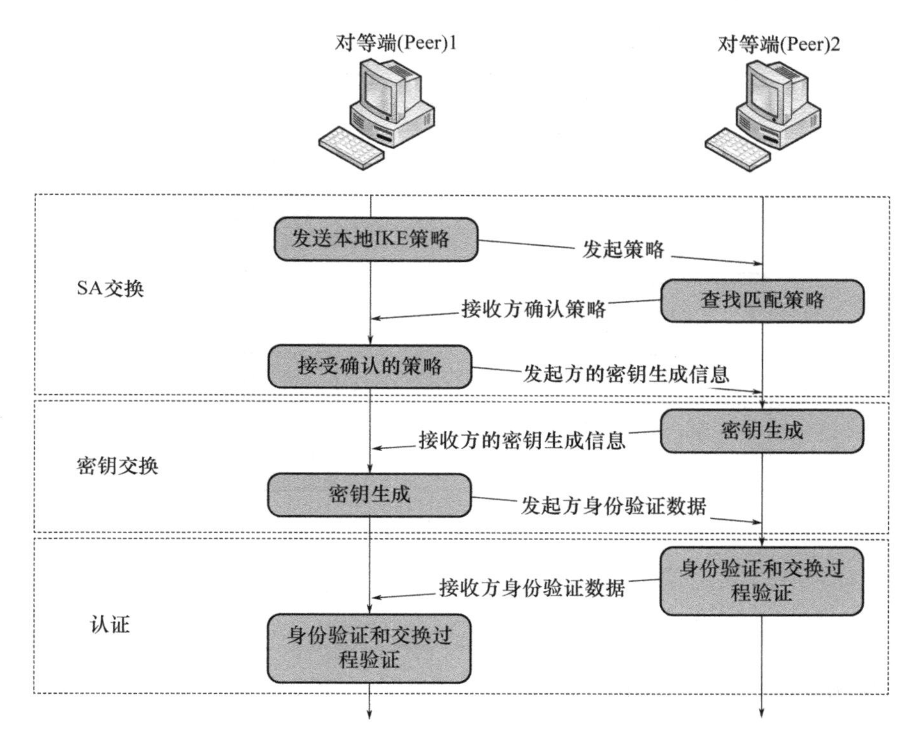

图 6-17　IKE 密钥交换过程

第二阶段 SA，这一阶段协商建立 IPSec SA，为数据交换提供 IPSec 服务。第二阶段协商消息受第一阶段 SA 保护，任何没有第一阶段 SA 保护的消息将被拒收。第二阶段协商步骤如下。

① 策略协商，双方交换保护需求。

使用哪种 IPSec 协议：AH 或 ESP。

使用哪种 Hash 算法：MD5 或 SHA。

是否要求加密，若是，选择加密算法：3DES 或 DES。

在上述三方面达成一致后，将建立起两个 SA，分别用于入站和出站通信。

② 会话密钥信息刷新或交换

在这一步中，将生成加密 IP 数据包的会话密钥。生成会话密钥所使用的信息可以和生成第一阶段 SA 中主密钥的相同，也可以不同。如果不做特殊要求，只需要刷新信息后，生成新密钥即可。若要求使用不同的信息，则在密钥生成之前，首先进行第二轮的 DH 交换。

③ SA 和密钥连同 SPI，递交给 IPSec 驱动程序。

第二阶段协商过程与第一阶段协商过程类似，不同之处在于：在第二阶段中，如果响应超时，则自动尝试重新进行第一阶段 SA 协商。

第一阶段 SA 建立起安全通信信道后保存在高速缓存中，在此基础上可以建立多个第二阶段 SA 协商，从而提高整个建立 SA 过程的速度。只要第一阶段 SA 不超时，就不必重复第一阶段的协商和认证。允许建立的第二阶段 SA 的个数由 IPSec 策略属性决定。

第一阶段 SA 有一个缺省有效时间，如果 SA 超时，或主密钥和会话密钥中任何一个生命期时间到，都要向对方发送第一阶段 SA 删除消息，通知对方第一阶段 SA 已经过期。之后需要重新进行 SA 协商。第二阶段 SA 的有效时间由 IPSec 驱动程序决定。IKE 与 IPSec 的关系如图 6-18 所示。

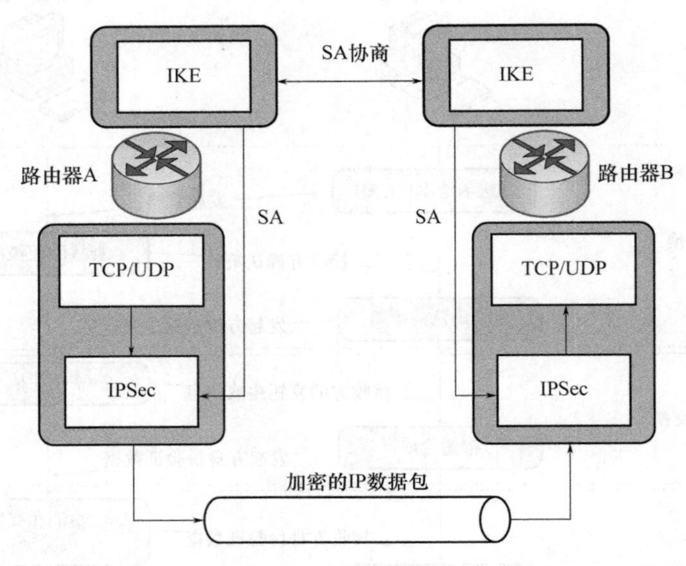

图 6-18　IKE 和 IPSec 的关系

IKE 是应用层的协议，它使用 UDP 协议进行通信。IKE 协议为 IPSec 自动协商 SAs，并负责分发密钥参数。IPSec 使用 IKE 协商的 SAs 来加密和认证 IP 数据包。

6.3.7　安全性分析

IPSec 的安全特性主要有以下几点。

(1) 基于电子证书的公钥认证

一个架构良好的公钥体系，在信任的传递中不造成任何信息外泄，能解决很多安全问题。IPSec 与特定的公钥体系相结合，可以提供基于电子证书的认证。

(2) 预置共享密钥认证

IPSec 也可以使用预置共享密钥进行认证。预置共享密钥意味着通信双方必须在 IPSec 策略设置中就共享的密钥达成一致。之后在安全协商过程中，信息在传输前使用共享密钥加密，接收端使用同样的密钥解密，如果接收方能够解密，即被认为可以通过认证。

(3) Hash 函数和数据完整性

Hash 信息验证码(Hash Message Authentication Codes,HMAC)验证接收消息和发送消息的一致性(完整性)。这在数据交换中非常关键,尤其当传输媒介如公共网络中不提供安全保证时更显其重要性。

Hash 散列本身就是所谓消息校验和或消息完整性编码(Message Integrity Code,MIC),通信双方必须各自执行函数计算来验证消息。举例来说,发送方首先使用 HMAC 算法和共享密钥计算消息校验和,然后将计算结果 A 封装进数据包中一起发送;接收方再对所接收的消息执行 HMAC 计算得出结果 B,并将 B 与 A 进行比较。如果消息在传输中遭篡改致使 B 与 A 不一致,接收方丢弃该数据包。

(4) 加密和数据可靠性

IPSec 使用的数据加密算法是 DES。DES 密钥长度为 56 位,在形式上是一个 64 位数。DES 以 64 位(8 字节)为分组对数据加密,每 64 位明文,经过 16 轮置换生成 64 位密文,其中每字节有 1 位用于奇偶校验,所以实际有效密钥长度是 56 位。IPSec 还支持 3DES 算法,3DES 可提供更高的安全性,但相应地,计算速度更慢。

(5) 密钥管理

动态密钥更新,IPSec 策略使用动态密钥更新法来决定在一次通信中,新密钥产生的频率。动态密钥指在通信过程中,数据流被划分成一个个数据块,每一个数据块都使用不同的密钥加密,这可以保证万一攻击者中途截取了部分通信数据流和相应的密钥后,也不会危及所有其余的通信信息的安全。动态密钥更新服务由 Internet 密钥交换 IKE 提供。IPSec 策略允许专家级用户自定义密钥生命周期。如果该值没有设置,则按缺省时间间隔自动生成新密钥。

密钥长度每增加一位,可能的密钥数就会增加一倍,相应地,破解密钥的难度也会随之成指数级加大。IPSec 策略提供多种加密算法,可生成多种长度不等的密钥,用户可根据不同的安全需求加以选择。

要启动安全通信,通信两端必须首先得到相同的共享密钥(主密钥),但共享密钥不能通过网络相互发送,因为这种做法极易泄密。Diffie-Hellman 算法是用于密钥交换的最早最安全的算法之一。DH 算法的基本工作原理是:通信双方公开或半公开交换一些准备用来生成密钥的信息,在彼此交换过密钥生成信息后,两端可以各自生成完全一样的共享密钥。在任何时候,双方都绝不交换真正的密钥。

IPSec 可以防范以下攻击。

① 数据篡改:IPSec 用密钥为每个 IP 包生成一个数字检查和,只有数据的发送方和接收方知道该密钥。对数据包的任何篡改,都会改变检查和,从而可以让接收方得知包在传输过程中遭到了修改。

② 身份欺骗,盗用口令,应用层攻击:IPSec 的身份交换和认证机制不会暴露任何信息,不给攻击者可乘之机,双向认证在通信系统之间建立信任关系,只有可信赖的系统才能彼此通信。

③ 中间人攻击:IPSec 结合双向认证和共享密钥,足以抵御中间人攻击。

④ 拒绝服务攻击:IPSec 使用 IP 包过滤法,依据 IP 地址范围、协议甚至特定的协议端口号来决定哪些数据流需要受到保护,哪些数据流可以被允许通过,哪些需要拦截。

6.4 SET 协议

6.4.1 概述

为了解决电子交易中的安全问题，1997 年 6 月 1 日，Master Card 和 Visa 联合 Netscape、Microsoft 等公司共同推出了一种新的电子交易协议——安全电子交易（Secure Electronic Transaction，SET）协议。SET 协议是 B2C 上基于信用卡支付模式而设计的，它保证了开放网络上使用信用卡进行在线购物的安全。SET 协议具有保证交易数据的完整性、交易的不可抵赖性等种种优点，因此它成为目前公认的信用卡网上交易的国际标准。

SET 是在一些早期协议如 MasterCard 的安全电子支付协议（Secure Electronic Payment Protocol，SEPP）以及 VISA 和 Microsoft 的安全交易技术（Secure Transaction Technology，STT）协议的基础上合并而成的，它定义了交易数据在持卡用户、商家、发卡行、收单行之间的流通过程，也定义了各种支持这些交易的安全功能。

SET 将对称密钥的快速、低成本和非对称密钥的有效性完美地结合在一起。为了进一步加强安全性，SET 使用两组密钥对分别用于加密和签名。SET 不希望商家得到顾客的账户信息，同时也不希望银行了解到交易内容，但又要求能对每一笔单独的交易进行授权。通过双签名（Dual Signatures）机制将订购信息同账户信息连在一起签名，SET 巧妙地解决了这一矛盾。

6.4.2 SET 协议支付模型

SET 协议的支付模型如图 6-19 所示。模型中包含 5 个主体：发卡行、收单行、用户、商家和认证机构，其交易过程如下。

① 购买请求：持卡人到商户的网站浏览、选定商品后，持卡人发送支付信息和订单信息给商家进行支付。

② 支付授权：商家将客户支付信息由支付网关交给收单行，向银行请求交易授权和授权回复；收单行解密相关支付信息，并向发卡行进行验证，无误后向商家返回成功信息；商家向持卡人提供商品或服务。

③ 取得支付：收单行和发卡行之间完成资金结算，整个交易结束。

所有交易过程中的认证及证书管理由认证机构执行。

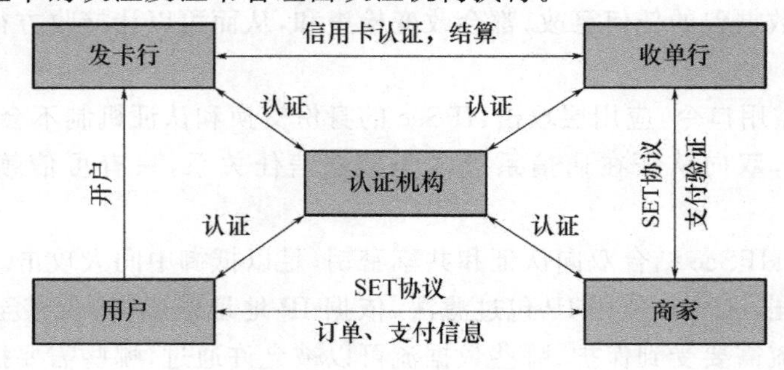

图 6-19 SET 协议支付模型

如图 6-20 所示，SET 协议交易中的实体主要有：

① 用户/持卡人(Cardholder)，在电子商务环境中，持卡人访问电子商家，并购买商品；

② 商家(Merchant)，商家通过自己的网站向用户提供商品和服务；

③ 发卡行(Issuer)，发卡行为每个用户建立账户，并发放信用卡；

④ 收单行(Acquirer)，为每个网上商家建立账户，并处理付款授权和结算等；

⑤ 支付网关(Payment Gateway)，是由收单行或指定的第三方运行的一套设备，负责支付授权；

⑥ 认证中心(CA)，负责颁发和撤销相关实体的数字证书。

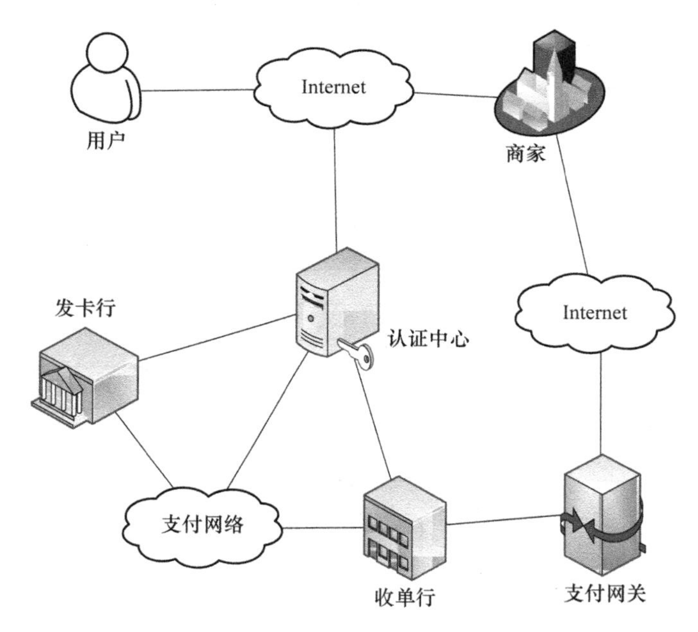

图 6-20　SET 协议中参与交易的实体

6.4.3　交易流程

SET 协议的交易流程如图 6-21 所示。消费者首先通过 Internet 选定物品，并下电子订单(关于产品属性的字段)。通过电子商务服务器与网上商场联系，网上商场做出应答，告诉消费者订单的相关情况(是否改动以及关于购买属性的关键字段)。完成后，进入交易阶段，此时 SET 协议介入。

① InitReq，持卡人向商家发送初始请求信息，获取证书(此时 SET 协议介入)；

② InitRes，商家响应持卡人请求，发送初始化信息及收单行和自己的证书；

③ PReq，持卡人选择付款方式，确认订单，签发付款指令 ，在 SET 协议中，持卡人必须对订单和付款指令进行数字签名，同时利用双重签名技术保证商家看不到持卡人的账号信息；

④ PRes，商家校验持卡人证书，校验双重签名，发送响应给持卡人，确认订单；

⑤ AuthReq，商家将支付信息转发给收单行；

⑥ AuthRes，收单行解密 AuthReq，校验商家签名，解密来自持卡人的支付信息，校验双重签名，将授权信息返回商家；

⑦ InqReq，持卡人查询订单及支付信息；

⑧ InqRes，商家返回订单及支付信息；

⑨ CapReq，商家通知收单银行将钱从持卡人的账号转移到商家账号，或通知发卡银行请求支付；

⑩ CapRes，收单行进行支付，结算。

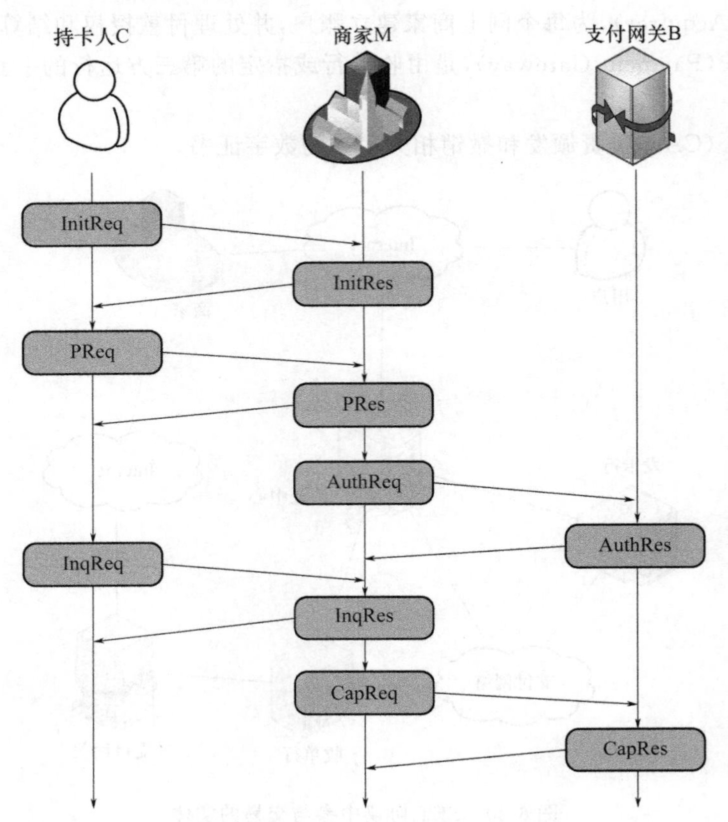

图 6-21　SET 协议的交易流程

下面就交易过程中比较重要的步骤 PReq/PRes、AuthReq/AuthRes 进行详细说明。

(1) PReq/PRes

PReq 由两部分组成：订单信息（OI）、支付信息（PI），生成该消息的步骤如下，如图 6-22 所示。

① 持卡人创建 OI 信息及 PI 信息；

② 持卡人分别计算 OI 及 PI 的散列值，然后生成 OI 及 PI 的双重签名，并用自己的私钥加密双重签名；

③ 持卡人生成随机密钥，并用该密钥加密 PI 信息，然后将随机生成的密钥用银行的公钥加密，即为数字信封；

④ 最后，持卡人将上述信息发送给商家。

图中，K_1 表示持卡人生成的随机密钥；K_b 表示银行的公钥；OIMD 表示 OI 的消息摘要；PIMD 表示 PI 的消息摘要。

其中，双重签名的具体操作如下：首先将 PI 和 OI 分别做初次 Hash 操作，其次连接成 $H(\text{PI}) \parallel H(\text{OI})$，再次进行 Hash 运算，最后用客户私钥加密产生双重签名，DS＝{$H(\text{PI}) \parallel$

$H(\text{OI})\}_{K_c^{-1}}$，其过程如图 6-23 所示。

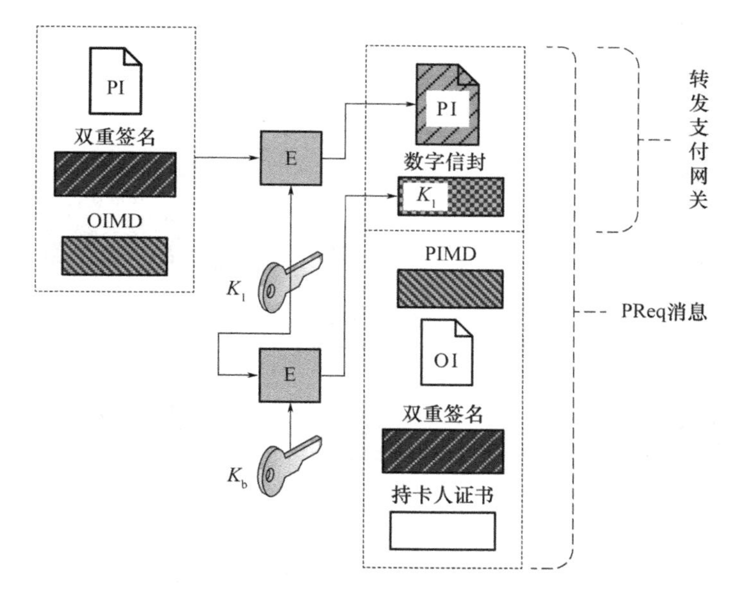

图 6-22　PReq 消息结构

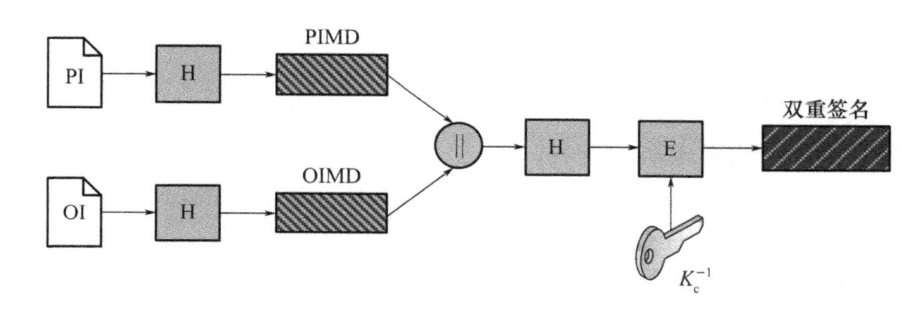

图 6-23　双重签名计算过程

采用双重签名后，就可以将两个消息连接起来发送给不同的用户，但每个用户只能看到与自己有关的消息。例如，如图 6-24 所示，商家收到(OI,PIMD,dual_sig)，商家通过比较双重签名，可以校验订单信息，但是却不知道支付信息(虽然订单和支付信息都发送给了商家)。同理银行可以校验支付信息，但却不能得到订单信息。这样既利用签名实现了身份的认证，又保证了相关信息的秘密性。

商家收到 PReq 消息后，遍历信任链，校验持卡人证书，校验通过后，利用持卡人的公钥和 PIMD 验证双重签名，其验证过程如图 6-24 所示。如校验无误，则商家处理订单信息，待订单信息处理完成后，商家生成 PReq 的响应消息 PRes，PRes 中包含商家的数字证书以及交易完成信息，其中交易完成信息包括交易号、完成代码以及挑战信息等，并对交易完成信息签名。然后商家将上述响应信息发送给持卡人。

(2) AuthReq/AuthRes

商家收到 PReq 消息后，如果验证没有问题，则商家将生成 AuthReq 消息，并将该消息发送给支付网关，以获得支付授权。AuthReq 消息中包含交易标识、交易时间等交易相关信息，然后将 AuthReq 消息签名并加密，最后将该消息发送给支付网关。

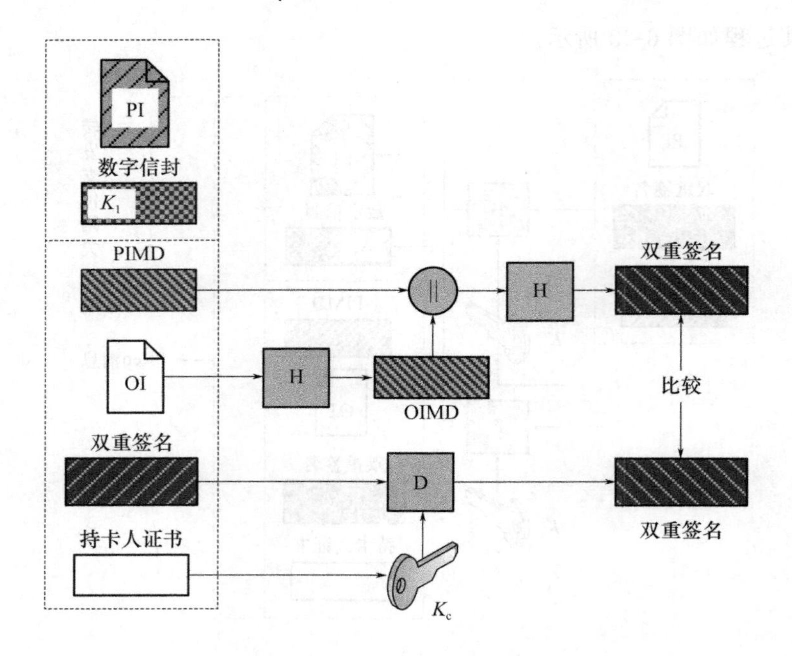

图 6-24　PReq 消息的校验过程

AuthReq 消息结构如图 6-25 所示。

AuthReq 消息的生成过程为：

① 商家生成 AuthReq 消息，消息中包含交易标识等交易相关的信息；

② 商家用自己的私钥对该消息签名；

③ 商家生成临时会话密钥 K_2，并用 K_2 加密 AuthReq 签名后的信息，生成密文；

④ 商家将 K_2 用自己的公钥加密，生成数字信封 1，并将 AuthReq 的密文和数字信封 1 一起放入待发信息中；

⑤ 商家将从 PReq 消息中获得的 PI 密文及数字信封 2 也加入待发信息中；

⑥ 商家同时将持卡人的证书和自己的证书加入待发信息中；

⑦ 商家生成 AuthReq 消息，并将 AuthReq 消息发送到支付网关。

支付网关收到 AuthReq 消息后，进行如下处理：

① 支付网关遍历信任链，校验商家证书；

② 支付网关用自己的私钥解密数字信封 1，获得密钥 K_2，然后利用该密钥，解密 AuthReq 消息，获得交易相关信息；

③ 支付网关利用商家的公钥验证 AuthReq 消息的数字签名；

④ 支付网关遍历信任链，校验持卡人证书；

⑤ 支付网关利用自己的公钥解密数字信封 2，获得随机密钥 K_1，然后利用该密钥解密并获得 PI 信息；

⑥ 支付网关验证 PI 的双重签名，其过程与商家验证双重签名类似；

⑦ 支付网关确认商家的授权请求和持卡人的支付信息是否一致；

⑧ 支付网关通过金融网，将支付授权请求发送给相关银行；

⑨ 支付网关生成授权响应消息 AuthRes，然后计算该信息的摘要，并用自己的私钥签名；

⑩ 支付网关生成随机密钥 K_3，然后用该密钥加密 AuthRes 信息，随后用商家的公钥加密

随机密钥 K_3，生成数字信封 3；

⑪ 支付网关生成货币（token），同样计算 token 的信息摘要，然后用自己的私钥对货币签名；

⑫ 支付网关生成随机密钥 K_4，用该密钥加密 token 信息，然后用自己的公钥加密 K_4，生成数字信封 4；

⑬ 支付网关将上述信息发送给商家。

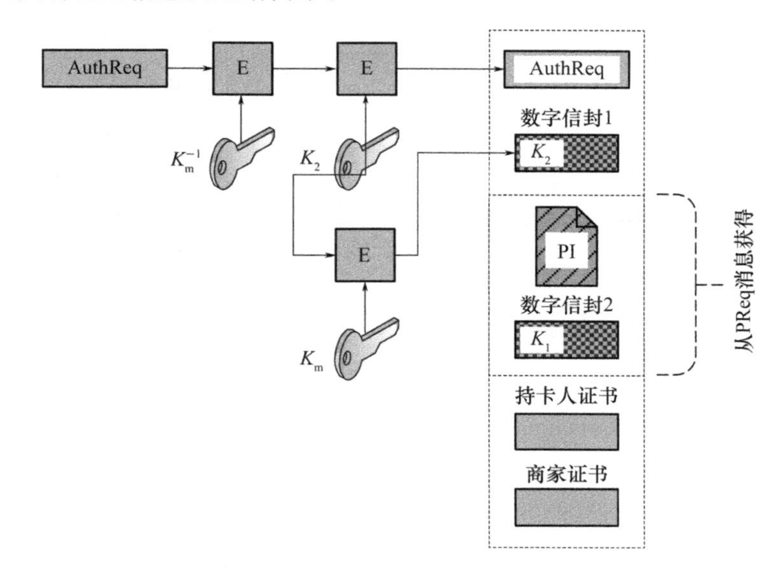

图 6-25 AuthReq 消息结构

AuthRes 消息结构如图 6-26 所示。

商家收到 AuthRes 消息后，进行如下操作：

① 商家遍历信任链，验证支付网关的证书；

② 商家获得随机密钥 K_3，并利用该密钥解密 AuthRes 消息，获得授权信息；

③ 商家验证支付网关签名的有效性；

④ 商家存储加密的货币信息，以便在下一步支付货币。

这样，就完成了订单交付、验证、支付信息提交以及支付授权等过程，下一步，商家发起货币支付请求，完成整个交易过程，货币支付请求过程与 PReq/PRes 和 AuthReq/AuthRes 过程类似，这里就不再详细讨论了。完整的交易过程读者可以参考"Secure Electronic Transaction Specification—Book 1：Business Description"。

6.4.4 证书管理

1. 证书种类

在 SET 协议中，协议参与主体的身份认证都是通过数字证书进行的，所以在系统中建立一种可信的机制，将数字证书与主体绑定，就成为系统设计的一个关键问题。在 SET 协议中，主要涉及以下证书。

（1）持卡人证书

对于持卡人，签名证书中要将持卡人的公钥及账号信息绑定，因此只有 CA 及发卡银行才知道持卡人的账户信息，从而确保持卡人账户信息的秘密性。

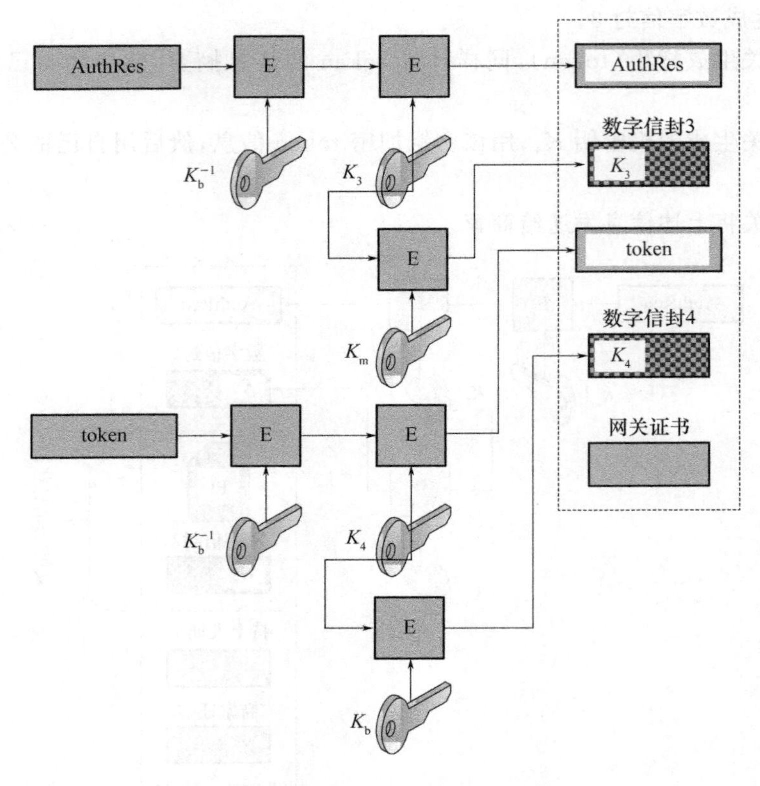

图 6-26　AuthRes 消息结构

（2）商家证书

为了参与 SET 协议，商家至少应该有两个密钥对，一个商家用户的证书数量就是商家拥有的密钥对的个数。

（3）支付网关证书

支付网关要求有两个密钥对，一个用于签名和验证提供给持卡人和商家的消息；另一个用于保护持卡人和商家生成的随机密钥。

2. CA 体系

SET 证书正是通过信任层次来逐级验证的。沿着信任树一直到一个公认的信任组织，就可以确认该证书是有效的。SET 协议的证书体系结构如图 6-27 所示。

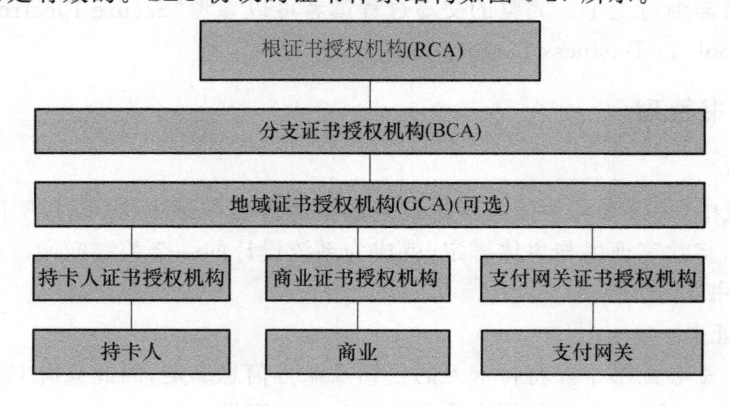

图 6-27　SET 协议的证书体系结构

6.4.5　安全性分析

SET 协议采用的核心技术包括 X.509 电子证书标准、数字签名、报文摘要、数字信封、双重签名等，结合了对称加密算法的快速、低成本和公钥密码算法的可靠性，有效地保证了在开放网络上传输的个人信息、交易信息的安全。数字证书的使用使交易各方之间身份的合法性验证成为可能；使用数字签名技术确保数据完整性和不可否认性；使用双重签名技术对 SET 交易过程中客户的账户信息和订单信息分别签名，保证了客户账户信息和订单信息的安全性。

（1）采用数字信封确保数据的保密性

SET 依靠密码系统保证消息的可靠传输，在 SET 中，使用 DES 算法产生的对称密钥来加密数据，然后，将此对称密钥用接收者的公钥加密，称为消息的数字信封，将其和数据一起发送给接收者，接收者先用他的私钥解密数字信封，得到对称密钥，然后使用对称密钥解开数据。

（2）采用数字签名保证信息的不可否认性

由于公开密钥和私有密钥之间存在的数学关系，使用其中一个密钥加密的数据只能用另一个密钥解开。SET 中使用 RSA 算法来实现。发送者用自己的私有密钥加密数据传给接收者，接收者用发送者的公开密钥解开数据后，就可确定消息来自谁，这就保证了发送者对所发信息不能抵赖。

（3）采用双重签名技术保证交易双方的身份认证

为了保证消费者的账号等重要信息对商家隐蔽，SET 中采用了双重签名技术。在交易中持卡人发往银行的支付指令是通过商家转发的，为了避免在交易的过程中商家窃取持卡人的信用卡信息，以及避免银行跟踪持卡人的行为，侵犯消费者隐私，但同时又不能影响商家和银行对持卡人所发信息的合理的验证，只有当商家同意持卡人的购买请求后，才会让银行给商家付费，SET 协议采用双重签名来解决这一问题。

（4）采用基于 PKI 的数字证书技术保证交易双方的身份认证

数字证书的内部格式是由国际电话电报咨询委员会 X.509 国际标准所规定的，它包含了以下几点：证书拥有者的姓名、证书拥有者的公开密钥、公开密钥的有效期、颁发数字证书的单位、数字证书的序列号。

在 SET 交易的实现中，持卡人的证书与发卡机构的证书关联，而发卡机构证书通过不同品牌卡的证书连接到根 CA，而根的公开密钥对所有的 SET 软件都是已知的，这样可以校验每一个证书。

SET 协议存在的问题如下。

① SET 不支持商品的原子性。

② SET 对不可否认性支持不够。SET 协议没有解决交易过程中的证据保留问题，对交易后的数据的保存和处理没有说明。

③ SET 是一个非常复杂的协议，因为它详尽而准确地反映了卡交易各方之间存在的各种关系。SET 还定义了加密信息的格式和完成一笔卡支付交易过程中各方传输信息的规则。问题是整个交易的流程太复杂，其说明文本就长达近千页，给程序设计带来不便。

④SET 协议中对交易过程没有做状态描述，使用户和商家对交易的状态难以把握。

⑤ 加密算法通常采用的是 RSA 算法，加密和解密时间复杂度比较大，从而使交易时间过长。例如，有统计表明，完成一次 SET 协议交易过程，需验证电子证书 9 次，验证数字签名 6 次，传递证书 7 次，进行签名 5 次，对称加密和非对称加密 4 次，通常完成一个 SET 协议交易

过程大约要花费 1.5～2 分钟甚至更长时间。

⑥ 同样由于交易流程复杂，采用 RSA 算法复杂度比较大，导致 SET 对软硬件环境要求较高，交易成本也较高。

6.5 本章小结

本章详细讨论了 Kerberos 协议、SSL 协议、IPSec 协议和 SET 协议，分析了上述协议的特点、工作原理、格式、流程并对上述协议进行安全性分析。

由于安全协议种类很多，所以本章只列举了一些比较常用和有代表性的协议，其他一些协议，如 X.509 等，限于篇幅没有讨论。由于上述讨论的 4 个协议都比较复杂，所以本章也不能详细展开论述，只是就基本特点、主要原理等做简要介绍。具体资料请参考相关协议规范文本。

习　题

1. 简述 SSL 握手协议的交互过程。
2. SSL 协议记录层封装了哪些协议？它们的功能是什么？
3. 简述 SSL 协议的工作模式及每种工作模式的特点。
4. 简述 IPSec 协议的结构并说明各协议的主要功能。
5. 比较 SSL 协议和 IPSec 协议的特点。
6. 简述 SET 协议的主要工作步骤。
7. SET 协议的双重签名技术的主要特点是什么？双重签名适用于哪些场合？
8. 简述 SET 协议的数字信封的主要原理。

第三部分

安全协议的分析、验证方法

第 7 章

BAN 逻辑

长期以来公认形式化方法是分析安全协议安全性的有力武器，它支持对攻击者可能采用的不同路径的详细分析，并且能精确描述对外界环境的假设。最早把形式化方法视为安全协议分析工具的是 Needham 和 Schroeder，但是最早的实际工作是由 Dolev 和 Yao 完成的。

然而，形式化方法一直以来都是一个神秘的领域，直到 1989 年，Burrows、Abadi 和 Needham 发表了他们的 BAN 逻辑并引起了研究者的广泛关注。BAN 逻辑是一种分析认证协议的逻辑，BAN 逻辑使用的方法与状态搜索工具完全不同，它是一种关于知识和信仰的逻辑，它包含每个主体各自维护的信仰集合，以及从旧信仰推导出新信仰的推理规则集合。BAN 逻辑具有十分简单、直观的规则集，因此便于使用。正如 BAN 逻辑文章中所指出的那样，可以用逻辑来找出协议中的严重错误。至此，BAN 逻辑引起了广泛关注，而且促成了一系列其他逻辑的产生，要么是扩展 BAN 逻辑，要么是把同一概念应用于安全协议中不同类型的问题。

7.1 BAN 逻辑的基本框架

BAN 逻辑在抽象层次上讨论认证协议的安全性，因此它并不讨论协议具体的实现缺陷，如死锁，也不讨论由于加密体制的缺陷所带来的协议安全性问题。BAN 逻辑是关于主体信仰以及用于从已有信仰推出新的信仰的推理规则的逻辑。

BAN 逻辑形式化分析方法的目的是回答以下问题：

认证协议是否正确；

认证协议的目标是否达到；

认证协议初始假设是否合适；

认证协议是否存在冗余。

BAN 逻辑基于以下基本假设。

① 时间假设，协议分析中区分两个时间段，过去时间段(the past)和当前时间段(the present)。当前时间段开始于协议运行的开始阶段，所有在此时间之前发送的消息都认为是在过去时间段发送的消息。如果信仰在开始时成立，则在整个当前时间段都成立，而在过去时间段成立的信仰，在当前时间段不一定成立。

② 密钥假设，只有掌握密钥的主体才能理解密文信息，密钥不能从密文中推导出来。密文块不能被篡改，也不能用几个小的密文块组成一个新的大的密文块。

③ 主体假设，在 BAN 逻辑中，认为参与协议运行的主体都是诚实的。

7.1.1 BAN逻辑的语法、语义

BAN逻辑是一种多类型模态逻辑（many-sorted model logic）。在BAN逻辑中，主要区分以下3种对象：主体（principals）、密钥（keys）和公式（formula），公式又称命题（statements）。一般来说，在BAN逻辑中，符号A、B和S表示具体的主体，K_{ab}、K_{as}和K_{bs}表示共享密钥，K_a、K_b和K_s表示公开密钥，K_a^{-1}、K_b^{-1}和K_s^{-1}表示相应的秘密密钥；N_a、N_b和N_c表示随机数；符号P、Q和R表示主体变量，X和Y表示公式变量，K表示密钥变量。

在BAN逻辑中，仅包含合取这一种命题连接词，用逗号表示。BAN逻辑共有10个基本逻辑构件，下面分别给出其语法和语义，需要说明的是，在BAN逻辑的文献中，所采用的表示方法不同，例如，有的采用|≡表示“相信”，还有文献直接使用“believes”表示“相信”，为了方便读者查阅文献，下面分别给出两种表示方法。

$P|\equiv X$或P believes X：主体P相信X是真的；

$P\lhd X$或P sees X：主体P接收到包含X的消息，即存在某个主体Q，向主体P发送了包含X的消息；

$P|\sim X$或P said X：主体P曾经发送过包含X的消息；

$P|\Rightarrow X$或P controls X：主体P对X具有管辖权；

$\#(X)$或fresh(X)：X是新鲜的，即X是在协议本轮产生的新鲜数，一般为时间戳或随机数；

$P\overset{K}{\leftrightarrow}Q$：$K$为$P$和$Q$之间的共享密钥，且除$P$和$Q$以及它们相信的主体外，其他主体都不知道密钥$K$；

$\overset{K}{|\!\!\rightarrow}P$：$K$为$P$的公开密钥，且除$P$以及$P$相信的主体外，其他主体都不知道解密密钥$K^{-1}$；

$P\overset{X}{\rightleftharpoons}Q$：$X$为主体$P$和$Q$之间的共享秘密信息，且除$P$和$Q$以及它们相信的主体外，其他主体都不知道秘密$X$；

$\{X\}_K$：用密钥K加密X后的密文；

$\langle X\rangle_Y$：X和秘密Y合成的消息。

7.1.2 BAN逻辑的推理规则

BAN逻辑的推理规则共有19条，分别用R_i，$(i=1,\cdots,19)$表示，为了让读者容易理解并方便使用各推理规则，下面统一使用第2种符号表达方式描述各推理规则。

(1) 消息含义规则（message-meaning rules）

对于共享密钥，假设：

$$R_1 \qquad \frac{P\text{ believes } Q\overset{K}{\leftrightarrow}P,\ P\text{ sees }\{X\}_K}{P\text{ believes } Q\text{ said } X}$$

表示：如果主体P相信K是P和Q的共享密钥，并且P曾经接收到用K加密的信息$\{X\}_K$，则P相信Q发送过信息X。

对于公开密钥，假设：

$$R_2 \qquad \frac{P\text{ believes } \overset{K}{|\!\!\rightarrow}Q,\ P\text{ sees }\{X\}_{K^{-1}}}{P\text{ believes } Q\text{ said } X}$$

表示：如果主体 P 相信 K 是 Q 的公开密钥，并且 P 曾经接收到用 K^{-1} 加密的信息 $\{X\}_{K^{-1}}$，则 P 相信 Q 发送过信息 X。

对于共享秘密，假设：

$$R_3 \qquad \frac{P \text{ believes } P \overset{Y}{\rightleftharpoons} Q, P \text{ sees } \langle X \rangle_Y}{P \text{ believes } Q \text{ said } X}$$

表示：如果主体 P 相信 Y 是 P 和 Q 的共享秘密信息，并且 P 曾经接收到信息 $\langle X \rangle_Y$，则 P 相信 Q 发送过信息 X。

（2）随机数验证规则（nonce-verification rule）

随机数验证规则主要描述如果消息是当前发送的，那么消息的发送方应该相信该消息，

$$R_4 \qquad \frac{P \text{ believes fresh}(X), P \text{ believes } Q \text{ said } X}{P \text{ believes } Q \text{ believes } X}$$

表示：如果主体 P 相信消息 X 是新鲜的，并且 P 相信 Q 发送过消息 X，则 P 相信 Q 相信消息 X。

（3）管辖规则（jurisdiction rule）

$$R_5 \qquad \frac{P \text{ believes } Q \text{ controls } X, P \text{ believes } Q \text{ believes } X}{P \text{ believes } X}$$

表示：如果主体 P 相信主体 Q 对消息 X 具有管辖权，并且 P 相信 Q 相信 X，则 P 相信 X。

（4）接收规则（seeing rules）

$$R_6 \qquad \frac{P \text{ sees } (X, Y)}{P \text{ sees } X}$$

表示：如果主体 P 收到了消息 (X,Y)，则 P 收到了消息 X，即如果收到了消息的整体，则也收到了消息的部分。

$$R_7 \qquad \frac{P \text{ sees } \langle X \rangle_Y}{P \text{ sees } X}$$

表示：如果主体 P 收到了消息 $\langle X \rangle_Y$，则 P 收到了消息 X。

$$R_8 \qquad \frac{P \text{ believes } Q \overset{K}{\leftrightarrow} P, P \text{ sees } \{X\}_K}{P \text{ sees } X}$$

表示：如果主体 P 相信 K 是 P 和 Q 之间的共享密钥，并且 P 收到了 $\{X\}_K$，则 P 收到了消息 X。

$$R_9 \qquad \frac{P \text{ believes } \overset{K}{\mapsto} P, P \text{ sees } \{X\}_K}{P \text{ sees } X}$$

表示：如果主体 P 相信 K 是 P 的公开密钥，并且 P 收到了 $\{X\}_K$，则 P 收到了消息 X。

$$R_{10} \qquad \frac{P \text{ believes } \overset{K}{\mapsto} Q, P \text{ sees } \{X\}_{K^{-1}}}{P \text{ sees } X}$$

表示：如果主体 P 相信 K 是 Q 的公开密钥，并且 P 收到了 $\{X\}_{K^{-1}}$，则 P 收到了消息 X。

（5）消息新鲜性规则（freshness rule）

$$R_{11} \qquad \frac{P \text{ believes fresh}(X)}{P \text{ believes } (X, Y)}$$

表示：如果主体 P 相信消息 X 是新鲜的，则主体 P 相信 (X,Y) 是新鲜的，即如果一个消息的一部分是新鲜的，则消息的整体也是新鲜的。

（6）信仰规则(belief rules)

$$R_{12}\quad \frac{P \text{ believes } X, P \text{ believes } Y}{P \text{ believes } (X,Y)}$$

$$R_{13}\quad \frac{P \text{ believes } (X,Y)}{P \text{ believes } X}$$

$$R_{14}\quad \frac{P \text{ believes } Q \text{ believes } (X,Y)}{P \text{ believes } Q \text{ believes } X}$$

$$R_{15}\quad \frac{P \text{ believes } Q \text{ said } (X,Y)}{P \text{ believes } Q \text{ said } X}$$

上述规则反映了信仰在消息级联与分割的不同操作中的一致性以及信仰在此类操作中的传递性。

（7）密钥与秘密规则(key and secret rules)

$$R_{16}\quad \frac{P \text{ believes } R \overset{K}{\leftrightarrow} R'}{P \text{ believes } R' \overset{K}{\leftrightarrow} R}$$

$$R_{17}\quad \frac{P \text{ believes } Q \text{ believes } R \overset{K}{\leftrightarrow} R'}{P \text{ believes } Q \text{ believes } R' \overset{K}{\leftrightarrow} R}$$

$$R_{18}\quad \frac{P \text{ believes } R \overset{X}{\rightleftharpoons} R'}{P \text{ believes } R' \overset{X}{\rightleftharpoons} R}$$

$$R_{19}\quad \frac{P \text{ believes } Q \text{ believes } R \overset{X}{\rightleftharpoons} R'}{P \text{ believes } Q \text{ believes } R' \overset{X}{\rightleftharpoons} R}$$

上述规则反映了一对主体之间共享密钥是没有方向的,同样适用于一对主体之间共享秘密。

7.2 应用 BAN 逻辑分析协议的方法

7.2.1 理想化过程

在文献中,安全协议一般通过罗列每条的协议消息来表示,例如,每条协议消息可用以下语句描述：

$$P \rightarrow Q\text{: message}$$

上式表示主体 P 发送消息,主体 Q 接收消息。这样的语句往往存在歧义,不利于形式化分析,所以分析的第 1 步需要将这样的语句转换成理想格式,例如,对于协议语句：

$$A \rightarrow B\text{: } \{A, K_{ab}\}_{K_{bs}}$$

可用下述理想格式描述：

$$A \rightarrow B\text{: } \{A \overset{K_{ab}}{\leftrightarrow} B\}_{K_{bs}}$$

当主体 B 收到该信息后,可以推导出以下公式成立：

$$B \text{ sees } \{A \overset{K_{ab}}{\leftrightarrow} B\}_{K_{bs}}$$

在消息的理想化过程中,省略掉了协议会话中的明文部分,因为 BAN 逻辑的设计者认为这些信息无助于主体信仰的推理。理想化后的协议消息形式为$\{X_1\}_{K_1},\cdots,\{X_n\}_{K_n}$。

7.2.2　认证协议的基本假设

给出认证协议的基本假设是协议分析的基础。一般而言，认证协议的基本假设描述了协议运行开始时的初始条件，例如，主体的基本信仰、主体之间共享的密钥信息、主体产生的随机数等。对于多数认证协议而言，基本假设集合是明显和自然的。例如，对于NS(Needham-Schroeder)对称密钥协议，可以给出以下初始假设：

P_1：A believes $A \overset{K_{as}}{\leftrightarrow} S$；

P_2：B believes $B \overset{K_{bs}}{\leftrightarrow} S$；

P_3：S believes $A \overset{K_{as}}{\leftrightarrow} S$；

P_4：S believes $B \overset{K_{bs}}{\leftrightarrow} S$；

P_5：A believes S controls $A \overset{K_{ab}}{\leftrightarrow} B$；

P_6：B believes S controls $A \overset{K_{ab}}{\leftrightarrow} B$；

P_7：A believes fresh(N_a)；

P_8：B believes fresh(N_b)；

P_9：S believes fresh($A \overset{K_{ab}}{\leftrightarrow} B$)；

P_{10}：A believes S controls fresh($A \overset{K_{ab}}{\leftrightarrow} B$)；

P_{11}：S believes $A \overset{K_{ab}}{\leftrightarrow} B$；

P_{12}：B believes fresh($A \overset{K_{ab}}{\leftrightarrow} B$)

7.2.3　协议解释

为了分析理想化后的协议，还需要用逻辑语言解释理想化后的协议语句。在解释的过程中遵循以下原则：

① 如果公式X在消息$P \rightarrow Q$:Y之前为真，则在其之后，X和Q sees Y都成立；

② 如果通过逻辑推理可以从X推导出Y，则只要X成立，则Y成立。

这些协议的解释就像是协议主体所拥有的信仰以及它们在协议运行过程中所接受到的信息的注解。协议运行之初的公式或假设，代表了主体在初始条件下的信仰集合。

7.2.4　形式化协议目标

在上述步骤完成之后，接下来就可以讨论认证协议的目标以及如何形式化这些目标了。一些对称密钥体制的认证协议希望安全地交换会话密钥，对于这些认证协议可以形式化地描述协议目标为

G_1：A believes $A \overset{K_{ab}}{\leftrightarrow} B$；

G_2：B believes $A \overset{K_{ab}}{\leftrightarrow} B$。

有的认证协议不仅需要达到上述目标，更进一步，除交换会话密钥外，它们还希望确信对方也信任该会话密钥，形式化如下：

G_3：A believes B believes $A \overset{K_{ab}}{\leftrightarrow} B$；

G_4：B believes A believes $A \overset{K_{ab}}{\leftrightarrow} B$。

还有一些认证协议需要达到的目标可能会弱一些，比如：

G_1：A believes B believes X。

另外一些公钥密码体制的认证协议并不需要交换会话密钥，而是需要交换一些数据，此时可以根据协议的上下文，比较容易地得出协议目标。

7.2.5 BAN 逻辑协议分析步骤

在上述工作都完成后，就可以根据 BAN 逻辑的推理规则，从基本假设出发，根据协议的解释，逐步推理，直至推导出协议目标。下面给出应用 BAN 逻辑分析认证协议的基本步骤：

① 对协议进行理想化处理；

② 用逻辑语言描述协议初始状态，给出所有的基本假设；

③ 对协议进行解释，将协议会话转换为逻辑语言；

④ 用逻辑语言描述协议所需要达到的目标；

⑤ 应用推理规则对协议进行形式化分析，从协议的开始进行推证，直至验证协议是否满足协议目标。

其工作流程如图 7-1 所示。

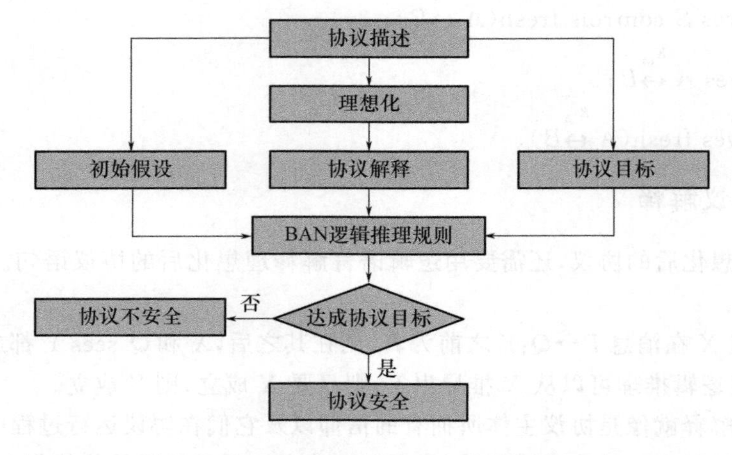

图 7-1 BAN 逻辑对协议形式化分析的流程

7.3 BAN 逻辑的应用实例

7.3.1 应用 BAN 逻辑分析 Otway-Rees 协议

Otway-Rees 协议参与的主体是通信双方 A 和 B 以及认证服务器 S，协议的目的是在通信双方之间分配会话密钥。

1. 理想化

建立原始 Otway-Rees 协议的理想化模型如下：

① $A \rightarrow B: \{N_a, N_c\}_{K_{as}}$

② $B \rightarrow S: \{N_a, N_c\}_{K_{as}}, \{N_b, N_c\}_{K_{bs}}$

③ $S \rightarrow B: \{N_a, (A \overset{K_{ab}}{\leftrightarrow} B), (B \text{ said } N_c)\}_{K_{as}}, \{N_b, (A \overset{K_{ab}}{\leftrightarrow} B), (A \text{ said } N_c)\}_{K_{bs}}$

④ $B \rightarrow A: \{N_a, (A \overset{K_{ab}}{\leftrightarrow} B), (B \text{ said } N_c)\}_{K_{as}}$

对比理想化后的协议和原协议，我们发现，理想化后的协议去掉了明文发送的信息，例如第①条消息中的M,A,B，这是因为 BAN 逻辑设计者认为明文信息无助于推导主体信仰，需要说明的是，这里的 N_c 代表原协议中的M,A,B；除此之外，理想化后的协议与原协议最大的区别在于消息③和④。在理想化的协议中，明确了 K_{ab}是主体A 和B 之间的会话密钥，即明确表示成：$(A \overset{K_{ab}}{\leftrightarrow} B)$。值得注意的是，在原始协议中，并没有关于$(A \text{ said } N_c)$以及$(B \text{ said } N_c)$的论述，之所以加上是因为理想化后的协议明确了主体 A 和 B 曾经发送过上述消息，而上述消息是否匹配，是协议运行的基础。

2. 初始假设

根据协议的描述，给出以下初始假设：

P_1：A believes $A \overset{K_{as}}{\leftrightarrow} S$；

P_2：B believes $B \overset{K_{bs}}{\leftrightarrow} S$；

P_3：S believes $A \overset{K_{as}}{\leftrightarrow} S$；

P_4：S believes $B \overset{K_{bs}}{\leftrightarrow} S$；

P_5：S believes $A \overset{K_{ab}}{\leftrightarrow} B$；

P_6：A believes S controls $A \overset{K_{ab}}{\leftrightarrow} B$；

P_7：B believes S controls $A \overset{K_{ab}}{\leftrightarrow} B$；

P_8：A believes S controls B said X；

P_9：B believes S controls A said X；

P_{10}：A believes fresh(N_a)；

P_{11}：B believes fresh(N_b)；

P_{12}：A believes fresh(N_c)。

上述假设大部分都是明显和自然的。P_1—P_4假设涉及主体之间的共享密钥；P_4认证服务器 S 分配A 和B 的会话密钥 K_{ab}，所以初始状态下，S 相信会话密钥 K_{ab}；P_6—P_9表示主体 A 和B 相信认证服务器S 能为A 和B 生成会话密钥K_{ab}，并且会诚实地发送来自另一个客户的消息；P_{10}—P_{12}表示主体相信相应的随机数是新鲜的。

3. 协议解释

根据 BAN 逻辑，对 Otway-Rees 协议的解释如下：

① B sees $\{N_a, N_c\}_{K_{as}}$

② S sees $\{\{N_a, N_c\}_{K_{as}}, \{N_b, N_c\}_{K_{bs}}\}$

③ B sees $\{\{N_a,(A\overset{K_{ab}}{\leftrightarrow}B),(B \text{ said } N_c)\}_{K_{as}},\{N_b,(A\overset{K_{ab}}{\leftrightarrow}B),(A \text{ said } N_c)\}_{K_{bs}}\}$

④ A sees $\{N_a,(A\overset{K_{ab}}{\leftrightarrow}B),(B \text{ said } N_c)\}_{K_{as}}$

4. 协议目标

Otway-Rees 协议的目标是 A 和 B 相信认证服务器 S 为它们分配的会话密钥，即

G_1：A believes $A\overset{K_{ab}}{\leftrightarrow}B$；

G_2：B believes $A\overset{K_{ab}}{\leftrightarrow}B$。

5. 协议分析

由消息①，B 收到 $\{N_a,N_c\}_{K_{as}}$，但并不能理解，而是直接转发给服务器 S。

由消息②以及初始假设 P_3、P_4，通过消息含义规则 R_1，可以得出以下结论：

$$S \text{ believes } A \text{ said } \{N_a,N_c\}$$
$$S \text{ believes } B \text{ said } \{N_b,N_c\}$$

由消息③和初始假设 P_2，通过消息含义规则 R_1，可以得出以下结论：

$$B \text{ believes } S \text{ said } A\overset{K_{ab}}{\leftrightarrow}B \quad (1)$$

由初始假设 P_{11}，通过消息新鲜性规则 R_{11}，可以得出以下结论：

$$B \text{ believes fresh}(A\overset{K_{ab}}{\leftrightarrow}B) \quad (2)$$

由结论(1)和(2)，通过随机数验证规则 R_4，可以得出以下结论：

$$B \text{ believes } S \text{ believes } A\overset{K_{ab}}{\leftrightarrow}B \quad (3)$$

由结论(3)和初始假设 P_7，通过管辖规则 R_5，可以推出以下结论：

$$B \text{ believes } A\overset{K_{ab}}{\leftrightarrow}B$$

由此证明协议满足目标 G_1。

由消息④和初始假设 P_1，通过消息含义规则 R_1，可以得出以下结论：

$$A \text{ believes } S \text{ said } A\overset{K_{ab}}{\leftrightarrow}B \quad (4)$$

由初始假设 P_{10}，通过消息新鲜性规则 R_{11}，可以得出以下结论：

$$A \text{ believes fresh}(A\overset{K_{ab}}{\leftrightarrow}B) \quad (5)$$

由结论(4)和(5)，通过随机数验证规则 R_4，可以得出以下结论：

$$A \text{ believes } S \text{ believes } A\overset{K_{ab}}{\leftrightarrow}B \quad (6)$$

由结论(6)和初始假设 P_6，通过管辖规则 R_5，可以推出以下结论：

$$A \text{ believes } A\overset{K_{ab}}{\leftrightarrow}B$$

由此证明协议满足目标 G_1。

更进一步，还得出以下推论：

由消息④，得到：

$$A \text{ believes } B \text{ said } N_c \quad (7)$$

由结论(7)和初始假设 P_{12}，根据随机数验证规则 R_4，可以得到：

$$A \text{ believes } B \text{ believes } N_c$$

由消息③，通过消息含义规则 R_1，可得：

$$B \text{ believes } S \text{ said } A \text{ said } N_c$$

由初始假设 P_{11}，根据随机数验证规则 R_4，可得：

$$B \text{ believes } S \text{ believes } A \text{ said } N_c$$

由初始假设 P_7，根据管辖规则 R_5，可以推出以下结论：

$$B \text{ believes } A \text{ said } N_c$$

这样，最终得到以下结论：

$$A \text{ believes } A \overset{K_{ab}}{\leftrightarrow} B$$

$$B \text{ believes } A \overset{K_{ab}}{\leftrightarrow} B$$

$$A \text{ believes } B \text{ believes } N_c$$

$$B \text{ believes } A \text{ said } N_c$$

至此，推理完成。通过 BAN 逻辑验证，Otway-Rees 协议满足协议目标。

分析 BAN 逻辑推理过程，不难得出以下结论：

在协议运行过程中，K_{ab} 并没有作为加密密钥使用过，所以无论是主体 A 还是主体 B，都无法确认对方是否知道会话密钥 K_{ab}；

协议运行过程中，主体 A 的地位比主体 B 高，A 生成了一个随机数 N_a，而 A 可以确认 B 发送过包含 N_a 的消息，所以 A 可以确认 B 的存在。而对于 B 而言，B 从服务器处获知 A 使用了一个随机数，但 B 无法确定随机数的新鲜性，从而不能确认 A 的存在；

我们注意到，协议存在冗余，例如，主体 A 产生了两个随机数 N_a 和 N_c，而这两个随机数的作用是一样的，所以可以去掉一个随机数。此外，从前面的分析可以知道，随机数 N_b 无需加密，从而减少了协议中需要加密的数据的数量。

由此可见，BAN 逻辑不仅能分析认证协议，从而判断协议的正确性和安全性，而且在协议的分析过程中，还能够发现协议的缺陷和冗余，为下一步认证协议的设计和改进提供理论支持。

7.3.2　应用 BAN 逻辑分析 NS 对称密钥协议

同 Otway-Rees 协议一样，NS 对称密钥协议的目的也是在通信双方之间分配会话密钥，参与协议的主体有 3 个：通信双方 A 和 B，以及认证服务器 S。

1. 理想化

建立原始 NS 对称密钥协议的理想化模型如下：

② $S \to A: \{N_a, (A \overset{K_{ab}}{\leftrightarrow} B), \text{fresh}(A \overset{K_{ab}}{\leftrightarrow} B), \{A \overset{K_{ab}}{\leftrightarrow} B\}_{K_{bs}}\}_{K_{as}}$

③ $A \to B: \{A \overset{K_{ab}}{\leftrightarrow} B\}_{K_{bs}}$

④ $B \to A: \{N_b, (A \overset{K_{ab}}{\leftrightarrow} B)\}_{K_{ab}}$ from B

⑤ $A \to B: \{N_b, (A \overset{K_{ab}}{\leftrightarrow} B)\}_{K_{ab}}$ from A

与原协议相比，理想化做了以下工作，首先，消息①由于是明文，所以在理想化过程中省略掉了；其次，消息④和⑤为了区分消息来源，加入了消息发送者的名称；最后，从理想化协议模型中消息②、④、⑤关于 K_{ab} 的描述，可以认为主体 A 可以将 K_{ab} 作为随机值来使用，并且每个主体都相信对方相信 K_{ab} 是一个好的密钥。

2. 初始假设

P_1：A believes $A \overset{K_{as}}{\leftrightarrow} S$；

P_2：B believes $B \overset{K_{bs}}{\leftrightarrow} S$；

P_3：S believes $A \overset{K_{as}}{\leftrightarrow} S$；

P_4：S believes $B \overset{K_{bs}}{\leftrightarrow} S$；

P_5：S believes $A \overset{K_{ab}}{\leftrightarrow} B$；

P_6：A believes S controls $A \overset{K_{ab}}{\leftrightarrow} B$；

P_7：B believes S controls $A \overset{K_{ab}}{\leftrightarrow} B$；

P_8：A believes S controls fresh($A \overset{K_{ab}}{\leftrightarrow} B$)；

P_9：A believes fresh(N_a)；

P_{10}：B believes fresh(N_b)；

P_{11}：S believes fresh($A \overset{K_{ab}}{\leftrightarrow} B$)；

P_{12}：B believes fresh($A \overset{K_{ab}}{\leftrightarrow} B$)。

初始假设 P_1—P_5 描述主体所拥有的初始密钥；P_6—P_8 描述认证服务器的能力，通信双方相信认证服务器能为双方生成会话密钥，同时主体 A 相信 S 生成的会话密钥是新鲜的，这种假设是有道理的，因为好的密钥具有新鲜性的特点；P_9—P_{11} 说明各主体生成的随机数是新鲜的。

这里要特别提醒读者注意的是，初始假设 P_{12} 并不是很自然就可以得到的，通过下面的推理，我们就可以发现，虽然协议发明者并未认识到这一假设，但实际上在协议的运行过程中，他们应用了这一假设。

3. 协议解释

根据 BAN 逻辑，对 NS 对称密钥协议的解释如下：

② A sees $\{N_a, \{A \overset{K_{ab}}{\leftrightarrow} B\}, \text{fresh}(A \overset{K_{ab}}{\leftrightarrow} B), \{A \overset{K_{ab}}{\leftrightarrow} B\}_{K_{bs}}\}_{K_{as}}$

③ B sees $\{A \overset{K_{ab}}{\leftrightarrow} B\}_{K_{bs}}$

④ A sees $\{N_b, (A \overset{K_{ab}}{\leftrightarrow} B)\}_{K_{ab}}$ from B

⑤ B sees $\{N_b, (A \overset{K_{ab}}{\leftrightarrow} B)\}_{K_{ab}}$ from A

4. 协议目标

G_1：A believes $A \overset{K_{ab}}{\leftrightarrow} B$；

G_2：B believes $A \overset{K_{ab}}{\leftrightarrow} B$。

5. 协议分析

由消息②及初始假设 P_1，应用消息含义规则 R_1，有：

$$A \text{ believes } S \text{ said } (N_a, \{A \overset{K_{ab}}{\leftrightarrow} B\}, \text{fresh}(A \overset{K_{ab}}{\leftrightarrow} B), \{A \overset{K_{ab}}{\leftrightarrow} B\}_{K_{bs}}) \tag{1}$$

由 A believes fresh(N_a),应用新鲜性规则 R_{11},有：

$$A \text{ believes fresh}(\{N_a, \{A \overset{K_{ab}}{\leftrightarrow} B\}, \text{fresh}(A \overset{K_{ab}}{\leftrightarrow} B), \{A \overset{K_{ab}}{\leftrightarrow} B\}_{K_{bs}}\}) \tag{2}$$

由式(1)和式(2),应用随机数验证规则 R_4,有：

$$A \text{ believes } S \text{ believes } (N_a, \{A \overset{K_{ab}}{\leftrightarrow} B\}, \text{fresh}(A \overset{K_{ab}}{\leftrightarrow} B), \{A \overset{K_{ab}}{\leftrightarrow} B\}_{K_{bs}}) \tag{3}$$

应用信仰规则 R_{14},可以得到以下结论：

$$A \text{ believes } S \text{ believes } A \overset{K_{ab}}{\leftrightarrow} B \tag{4}$$

$$A \text{ believes } S \text{ believes fresh}(A \overset{K_{ab}}{\leftrightarrow} B) \tag{5}$$

由式(4)和式(5)及初始假设 P_6、P_8,根据管辖规则 R_5,有：

$$A \text{ believes } A \overset{K_{ab}}{\leftrightarrow} B \tag{6}$$

$$A \text{ believes fresh}(A \overset{K_{ab}}{\leftrightarrow} B) \tag{7}$$

由此证明协议满足目标 G_1。

由消息③及初始假设 P_2,应用消息含义规则,有：

$$B \text{ believes } S \text{ said } A \overset{K_{ab}}{\leftrightarrow} B \tag{8}$$

由式(8)及 P_{12},应用随机数检验规则 R_4,有：

$$B \text{ believes } S \text{ believes } A \overset{K_{ab}}{\leftrightarrow} B \tag{9}$$

由式(9)及初始假设 P_7,应用管辖规则,有：

$$B \text{ believes } A \overset{K_{ab}}{\leftrightarrow} B \tag{10}$$

由此证明协议满足目标 G_2。

更进一步,可以得出更有力的结果。

由消息④及式(6),应用消息含义规则 R_1,有：

$$A \text{ believes } B \text{ said } (N_b, (A \overset{K_{ab}}{\leftrightarrow} B)) \tag{11}$$

应用信仰规则 R_{15},有：

$$A \text{ believes } B \text{ said } A \overset{K_{ab}}{\leftrightarrow} B \tag{12}$$

由式(7),应用随机数检验规则 R_4,有：

$$A \text{ believes } B \text{ believes } A \overset{K_{ab}}{\leftrightarrow} B \tag{13}$$

由消息⑤,由于 B believes $A \overset{K_{ab}}{\leftrightarrow} B$,应用消息含义规则 R_1,有：

$$B \text{ believes } A \text{ said } (N_b, (A \overset{K_{ab}}{\leftrightarrow} B)) \tag{14}$$

由初始假设 P_{10},应用消息新鲜性规则 R_{11},有：

$$B \text{ believes fresh}(N_b, (A \overset{K_{ab}}{\leftrightarrow} B)) \tag{15}$$

由随机数验证规则 R_4,有：

$$B \text{ believes } A \text{ believes}(N_b, (A \overset{K_{ab}}{\leftrightarrow} B)) \tag{16}$$

应用信仰规则 R_{14}，有：

$$B \text{ believes } A \text{ believes } A \overset{K_{ab}}{\leftrightarrow} B \tag{17}$$

至此，协议分析完毕，最终得到以下结论：

$$A \text{ believes } A \overset{K_{ab}}{\leftrightarrow} B$$

$$B \text{ believes } A \overset{K_{ab}}{\leftrightarrow} B$$

$$A \text{ believes } B \text{ believes } A \overset{K_{ab}}{\leftrightarrow} B$$

$$B \text{ believes } A \text{ believes } A \overset{K_{ab}}{\leftrightarrow} B$$

上述结论表明，NS 对称密钥协议达到了协议目标，而且相较于 Otway-Rees 协议而言，得到了更有力的结论，即主体 A 和 B 不仅相信会话密钥，而且相信对方也相信会话密钥。但是这一结论是在承认初始假设 P_{12}，即在主体 B 相信会话密钥是新鲜的基础上得到的。然而，事实上，这一假设是不成立的。因为主体 B 没有和认证服务器 S 进行过消息交互，所以主体 B 无法确认 K_{ab} 的新鲜性，而只能得到服务器 S 发送过 K_{ab} 的结论。

7.3.3 应用 BAN 逻辑分析 NS 公开密钥协议

NS 公开密钥协议的目的是使通信双方安全地交换独立的秘密，这与大多数公开密钥认证协议不同。参与协议的主体是 A、B 和 S。

1. 理想化

② $S \rightarrow A: \{ \overset{K_b}{\mid\!\rightarrow} B \}_{K_s^{-1}}$

③ $A \rightarrow B: \{ N_a \}_{K_b}$

⑤ $S \rightarrow B: \left\{ \overset{K_a}{\mid\!\rightarrow} A \right\}_{K_s^{-1}}$

⑥ $B \rightarrow A: \left\{ \langle A \overset{N_b}{\rightleftharpoons} B \rangle_{N_a} \right\}_{K_a}$

⑦ $A \rightarrow B: \left\{ \langle A \overset{N_a}{\rightleftharpoons} B \rangle_{N_b} \right\}_{K_b}$

理想化后的协议与原协议对比，要特别关注消息③、⑥和⑦。在消息③中，主体 B 并不知道随机数 N_a，所以 N_a 无法用于证明主体 A 的身份，消息③的作用仅仅是将 N_a 发送到 B；在消息⑥和⑦中，N_a 与 N_b 被作为 A 与 B 之间交换的秘密使用，所以用 $\langle X \rangle_Y$ 表示，消息⑥和⑦同时也传达了一些主体信仰，虽然在具体协议中并没有明确表示出来，因为如果主体不具有这些信仰，这些消息根本就不会发送。

2. 初始假设

首先给出以下初始假设：

P_1：$A \text{ believes } \overset{K_a}{\mid\!\rightarrow} A$

P_2：$B \text{ believes } \overset{K_b}{\mid\!\rightarrow} B$

P_3：$A \text{ believes } \overset{K_s}{\mid\!\rightarrow} S$

P_4：$B \text{ believes } \overset{K_s}{\mid\!\rightarrow} S$

P_5：S believes $\overset{K_a}{\mapsto} A$

P_6：S believes $\overset{K_b}{\mapsto} B$

P_7：S believes $\overset{K_s}{\mapsto} S$

P_8：A believes $\left(S \text{ controls } \overset{K_b}{\mapsto} B\right)$

P_9：B believes $\left(S \text{ controls } \overset{K_a}{\mapsto} A\right)$

P_{10}：A believes fresh(N_a)

P_{11}：B believes fresh(N_b)

P_{12}：A believes $A \overset{N_a}{\rightleftharpoons} B$

P_{13}：B believes $A \overset{N_b}{\rightleftharpoons} B$

P_{14}：A believes fresh$\left(\overset{K_b}{\mapsto} B\right)$

P_{15}：B believes fresh$\left(\overset{K_a}{\mapsto} A\right)$

初始假设大部分都是好理解的，只有最后两条是不自然的。最后两个假设要求主体 A 和 B 相信它们收到的对方的公钥是新鲜的，但在协议的具体实现过程中，这点是很难保证的，除非在消息②和⑤中加入时间戳。

3. 协议解释

用 BAN 逻辑，协议解释如下：

② A sees $\left\{\overset{K_b}{\mapsto} B\right\}_{K_s^{-1}}$

③ B sees $\{N_a\}_{K_b}$

⑤ B sees $\left\{\overset{K_a}{\mapsto} A\right\}_{K_s^{-1}}$

⑥ A sees $\left\{\langle A \overset{N_b}{\rightleftharpoons} B\rangle_{N_a}\right\}_{K_a}$

⑦ B sees $\left\{\langle A \overset{N_a}{\rightleftharpoons} B\rangle_{N_b}\right\}_{K_b}$

4. 协议目标

G_1：A believes $\overset{K_b}{\mapsto} B$

G_2：B believes $\overset{K_a}{\mapsto} A$

G_3：A believes B believes $A \overset{N_b}{\rightleftharpoons} B$

G_4：B believes A believes $A \overset{N_a}{\rightleftharpoons} B$

5. 协议分析

由消息②及初始假设 P_3，应用消息含义规则 R_2，有：

$$A \text{ believes } S \text{ said } \overset{K_b}{\mapsto} B \tag{1}$$

由式(1)及初始假设 P_{14}，应用随机数验证规则 R_4，有：

$$A \text{ believes } S \text{ believes } \overset{K_b}{\mapsto} B \tag{2}$$

由式(2)及初始假设 P_8，应用管辖规则 R_5，有：

$$A \text{ believes } \overset{K_b}{\mapsto} B \tag{3}$$

可以得到协议满足目标 G_1。

在消息③中，由于 B 不知道谁发送了该消息，所以只能得出以下结论：

$$B \text{ sees } N_a \tag{4}$$

在消息⑤中，同消息②，可以得到：

$$B \text{ believes } \overset{K_a}{\mapsto} A \tag{5}$$

协议满足目标 G_2。

由消息⑥，应用消息接收规则 R_9，有：

$$A \text{ sees } \langle A \overset{N_b}{\rightleftharpoons} B \rangle_{N_a} \tag{6}$$

由式(6)和初始假设 P_{12}，应用消息含义规则 R_3，有：

$$A \text{ believes } B \text{ said } A \overset{N_b}{\rightleftharpoons} B \tag{7}$$

由初始假设 P_{10}，应用消息新鲜性规则 R_{11}，有：

$$A \text{ believes fresh}\left(A \overset{N_b}{\rightleftharpoons} B\right) \tag{8}$$

由式(7)和式(8)，应用随机数验证规则 R_4，有：

$$A \text{ believes } B \text{ believes } A \overset{N_b}{\rightleftharpoons} B \tag{9}$$

同理，由消息⑦，可以得到：

$$B \text{ believes } A \text{ believes } A \overset{N_a}{\rightleftharpoons} B \tag{10}$$

至此，协议分析完毕，如果初始假设都成立的话，协议满足目标 G_3 和 G_4。

最终得到的结论是：

$$A \text{ believes } \overset{K_b}{\mapsto} B$$

$$B \text{ believes } \overset{K_a}{\mapsto} A$$

$$A \text{ believes } B \text{ believes } A \overset{N_b}{\rightleftharpoons} B$$

$$B \text{ believes } A \text{ believes } A \overset{N_a}{\rightleftharpoons} B$$

7.4 BAN 逻辑的缺陷

7.4.1 BAN 逻辑的缺陷

虽然 BAN 逻辑出现后，由于它的简单、直观以及较强的分析能力，很快就成为协议分析的常规方法，被广泛使用，但 BAN 逻辑本身也存在一些缺陷。在前面的分析中，我们或多或少都已经感觉到一些不合理之处，下面总结一下 BAN 逻辑本身存在的问题。

（1）BAN 逻辑基于的基本假设——主体假设存在问题

BAN 逻辑认为参与协议的主体都是诚实的，即每个主体都相信它所发送的信息。但在实际应用中，许多认证协议并不满足这一假设。这个问题的存在缩小了 BAN 逻辑的应用范围。

例如，1990 年，Nessett 引入了一个简单的例子来说明该问题。

Nessett 协议描述如下：

① $A \to B: \{N_a, K_{ab}\}_{K_a^{-1}}$

② $B \to A: \{N_b\}_{K_{ab}}$

简单分析就可以发现，由于主体 A 用自己的私钥加密消息，所以任何主体都可以获得此次会话密钥 K_{ab}，因而协议的机密性无法保障，但如果用 BAN 逻辑分析 Nessett 协议，却得出了 K_{ab} 是好的会话密钥的结论，下面简单看一下 BAN 逻辑的分析过程。

理想化后的 Nessett 协议模型如下：

① $A \to B: \left\{N_a, A \overset{K_{ab}}{\leftrightarrow} B\right\}_{K_a^{-1}}$

② $B \to A: \left\{A \overset{K_{ab}}{\leftrightarrow} B\right\}_{K_{ab}}$

初始假设为

P_1: B believes $\overset{K_a}{\mid\!\to} A$

P_2: A believes $A \overset{K_{ab}}{\leftrightarrow} B$

P_3: A believes fresh$\left(A \overset{K_{ab}}{\leftrightarrow} B\right)$

P_4: B believes fresh(N_a)

P_5: B believes A controls $A \overset{K_{ab}}{\leftrightarrow} B$

协议分析过程：

$$\frac{B \text{ believes } \overset{K_a}{\mid\!\to} A, B \text{ sees } \left\{N_a, A \overset{K_{ab}}{\leftrightarrow} B\right\}_{K_a^{-1}}}{B \text{ believes } A \text{ said } \left(N_a, A \overset{K_{ab}}{\leftrightarrow} B\right)}$$

$$\frac{B \text{ believes fresh}(N_a)}{B \text{ believes fresh}\left(N_a, A \overset{K_{ab}}{\leftrightarrow} B\right)}$$

$$\frac{B \text{ believes fresh}\left(N_a, A \overset{K_{ab}}{\leftrightarrow} B\right), B \text{ believes } A \text{ said } \left(N_a, A \overset{K_{ab}}{\leftrightarrow} B\right)}{B \text{ believes } A \text{ believes } \left(N_a, A \overset{K_{ab}}{\leftrightarrow} B\right)}$$

$$\frac{B \text{ believes } A \text{ believes } \left(N_a, A \overset{K_{ab}}{\leftrightarrow} B\right)}{B \text{ believes } A \text{ believes } A \overset{K_{ab}}{\leftrightarrow} B}$$

$$\frac{B \text{ believes } A \text{ believes } A \overset{K_{ab}}{\leftrightarrow} B, B \text{ believes } A \text{ controls } A \overset{K_{ab}}{\leftrightarrow} B}{B \text{ believes } A \overset{K_{ab}}{\leftrightarrow} B}$$

$$\frac{A \text{ believes } A \overset{K_{ab}}{\leftrightarrow} B, A \text{ sees } \left\{A \overset{K_{ab}}{\leftrightarrow} B\right\}}{A \text{ believes } B \text{ said } A \overset{K_{ab}}{\leftrightarrow} B}$$

$$\frac{A \text{ believes fresh}\left(A \overset{K_{ab}}{\leftrightarrow} B\right), A \text{ believes } B \text{ said } A \overset{K_{ab}}{\leftrightarrow} B}{A \text{ believes } B \text{ believes } A \overset{K_{ab}}{\leftrightarrow} B}$$

得到最终结论：

$$B \text{ believes } A \text{ believes } A \overset{K_{ab}}{\leftrightarrow} B$$

$$B \text{ believes } A \overset{K_{ab}}{\leftrightarrow} B$$

$$A \text{ believes } B \text{ believes } A \overset{K_{ab}}{\leftrightarrow} B$$

得出这样的结论的原因就在于 Nessett 违背了 BAN 逻辑主体假设，即在 Nessett 协议中，主体 A 非授权地暴露了秘密，这已经超出了 BAN 逻辑的分析范围。

由此可见，虽然 BAN 逻辑作者给出了解释，但仍然说明 BAN 逻辑关于主体诚实的假设在很多场合是不成立的，这一假设缩小了 BAN 逻辑的应用范围。

(2) 理想化过程存在问题

用 BAN 逻辑分析协议所要做的第一步就是对协议进行理想化，即将协议一般说明转换为 BAN 逻辑的符号语言。BAN 逻辑的作者认为理想化可以使协议更加清楚、完整地说明其含义。但实际上理想化的过程是非形式化的，没有统一的方法，完全依赖于分析者的直觉，这使得原始协议与理想化协议之间存在一个语义鸿沟。

BAN 逻辑的理想化过程的困难程度完全超出了人们的预期。而且现有的逻辑形式化分析系统都不能很好地解决这一问题。

(3) 初始假设对分析结果的影响非常大

与理想化过程一样，协议的初始假设对协议分析结果的影响也非常大。尤其是 BAN 逻辑缺乏有效的手段防止引入不合理的假设或者是过分的假设。

例如，7.3.2 节中引入了不合理的假设 P_{12}，以及过分的假设 P_8 和 P_{11}。因为在协议交互过程中，不存在任何信息使得 B 相信 K_{ab} 是新鲜的，而不是重放的消息，所以 P_{12} 是不合理的假设；P_8 表明主体 A 相信认证服务器 S 对 K_{ab} 的新鲜性具有管辖权，这是过分的假设；P_{11} 表示 S 创建的 K_{ab} 是新鲜的，可以作为随机数使用，这也是过分的假设。如果去除上述假设的话，协议的目标就不能达到，而只能得到如下结论：

$$A \text{ believes } A \overset{K_{ab}}{\leftrightarrow} B$$

$$B \text{ believes } S \text{ said } A \overset{K_{ab}}{\leftrightarrow} B$$

由此可见，初始假设对协议分析过程和结果都有很大的影响，而初始假设的建立完全依赖于协议分析人员对协议的理解，即使对协议行为做出了准确的解释，也不能保证能够正确理解协议设计者的真实意图，因此，虽然对主体行为的理解不存在歧义，但仍可能存在对同一个协议的不同理解，从而产生不同的初始假设。

(4) BAN 逻辑推理规则存在问题

例如，在 BAN 逻辑中消息含义规则为

$$\frac{P\ \text{believes}\ Q \overset{K}{\leftrightarrow} P,\ P\ \text{sees}\ \{X\}_K}{P\ \text{believes}\ Q\ \text{said}\ X}$$

但实际上该推理规则成立的前提是消息是不可伪造的，即任意不知道 K 的第三方主体都无法伪造出格式为 $\{X\}_K$ 的消息，或者主体 Q 在此之前没有发送过消息 $\{X\}_K$，但实际上消息是可以伪造的。这种类型的错误，使得 BAN 逻辑无法检查出由伪造信息所引起的协议缺陷，也无法检查出对于协议的并行攻击。

BAN 逻辑的随机数验证规则为

$$\frac{P\ \text{believes fresh}(X),\ P\ \text{believes}\ Q\ \text{said}\ X}{P\ \text{believes}\ Q\ \text{believes}\ X}$$

但实际上，由这条规则的前提只能得到 Q 刚刚发送过 X，因此如果要使这条规则成立，则要求以下假设成立：若 Q 刚说过 X，则 P 相信 X，但在实际协议中，这一假设并不总是成立。

BAN 逻辑有以下新鲜性规则：

$$\frac{P\ \text{believes fresh}(X)}{P\ \text{believes}\ (X, Y)}$$

但如果 X 和 Y 在语句中并没有绑定，那么 P 就不能相信 Y 是新鲜的。这一问题就可能导致 BAN 逻辑将一个含有“重放攻击”漏洞的协议误判为正确的。

由上述讨论我们发现，虽然 BAN 逻辑的最大可取之处在于其语言及结构的简单、清晰。但 BAN 逻辑是不完备的，即如果通过 BAN 逻辑检查发现协议有问题，那么可以肯定协议存在问题；但如果通过 BAN 逻辑分析发现协议是安全的，却并不能令人信服。

7.4.2 BAN 逻辑的改进方向

BAN 逻辑有以下改进方向。

① 建立一个可靠的语义，用以验证初始假设的正确性和确保推理的可靠性；

② 减少或者消除理想化步骤；

③ 在逻辑语义和推理规则方面，应力求解决完备性问题；

④ 通过扩展和改进，进一步扩大 BAN 逻辑的应用范围；

⑤ 可以尝试将 BAN 逻辑分析方法与其他形式化分析方法结合起来，综合它们各自不同的特点对协议进行分析。

7.5 本章小结

BAN 逻辑的提出具有划时代意义，极大地推动了安全协议在形式化验证领域的发展。BAN 逻辑取得的成果有目共睹，它结构清晰、推理规则简单、易用，一经推出，便得到广泛的应用和研究。但同时 BAN 逻辑也存在一些问题，例如，理想化过程缺乏形式化指导、主体诚实假设以及逻辑推理的结果依赖初始假设，等等。

BAN 逻辑取得的成功，包括其自身的缺陷，都极大地激发了许多研究者投身于安全协议形式化分析与验证领域，并取得了丰硕的研究成果。如今，在 BAN 逻辑基础上发展起来了许多新的方法，例如，GNY 逻辑、AT 逻辑、VO 逻辑和 SVO 逻辑等。这些逻辑从各个方面对 BAN 逻辑做了扩充和修改，可以统称为 BAN 类逻辑。下一章将集中介绍 BAN 类逻辑。

习　题

1. 简述 BAN 逻辑分析协议的步骤。
2. 简述 BAN 逻辑的特点与不足。
3. 请用 BAN 逻辑分析大嘴青蛙协议。
4. 请用 BAN 逻辑分析 Andrew 安全 RPC 协议。
5. 请用 BAN 逻辑分析 Yahalom 协议。

第 8 章 BAN 类逻辑

BAN 逻辑的出现，为认证协议提供了一种形式化的分析方法。但正如前文所述，BAN 逻辑本身存在一些缺陷，这些缺陷在一定程度上限制了 BAN 逻辑的应用范围。因此很多学者提出了修改和完善意见。由于 BAN 逻辑的结构是开放的，这就为研究者在 BAN 逻辑的基础上改进和完善公理和规则，提出新的逻辑推理方法提供了可能。

在这些工作中，比较有名的有 GNY 逻辑、AT 逻辑、VO 逻辑以及 SVO 逻辑等，由于这些逻辑都是在 BAN 逻辑的基础上发展起来的，所以一般统称为 BAN 类逻辑。本章将选取其中有代表性的方法加以介绍。

8.1 GNY 逻辑

GNY 逻辑是第一个对 BAN 逻辑进行增强的推理方法，它是在 1990 年由 Gong、Needham 和 Yahalom 提出的。GNY 逻辑致力于消除 BAN 逻辑中的主体诚实性假设、消息可识别假设和消息源假设，总的说来，GNY 逻辑对 BAN 逻辑所做的改进主要有以下几个方面。

① GNY 逻辑引入了可识别性的概念，用来描述主体对其所期望的消息格式的识别能力，从而取消了 BAN 逻辑中假设加密消息中有足够的信息使接收者能够识别加密密钥的假设。

② GNY 逻辑中增加了“不是由此首发”机制，用来判断消息的来源，从而取消了 BAN 逻辑中主体能够识别消息来源的假设。

③ GNY 逻辑区分主体的信仰集和拥有集，这样，GNY 逻辑可以区别对待消息内容和消息内容所隐含的信息，从而使逻辑推理更加自然。

④ GNY 逻辑增加了逻辑构件和推理规则，从而扩大了 BAN 逻辑的应用范围。

⑤ GNY 逻辑理想化的过程保留了明文，在协议分析过程中，明文和密文被同等对待。

与 BAN 逻辑一样，为了简化分析过程，在 GNY 逻辑中不包含否定形式，也没有包含复杂的时序概念。

8.1.1 GNY 逻辑的计算模型

GNY 逻辑的计算模型与 BAN 逻辑类似，分布式环境由参与协议的主体组成，参与主体实际上是一个状态机，它们之间由通信链路连接，任何一个参与者都能够在链路上传送消息，能够看到并修改任何经过链路的消息。协议是一个分布式算法，消息的一次运行称为会话。

在协议的会话过程中，参与协议的每个主体包含两个集合：信仰集合和拥有集合。信仰集合包括主体当前所有的信仰；拥有集合包括主体可得到的所有公式，尤其是主体收到的所有信息，以及生成的信息，如随机数等。

主体从一个最初信仰和初始拥有信息开始会话，然后主体利用推理规则，从接收到的信息中扩展自己的信仰集合和拥有集合。

信仰集合和拥有集合在一个给定的会话中是单调的。即在此次会话的任意阶段，如果一个信仰和所拥有的信息分别是一个主体的信仰集合和拥有集合的一个元素，那么在其后的任意阶段，它们都包含在主体的信仰集合和拥有集合中。但是上述性质只在一次会话中成立，如果超过一次会话，则不满足该性质。

在 GNY 逻辑中，唯一需要的全局假设是：参与协议的主体不会泄露它们所掌握的秘密。

8.1.2 GNY 逻辑的语法、语义

在 GNY 逻辑中，区分断言集合和符号集合，分别称为断言（statement）和公式（formula），下面分别介绍。为方便读者阅读，也引入了两种表达方式。

首先，给出 GNY 逻辑中的公式，如果 X 和 Y 表示公式，S 和 K 分别表示共享的秘密和加密密钥，则下列符号是公式：

(X,Y)：公式 X 和公式 Y 的合取式；

$\{X\}_K$，$\{X\}_K^{-1}$：分别表示用对称密钥对消息 X 加密和解密；

$\{X\}_{+K}$，$\{X\}_{-K}$：分别表示用公开密钥和私有密钥对消息 X 进行加密和解密；

$H(X)$：单向函数 H 对 X 的作用值；

$F(X_1,\cdots,X_n)$：F 是多对一的、在计算上可行的双向函数。对于任意的 X_i，$1\leqslant i\leqslant n$，以及常量 $C_1,\cdots,C_{n-1}$，$F(C_1,\cdots,C_{i-1},X_i,C_{i+1},\cdots,C_{n-1})$ 是一对一的、在计算上可行的双向函数。

下面讨论 GNY 逻辑中的断言。一个基本的断言描述了公式的一些性质，如果 P 和 Q 表示协议参与的主体，则下述表达式是断言：

$P\lhd X$ 或 P sees X：主体 P 接收到包含 X 的消息，即存在某个主体 Q，向主体 P 发送了包含 X 的消息；

$P\ni X$ 或 P poss X：主体 P 拥有消息 X；

$P|\sim X$ 或 P said X：主体 P 曾经发送过包含 X 的消息；

$P|\equiv\sharp(X)$ 或 P bel fresh(X)：主体 P 相信 X 是新鲜的；

$P|\equiv\phi(X)$ 或 P bel rec(X)：主体 P 相信 X 是可识别的，即主体 P 可通过 X 的内容和格式识别 X；

$P|\equiv P\overset{S}{\leftrightarrow}Q$ 或 P bel $P\overset{S}{\leftrightarrow}Q$：主体 P 相信 S 是 P 和 Q 的共享秘密，主体 P 和 Q 可以利用 S 来相互进行身份鉴别，也可以将 S 或从 S 导出的信息作为会话密钥进行通信，除了主体 P、Q，以及主体 P 和 Q 信任的主体，其他主体都不能得到秘密 S；

$P|\equiv\overset{+K}{\mapsto}Q$ 或 P bel $\overset{+K}{\mapsto}Q$：主体 P 相信 $+K$ 是主体 Q 的公开密钥；

如果 C 是断言，则下列表达式也是断言：

C_1,C_2：表示断言 C_1,C_2 的合取式；

$P|\equiv C$ 或 P bel C：主体 P 相信断言 C 为真；

$P|\Rightarrow X$ 或 P cont X：主体 P 对 X 具有管辖权；

$*X$：表示信息 X 非首发（not-originated-here）；例如 $P\lhd *X$ 表示 P 收到 X，并且 X 不是由 P 首发的。

假设 K 是 P 和 Q 的共享密钥，如果 P 发送过信息 $\{X\}_K$，并且 P 在随后的协议会话中收到 $\{X\}_K$，或者收到用其他密钥加密后的 $\{X\}_K$，那么 P 不能得到 Q 发送过 X 的结论，因为 $\{X\}_K$ 有可能是 P 自己之前发送的。非首发机制描述了信息不是由主体首发的，这样如果 P 确定 X 不是由自己首发的，并且 P 接收到 $\{X\}_K$，那么 P 可以相信 $\{X\}_K$ 是新鲜的。

$X \sim> C$ 或 X exten C：断言 C 是 X 的消息扩展。

8.1.3 GNY 逻辑的推理规则

GNY 逻辑有 41 条推理规则。

(1) 被告知推理规则

$$\mathrm{T}_1 \qquad \frac{P \text{ sees } *X}{P \text{ sees } X}$$

收到并确定 X 非自己首发，则收到 X。

$$\mathrm{T}_2 \qquad \frac{P \text{ sees } (X,Y)}{P \text{ sees } X}$$

收到一个公式，则收到公式任何一个部分。

$$\mathrm{T}_3 \qquad \frac{P \text{ sees } \{X\}_K, P \text{ poss } K}{P \text{ sees } X}$$

主体收到加密的信息，并且主体拥有加密密钥，则主体收到解密后的信息。

$$\mathrm{T}_4 \qquad \frac{P \text{ sees } \{X\}_{+K}, P \text{ poss } -K}{P \text{ sees } X}$$

主体收到用公钥加密的信息，并且主体拥有秘密密钥，则主体收到了解密后的信息。

$$\mathrm{T}_5 \qquad \frac{P \text{ sees } F(X,Y), P \text{ poss } X}{P \text{ sees } Y}$$

主体收到 F 函数的结果，并且主体拥有其中一个参数，则主体收到另外一个参数。

$$\mathrm{T}_6 \qquad \frac{P \text{ sees } \{X\}_{-K}, P \text{ poss } +K}{P \text{ sees } X}$$

主体收到用私钥加密的信息，并且主体拥有公钥，则主体收到解密后的信息。

(2) 拥有规则

$$\mathrm{P}_1 \qquad \frac{P \text{ sees } X}{P \text{ poss } X}$$

$$\mathrm{P}_2 \qquad \frac{P \text{ poss } X, P \text{ poss } Y}{P \text{ poss } (X,Y), P \text{ poss } F(X,Y)}$$

$$\mathrm{P}_3 \qquad \frac{P \text{ poss } (X,Y)}{P \text{ poss } X}$$

$$\mathrm{P}_4 \qquad \frac{P \text{ poss } X}{P \text{ poss } H(X)}$$

$$\mathrm{P}_5 \qquad \frac{P \text{ poss } F(X,Y), P \text{ poss } X}{P \text{ poss } Y}$$

$$\mathrm{P}_6 \qquad \frac{P \text{ poss } X, P \text{ poss } K}{P \text{ poss } \{X\}_K, P \text{ poss } \{X\}_K^{-1}}$$

$$\mathrm{P}_7 \qquad \frac{P \text{ poss } +K, P \text{ poss } X}{P \text{ poss } \{X\}_{+K}}$$

$$\mathrm{P}_8 \qquad \frac{P \text{ poss } -K, P \text{ poss } X}{P \text{ poss } \{X\}_{-K}}$$

拥有规则都很自然，所以不再解释。

(3) 新鲜性规则

$$F_1 \quad \frac{P \text{ bel fresh}(X)}{P \text{ bel fresh}(X,Y), P \text{ bel fresh}(F(X))}$$

$$F_2 \quad \frac{P \text{ bel fresh}(X), P \text{ poss } K}{P \text{ bel fresh}(\{X\}_K), P \text{ bel fresh}(\{X\}_K^{-1})}$$

$$F_3 \quad \frac{P \text{ bel fresh}(X), P \text{ poss } +K}{P \text{ bel fresh}(\{X\}_{+K})}$$

$$F_4 \quad \frac{P \text{ bel fresh}(X), P \text{ poss } -K}{P \text{ bel fresh}(\{X\}_{-K})}$$

$$F_5 \quad \frac{P \text{ bel fresh}(-K)}{P \text{ bel fresh}(+K)}$$

$$F_6 \quad \frac{P \text{ bel fresh}(+K)}{P \text{ bel fresh}(-K)}$$

$$F_7 \quad \frac{P \text{ bel rec}(X), P \text{ bel fresh}(K), P \text{ poss } K}{P \text{ bel fresh}(\{X\}_K), P \text{ bel fresh}(\{X\}_K^{-1})}$$

$$F_8 \quad \frac{P \text{ bel rec}(X), P \text{ bel fresh}(+K), P \text{ poss } +K}{P \text{ bel fresh}(\{X\}_{+K})}$$

$$F_9 \quad \frac{P \text{ bel rec}(X), P \text{ bel fresh}(-K), P \text{ poss } -K}{P \text{ bel fresh}(\{X\}_{-K})}$$

$$F_{10} \quad \frac{P \text{ bel fresh}(X), P \text{ poss } X}{P \text{ bel fresh}(H(X))}$$

$$F_{11} \quad \frac{P \text{ bel fresh}(H(X)), P \text{ poss } H(X)}{P \text{ bel fresh}(X)}$$

(4) 识别规则

$$R_1 \quad \frac{P \text{ bel rec}(X)}{P \text{ bel rec}(X,Y), P \text{ bel rec}(F(X))}$$

$$R_2 \quad \frac{P \text{ bel rec}(X), P \text{ poss } K}{P \text{ bel rec}(\{X\}_K), P \text{ bel rec}(\{X\}_K^{-1})}$$

$$R_3 \quad \frac{P \text{ bel rec}(X), P \text{ poss } +K}{P \text{ bel rec}(\{X\}_{+K})}$$

$$R_4 \quad \frac{P \text{ bel rec}(X), P \text{ poss } -K}{P \text{ bel rec}(\{X\}_{-K})}$$

$$R_5 \quad \frac{P \text{ bel rec}(-K), P \text{ poss } X}{P \text{ bel rec}(H(X))}$$

$$R_6 \quad \frac{P \text{ poss } H(X)}{P \text{ bel rec}(X)}$$

(5) 消息解释规则

$$I_1 \quad \frac{\begin{array}{c} P \text{ sees } *\{X\}_k, P \text{ poss } K, P \text{ bel } P \overset{K}{\leftrightarrow} Q \\ P \text{ bel rec}(X), P \text{ bel fresh}(X,K) \end{array}}{\begin{array}{c} P \text{ bel } Q \text{ said } X, P \text{ bel } Q \text{ said}(X)_K \\ P \text{ bel } Q \text{ poss } K \end{array}}$$

假设对于主体 P，以下条件成立：①P 收到用密钥 K 加密的信息 X，并且标有非 P 自己首发的标志；②P 拥有密钥 K；③P 相信 K 是自己和 Q 之间的秘密；④P 相信消息 X 是可识别的;⑤P 相信 K 是新鲜的或者 X 是新鲜的。则 P 相信:①Q 曾经发送过 X;②Q 曾经发送过用 K 加密的消息 X;③Q 拥有 K。

$$\mathrm{I}_2\quad \frac{P \text{ sees } *\{X,<S>\}_{+K}, P \text{ poss } (-K,S), P \text{ bel } \overset{+K}{\mapsto} P \quad P \text{ bel } P \overset{S}{\leftrightarrow} Q, P \text{ bel rec}(X,S), P \text{ bel fresh}(X,S,+K)}{P \text{ bel } Q \text{ said}(X,<S>), P \text{ bel } Q \text{ said } \{X,<S>\}_{+K} \quad P \text{ bel } Q \text{ poss } (+K)}$$

假设对于主体 P,以下条件成立:①P 收到用密钥 K 加密的消息 X 和 S 的连接式,并且标有非 P 自己首发的标志;②P 拥有 S 和相应的私钥;③P 相信 K 是它的公钥;④P 相信 S 是自己和 Q 之间的秘密;⑤P 相信 X 和 S 的连接式是可识别的;⑥P 相信 S、X 或者 K 中至少有一个是新鲜的。则 P 相信:①Q 曾经发送过 X 和 S 的连接式;②Q 曾经发送过用 K 加密的消息 X 和 S 的连接式;③Q 拥有公钥 K。

$$\mathrm{I}_3\quad \frac{P \text{ sees } * H(X,<S>), P \text{ poss } (X,S), P \text{ bel } P \overset{S}{\leftrightarrow} Q \quad P \text{ bel fresh } (X,S)}{P \text{ bel } Q \text{ said } (X,<S>), P \text{ bel } Q \text{ said } H(X,<S>)}$$

假设对于主体 P,以下条件成立:①P 收到消息 X 和 S 的单向函数值,并且标有非 P 自己首发的标志;②P 拥有 S 和 X;③P 相信 S 是自己和 Q 之间的共享秘密;④P 相信 S 或者 X 是新鲜的。则 P 相信:①Q 曾经发送过消息 X 和 S 的连接式;②Q 曾经发送过消息 X 和 S 的连接式的单向函数值。

$$\mathrm{I}_4\quad \frac{P \text{ sees } \{X\}_{-K}, P \text{ poss } +K, P \text{ bel } \overset{+K}{\mapsto} Q \quad P \text{ bel rec } (X)}{P \text{ bel } Q \text{ said } X, P \text{ bel } Q \text{ said } \{X\}_{-K}}$$

假设对于主体 P,以下条件成立:①P 收到用私钥 K^{-1} 加密的消息 X;②P 拥有对应的公钥;③P 相信 K 是 Q 的公钥;④P 相信 X 是可识别的。则 P 相信①Q 曾经发送过消息 X;②Q 曾经发送过用私钥 K^{-1} 加密的消息 X。

$$\mathrm{I}_5\quad \frac{P \text{ sees } \{X\}_{-K}, P \text{ poss } +K, P \text{ bel } \overset{+K}{\mapsto} Q \quad P \text{ bel rec } (X), P \text{ bel fresh}(X,+K)}{P \text{ bel } Q \text{ poss } (-K,X)}$$

假设对于主体 P,以下条件成立:①P 收到用私钥 K^{-1} 加密的消息 X;②P 拥有对应的公钥;③P 相信 K 是 Q 的公钥;④P 相信 X 是可识别的;⑤P 相信 X 或者 K 是新鲜的。则 P 相信 Q 拥有消息 X 和 K 的连接式。

$$\mathrm{I}_6\quad \frac{P \text{ bel } Q \text{ said } X, P \text{ bel fresh}(X)}{P \text{ bel } Q \text{ poss } X}$$

如果 P 相信 Q 曾经发送过 X,并且 P 相信 X 是新鲜的,则 P 相信 Q 拥有 X。

$$\mathrm{I}_7\quad \frac{P \text{ bel } Q \text{ said } (X,Y)}{P \text{ bel } Q \text{ said } X}$$

如果 P 相信 Q 曾经发送过 X 和 Y 的连接式,则 P 相信 Q 曾经发送过 X。

(6) 管辖规则

$$\mathrm{J}_1\quad \frac{P \text{ bel } Q \text{ cont } C, P \text{ bel } Q \text{ bel } C}{P \text{ bel } C}$$

如果 P 相信 Q 对 C 具有管辖权,并且 P 相信 Q 相信 C,则 P 相信 C。

$$\mathrm{J}_2 \quad \frac{P \text{ bel } Q \text{ cont } Q \text{ bel } *, P \text{ bel } Q \text{ said } (X \text{ exten } C) \quad P \text{ bel fresh}(X)}{P \text{ bel } Q \text{ bel } C}$$

其中(Q cont Q bel $*$)表示Q是诚实的、能胜任的。如果P相信Q是诚实的、能胜任的，P相信Q发送过消息X，由X可以扩展到C，并且P相信X是新鲜的，则P相信Q相信C。

$$\mathrm{J}_3 \quad \frac{P \text{ bel } Q \text{ cont } Q \text{ bel } *, P \text{ bel } Q \text{ bel } Q \text{ bel } C}{P \text{ bel } Q \text{ bel } C}$$

如果P相信Q是诚实的、能胜任的，并且P相信Q相信Q相信C，则P相信Q相信C。

8.1.4 GNY 逻辑应用实例

应用GNY逻辑对协议进行分析的步骤如下：

① 对消息标识“不是由此首发”标志$*$，并对消息做出解释；

② 对系统的初始状态进行描述，给出初始假设集；

③ 运用GNY逻辑推理规则对协议进行形式化分析。

与BAN逻辑不同，GNY逻辑首先需要对协议消息标识“不是由此首发”标志$*$，GNY逻辑的设计者给出了一个分析器来完成此步骤，下面简要描述分析器的算法。

① 首先对原协议描述中每行形如$P \rightarrow Q: X$的消息进行处理。如果$P=Q$，则报告错误；否则分析器将产生两行描述，即Q sees X，P said X。

② 对每一个主体P，分析器从头开始扫描，检查所有P sees X或者P said X语句。

③ 对于每个P sees X语句中出现的公式Y，如果Y没有首先出现在P said X语句中，则分析器在公式Y前面插入符号$*$。

④ 上述步骤完成后，分析器将删除所有P said X语句。

下面结合一个实例来说明GNY逻辑的应用方法。为了同BAN逻辑做对比，选择NS对称密钥协议。通过分析过程，帮助读者理解两者的区别，以及GNY逻辑的优势。

(1) 协议解释

利用上面所述的分析器的算法，可以将原协议转换成如下形式：

① S sees $*A, *B, *N_a$

② A sees exten$\left(*\left\{N_a, B, *K_{ab}, \text{exten}\left(*\{K_{ab}, A\}_{K_{bs}}, \left(S \text{ bel } A \overset{K_{ab}}{\leftrightarrow} B\right)\right)\right\}_{K_{as}}, (S \text{ bel } A \overset{K_{ab}}{\leftrightarrow} B)\right)$

③ B sees exten$\left(*\{K_{ab}, *A\}_{K_{bs}}, \left(S \text{ bel } A \overset{K_{ab}}{\leftrightarrow} B\right)\right)$

④ A sees $*\{*N_b\}_{K_{ab}}$

⑤ B sees exten$\left(*\{*F(N_b)\}_{K_{ab}}, \left(A \text{ bel } A \overset{K_{ab}}{\leftrightarrow} B\right)\right)$

(2) 协议假设

P_1: A poss K_{as}

P_2: A poss N_a

P_3: A bel $A \overset{K_{as}}{\leftrightarrow} S$

P_4: A bel fresh(N_a)

P_5: A bel rec(B)

P_6: B poss K_{bs}

P_7: B poss N_b

P_8: B bel $B \overset{K_{bs}}{\leftrightarrow} S$

P_9: B bel fresh(N_b)

P_{10}: B bel rec(N_b)

上述假设说明：每个主体都拥有一个秘密，并且相信这是它与认证服务器共享的秘密；它们也相信自己产生的随机数是新鲜的；另外，A 相信标识 B 是可识别的，B 相信 N_b 是可识别的。

P_{11}: A bel S cont $A \overset{K_{ab}}{\leftrightarrow} B$

P_{12}: A bel S cont S bel *

P_{13}: A bel B cont B bel *

P_{14}: B bel S cont $A \overset{K_{ab}}{\leftrightarrow} B$

P_{15}: B bel S cont S bel *

P_{16}: B bel A cont A bel *

上述假设说明：A 和 B 都相信 S 对会话密钥有管辖权；A 和 B 都相信 S 是诚实的、能胜任的；A 相信 B 是诚实的、能胜任的，同样 B 相信 A 是诚实的、能胜任的。

P_{17}: S poss K_{as}

P_{18}: S poss K_{bs}

P_{19}: S poss K_{ab}

P_{20}: S bel $A \overset{K_{as}}{\leftrightarrow} S$

P_{21}: S bel $B \overset{K_{bs}}{\leftrightarrow} S$

P_{22}: S bel $A \overset{K_{ab}}{\leftrightarrow} B$

上述假设说明：S 拥有秘密及 A 和 B 的会话密钥；它同时也相信共享的秘密 K_{as}、K_{bs} 以及 K_{ab}。

(3) 推理分析

由消息①，利用推理规则 T_1 和 P_1，可以得到：

$$S \text{ poss } (A, B, N_a)$$

由消息②，应用推理规则 T_1、T_3 和 P_1，可以得到：

$$A \text{ poss } (N_a, B, K_{ab}, \{K_{ab}, A\}_{K_{bs}})$$

应用推理规则 T_2，可以得到：

$$A \text{ poss } K_{ab}$$

应用推理规则 F_1，可以得到：

$$A \text{ bel fresh}(N_a, B, K_{ab}, \{K_{ab}, A\}_{K_{bs}})$$

应用推理规则 R_1，可以得到：

$$A \text{ bel rec}(N_a, B, K_{ab}, \{K_{ab}, A\}_{K_{bs}})$$

应用推理规则 I_1，可以得到：

$$A \text{ bel } S \text{ said } (N_a, B, K_{ab}, \{K_{ab}, A\}_{K_{bs}})$$

应用推理规则 J_2，可以得到：

$$A \text{ bel } S \text{ bel } A \overset{K_{ab}}{\leftrightarrow} B$$

应用推理规则 J_1，可以得到：

$$A \text{ bel } A \overset{K_{ab}}{\leftrightarrow} B$$

由消息③，应用推理规则 T_1、T_3 和 P_1，可以得到：

$$B \text{ poss } K_{ab}$$

除此之外，利用推理规则，再也得不到有用的结论。特别地，我们得不到消息新鲜性的结论。事实上，消息③完全可以是一条重放的消息。这里要注意，不同于 BAN 逻辑，GNY 逻辑的推理规则不能得出 S 发送过该消息的结论，自然 B 也没有理由相信这条消息不是重放的消息，所以 B 不能确定 S 发送过该消息，也不能确定该消息的新鲜性，从而 B 不能相信会话密钥。

由消息④，应用推理规则 T_1、T_3 和 P_1，可以得到：

$$A \text{ poss } N_b$$

除此之外，利用推理规则，再也得不到有用的结论。尽管 K_{ab} 已经在使用，但 A 并不知道到底是谁首先发送了该消息，或者说 A 不知道 B 是否拥有了密钥。原因就在于由 B 产生的随机数 N_b 并不能被 A 识别。

消息⑤得不到任何有意义的结论。

最终得到以下结论：

$$A \text{ poss } K_{ab}, A \text{ bel } A \overset{K_{ab}}{\leftrightarrow} B, A \text{ poss } K_{ab}$$

读者可以同上一章 BAN 逻辑的结论进行对比。

针对 BAN 逻辑的缺陷，GNY 逻辑对其进行了修改，取得了一定的成果，如增加了拥有的概念，增强了逻辑的表达能力，扩展了使用范围。但由于 GNY 逻辑自身过于复杂，如 GNY 逻辑的推理规则有 41 个，所以使得 GNY 逻辑失去了 BAN 逻辑简洁、易于使用的特点，有专家指出，应用 GNY 逻辑分析协议是不现实的。尽管如此，GNY 逻辑却指明了一个方向，即应尽量消除逻辑中的假设。GNY 逻辑的产生、发展使人们对协议以及利用 BAN 类逻辑分析协议有了更深刻的认识。

8.2 AT 逻辑

1991 年，Abadi 和 Tuttle 提出了 AT 逻辑。AT 逻辑试图为 BAN 逻辑构造一个简单的语义模型，它是继 GNY 逻辑之后，对 BAN 逻辑的又一次重要改进。

作为形式化分析方法，BAN 逻辑成功地发现了一些协议的缺陷，但其逻辑系统本身缺乏形式化的语义分析。形式语义可以用来分析逻辑系统的完备性和合理性，这对于逻辑系统是非常重要的。与 BAN 逻辑相比，AT 逻辑一方面，从语义的角度分析了 BAN 逻辑，并进行了改进；另一方面，给出了形式语义，并证明了推理系统的合理性。因而将 BAN 逻辑向前推进了一大步。

具体来说，AT 逻辑在以下方面对 BAN 逻辑进行了改进。

（1）对BAN逻辑中的定义和推理规则进行整理，去除其中语义和实现细节的混合部分

例如，在BAN逻辑中对好的共享密钥的定义为：如果K为主体P和Q的共享密钥，当且仅当K仅为主体P和Q以及P和Q所信任的主体所知。实际上在BAN逻辑中，好的密钥的概念与机密性无关，仅涉及密钥的使用者。在AT逻辑中将好的共享密钥定义为：如果K为P和Q的共享密钥，当且仅当主体P和Q是唯一能利用密钥K加密消息的主体。其他主体不能发送用K加密的消息，除非它之前从别的主体处获得过该消息。

此外，例如，在BAN逻辑中存在以下推理规则：

$$\frac{P \text{ believes } Q \overset{K}{\leftrightarrow} P, P \text{ sees } \{X\}_K}{P \text{ sees } X}$$

表示如果主体P相信K是P和Q之间的共享密钥，并且P收到了$\{X\}_K$，则P收到了消息X。这条规则中隐含着以下结论：只要主体P相信K是一个好的共享密钥，则P就可以拥有K，并可以利用K进行加解密。但实际上，P相信K是一个好的密钥，并不意味着P就拥有K，所以，在AT逻辑中，引入拥有的概念，从而将拥有与信仰区分开。

（2）对某些逻辑部件引入更直接的定义，免除对实体诚实性的隐含假设

BAN逻辑假设主体是诚实的，即主体相信它们所发的消息内容。诚实性假设是BAN逻辑中一些推理规则的基础，例如，下面的推理规则就是以主体诚实性为前提的：

$$\frac{P \text{ believes fresh}(X), P \text{ believes } Q \text{ said } X}{P \text{ believes } Q \text{ believes } X}$$

即如果主体P相信消息X是新鲜的，并且P相信Q发送过消息X，则P相信主体Q相信消息X。但对于有些协议，这个假设是不成立的，如主体转发收到的消息的部分内容，并且主体无法判断或知道这部分消息的真实内容。在AT逻辑中引入新的构件来表示转发的概念，从而能更清楚地描述这种推理规则。

此外，在AT逻辑中，通过引入新的构件以及修改推理规则，成功地取消了主体诚实性假设。通过分析发现，在BAN逻辑中，随机数验证规则及管辖规则用到了诚实性假设。先看随机数验证规则，前面已经提到过，即如果主体P相信消息X是新鲜的，并且P相信Q发送过消息X，则P相信Q相信消息X。实际上仅仅是Q发送过消息X，不足以表明Q相信消息X，而应该进一步明确Q在当前时间内刚发送过消息X，所以AT逻辑中引入新构件，描述刚刚发送的概念，并修改了推理规则。

再来看管辖规则：

$$\frac{P \text{ believes } Q \text{ controls } X, P \text{ believes } Q \text{ believes } X}{P \text{ believes } X}$$

它表示如果主体P相信主体Q对消息X具有管辖权，并且P相信Q相信X，则P相信X。实际上，如果主体Q试图使主体P相信X，那么主体Q必须发送一个消息给P，并且说明X是正确的，而不能什么都不发送，就使P相信X。根据上述直观的判断，AT逻辑修改了管辖公理，即主体Q对X具有管辖权，且主体Q刚刚发送过X，则X为真。

通过上述处理方法，AT逻辑取消了主体诚实性假设。

（3）简化推理规则，所有概念都有独立定义，不与其他概念混淆

AT逻辑只有两条推理规则，即

MP规则（modus ponens）：由φ和$\varphi \supset \Psi$可以推导出Ψ；

Nec规则（necessitation）：由$\vdash \varphi$可以推导出$\vdash P \text{ believes } \varphi$。

其中⊃表示逻辑蕴含。$\Gamma \vdash \varphi$ 表示公式 φ 可以由公式集合 Γ 推导出。$\vdash \varphi$ 表示公式 φ 是定理，可直接由公理推导出。

(4) 引进全部命题连接词，并将推理规则改写为公理形式，使逻辑语法更为清晰、简洁

下面将详细讨论 AT 逻辑的语法、语义和推理规则。

8.2.1 AT 逻辑的语法

除直接引用 BAN 逻辑的逻辑构件外，AT 逻辑还改进并引入了一些新的逻辑构件。首先简单介绍一下 AT 逻辑新增的逻辑构件：

$'X'$，表示主体转发消息 X，即消息 X 并非由主体生成；

P has K，表示主体 P 拥有密钥 K；

P says X，表示主体 P 刚刚发送过消息 X。

下面讨论 AT 逻辑的语法。假设$\mathcal{T}$是 AT 逻辑的基本术语集合，包括原子命题集合、主体集合、密钥集合、随机数集合等相互区别、互不相交的集合。

$\mathcal{M}_{\mathcal{T}}$是基于基本集合$\mathcal{T}$的满足下列条件的最小消息语言：

① 如果 φ 是公式，则 φ 是消息；

② 如果 X 是$\mathcal{T}$中一个原始术语，则 X 是消息；

③ 如果 $X_1,\cdots,X_k$ 是消息，则$(X_1,\cdots,X_k)$是消息；

④ 如果 P 是主体，X 是消息，K 是密钥，则$\{X^P\}_K$ 是消息；

⑤ 如果 P 是主体，X 和 Y 是消息，则$\langle X^P\rangle_Y$ 是消息；

⑥ 如果 X 是消息，则$'X'$是消息。

$\mathcal{F}_{\mathcal{T}}$是基于基本集合$\mathcal{T}$的满足下列条件的最小公式语言：

① 如果 p 是原子命题，则 p 是公式；

② 如果 φ 和 φ'是公式，则$\neg\varphi$ 和 $\varphi\wedge\varphi'$是公式；

③ 如果 P 是主体，φ 是公式，则 P believes φ 和 P controls φ 是公式；

④ 如果 P 是主体，X 是消息，则 P sees X、P said X 和 P says X 是公式；

⑤ 如果 P 和 Q 是主体，X 是消息，则 $P\overset{X}{\rightleftharpoons}Q$ 是公式；

⑥ 如果 P 和 Q 是主体，K 是密钥，则 $P\underset{K}{\leftrightarrow}Q$ 是公式；

⑦ 如果 X 是消息，则 fresh(X)是公式；

⑧ 如果 P 是主体，K 是密钥，则 P has K 是公式。

8.2.2 AT 逻辑的推理规则

AT 逻辑的推理规则用公理的形式给出。AT 逻辑的公理系统包含两条推理规则。

R1：MP 规则(modus ponens)：由 φ 和 $\varphi\supset\Psi$ 可以推导出 Ψ。

R2：Nec 规则(necessitation)：由 $\vdash\varphi$ 可以推导出$\vdash P$ believes φ。

(1) 信任公理

A1：P believes $\varphi\wedge P$ believes $(\varphi\supset\psi)\supset P$ believes ψ

A2：P believes $\varphi\supset P$ believes $(P$ believes $\varphi)$

A3：$\neg P$ believes $\varphi\supset P$ believes $(\neg P$ believes $\varphi)$

A4：P believes $\varphi\wedge P$ believes $\varphi'\equiv P$ believes $(\varphi\wedge\varphi')$

公理 A1 表示主体相信其信仰的所有逻辑结果，A2 和 A3 指出主体相信什么和主体不相信什么。

(2) 消息含义公理

密钥和秘密用于推断消息发送者的身份，如果 $P \neq S$，则

A5：$P \overset{K}{\leftrightarrow} Q \wedge R$ sees $\{X^S\}_K \supset Q$ said X

A6：$P \overset{Y}{\rightleftharpoons} Q \wedge R$ sees $\langle X^S \rangle_Y \supset Q$ said X

(3) 看见公理

如果主体拥有适当的密钥，那么它能够看见消息，并且是消息的每一部分。

A7：P sees $(X_1, \cdots, X_k) \supset P$ sees X_i

A8：P sees $\{X^Q\}_K \wedge P$ has $K \supset P$ sees X

A9：P sees $\langle X^Q \rangle_S \supset P$ sees X

A10：P sees $'X' \supset P$ sees X

A11：P sees $\{X^Q\}_K \wedge P$ has $K \supset P$ believes $(P$ sees $\{X^Q\}_K)$

A11 指出只有当 P 拥有密钥 K 时，P 才相信其所见到的密文的内容，否则 P 根本无法区分密文。

(4) 说过公理

如果主体说了一个消息，那么它说了消息的每一部分。

A12：P said $(X_1, \cdots, X_k) \supset P$ said X_i

A13：P said $\langle X^Q \rangle_S \supset P$ said X

A14：P said $'X' \wedge \neg P$ sees $X \supset P$ said X

A14 表示主体对其传递的内容负责。

(5) 管辖公理

A15：P controls $\varphi \wedge P$ says $\varphi \supset \varphi$

(6) 新鲜公理

如果消息的每一部分都是新鲜的，那么整个消息就是新鲜的。

A16：$\text{fresh}(X_i) \supset \text{fresh}(X_1, \cdots, X_k)$

A17：$\text{fresh}(X) \supset \text{fresh}(\{X^Q\}_K)$

A18：$\text{fresh}(X) \supset \text{fresh}(\langle X^Q \rangle_S)$

A19：$\text{fresh}(X) \supset \text{fresh}('X')$

(7) 随机数验证公理

A20：$\text{fresh}(X) \wedge P$ said $X \supset P$ says X

(8) 密钥和秘密共享公理

A21：$R \overset{K}{\leftrightarrow} R' \equiv R' \overset{K}{\leftrightarrow} R$

A22：$R \overset{X}{\rightleftharpoons} R' \equiv R' \overset{X}{\rightleftharpoons} R$

8.2.3　AT 逻辑的计算模型

系统由有限个可以相互发送消息的主体集合 $P_1, \cdots, P_n$ 以及一个象征环境的主体 P_e 组成。在协议运行期间，每个主体都处于一个局部状态，而所有主体的局部状态和环境主体的局

部状态组成的集合就构成了全局状态，全局状态用$(s_e, s_1, \cdots, s_n)$表示，其中 s_e 表示 P_e 的状态，而 s_i 表示 P_i 的状态。

对于某个给定状态，主体可以通过行为改变状态。P 的局部协议 A_P 指从 P 的局部状态到 P 的下一个行为的函数。协议就是所有局部协议的集合$(A_e, A_1, \cdots, A_n)$。

协议的一轮(run)指全局状态的一个无限序列。系统则是协议轮$\mathcal{R}$的集合。在一个协议轮中，每一个状态被赋予一个整型数，表示时间。如果协议轮 r 的初始状态被赋予时间 $k_r \leqslant 0$，则第 k 个状态被赋予时间 $k_r + (k-1)$。符号 $r(k)$ 表示在协议轮 r、时间 k 时的全局状态，$r_i(k)$ 表示其中主体 P_i 的局部状态，进而可以用(r,k)表示在协议轮 r、时间 k 时系统所处的状态。

假设主体的局部状态包含局部历史记录(主体在此之前的所有执行的行为)和密钥集合。环境主体的局部状态包含全局历史记录(所有主体在此之前的所有执行的行为)、密钥集合以及消息缓冲区 m_i，m_i 用于存储所有发送给主体 P_i 但尚未被处理的消息。假设在协议开始之前，所有的历史记录和消息缓冲区都是空的。

假设主体可以执行的行为有以下几种：

① send(m,Q)：表示 P 发送消息 m 给 Q，m 被放入 Q 的消息缓冲区中。

② receive()：表示 P 收到一个消息。

③ newkey(K)：表示 P 将拥有一个新的 K，K 被加入 P 的密钥集合中。

此外，每个行为自动将它自己加入主体的局部历史记录及环境主体的全局历史记录中。在 AT 逻辑中，要求如果一个主体使用一个密钥 K 来加密或解密消息，那么它首先必须执行行为 newkey(K)，将 K 加入自己的密钥集合中。

设集合$\mathcal{K}$表示主体拥有的密钥集合，则通过主体的密钥集合$\mathcal{K}$，可以定义从消息 M 中，主体 P 可以读取的信息 seen-submsgs$_{\mathcal{K}}(M)$，seen-submsgs$_{\mathcal{K}}(M)$定义为：

① seen-submsgs$_{\mathcal{K}}(X_1) \cup \cdots \cup$ seen-submsgs$_{\mathcal{K}}(X_k)$，如果 $M=(X_1, \cdots, X_k)$；

② seen-submsgs$_{\mathcal{K}}(X)$，如果 $M=\{X^Q\}_K$，并且 $K \in \mathcal{K}$；

③ seen-submsgs$_{\mathcal{K}}(X)$，如果 $M=\langle X^Q \rangle_S$；

④ seen-submsgs$_{\mathcal{K}}(X)$，如果 $M='X'$。

同理，假设$\mathcal{K}$为主体 P 的密钥集合，$\mathcal{M}$为主体 P 收到的消息的集合，可以定义主体 P 的发送消息集合 said-submsgs$_{\mathcal{K},\mathcal{M}}(M)$，said-submsgs$_{\mathcal{K},\mathcal{M}}(M)$的定义为：

① said-submsgs$_{\mathcal{K},\mathcal{M}}(X_1) \cup \cdots \cup$ said-submsgs$_{\mathcal{K},\mathcal{M}}(X_k)$，如果 $M=(X_1, \cdots, X_k)$；

② said-submsgs$_{\mathcal{K},\mathcal{M}}(X)$，如果 $M=\{X^Q\}_K$，并且 $K \in \mathcal{K}$；

③ said-submsgs$_{\mathcal{K},\mathcal{M}}(X)$，如果 $M=\langle X^Q \rangle_S$；

④ said-submsgs$_{\mathcal{K},\mathcal{M}}(X)$，如果 $M='X'$，并且 $X \notin$ seen-submsgs$_{\mathcal{K}}(M)$。

对于给定的协议轮 r 和时间 k，如果 k 时刻密钥 K 在主体 P 的密钥集合中，$\mathcal{K}$为主体 P 的密钥集合，$\mathcal{M}$为主体 P 在 k 时刻之前收到的消息的集合，有以下说明：

① 主体的密钥集合是单调递增的。如果$\mathcal{K}'$是主体 P 在 k'时的密钥集合，那么当 $k' \leqslant k$ 时，$\mathcal{K}' \subseteq \mathcal{K}$。

② 消息在接收前一定已经发送。如果 receive(M)在 k 时出现在 P 的局部历史记录中，那么 send(M,Q)必须在 k 时之前出现在 Q 的局部历史记录中。

③ 主体一定拥有其加密所用的密钥。假设 send(M,Q)在 k 时出现在 P 的局部历史记录中，而且 $\{X^R\}_K \in$ said-submsgs$_{\mathcal{K},\mathcal{M}}(M)$，那么 $\{X^R\}_K \in$ seen-submsgs$_{\mathcal{K}}(\mathcal{M})$或 $K \in \mathcal{K}$。

④ 如果 send(M,Q)出现在 k 时的 P 的局部历史记录中，并且 $\{X^R\}_K \in$ said-submsgs$_{\mathcal{K},\mathcal{M}}$

(M)，那么 $P=R$ 或者 $\{X^R\}_K \in$ seen-submsgs$_{\mathcal{K}}(\mathcal{M})$。同理对于 $\langle X^R\rangle_S$。

⑤ 主体在转发消息之前，一定收到了该消息。如果 send(M,Q)出现在 k 时的 P 的局部历史记录中，并且$'X'\in$ said-submsgs$_{\mathcal{K},\mathcal{M}}(M)$，那么 $X\in$ seen-submsgs$_{\mathcal{K}}(\mathcal{M})$。

8.2.4　AT 逻辑的语义

下面给出一些符号说明，公式 φ 在(r,k)为真记为$(r,k)\models\varphi$。定义 π 为一个映射，当原子命题 $p\in\Phi$ 为真时，π 将其映射为状态集 $\pi(p)$。

给出如下定义：

$(r,k)\models\varphi$，当且仅当 $p\in\Phi$，有$(r,k)\in\pi(p)$；

$(r,k)\models\varphi\wedge\varphi'$，当且仅当$(r,k)\models\varphi$ 并且$(r,k)\models\varphi'$；

$(r,k)\models\neg\varphi$，当且仅当 φ 在(r,k)时不成立。

下面给出公式成立的真值条件。

1. 看见

主体可以看见它所能识别的消息中的所有部分。定义$(r,k)\models P$ sees X，表示在(r,k)状态，P sees X。

$$(r,k)\models P \text{ sees } X$$

当且仅当对于某些消息 M，在 r 轮协议的 k 时有：

① receive(M)在 P 的局部历史记录中；

② $X\in$ seen-submsgs$_{\mathcal{K}}(M)$，其中 $K\in\mathcal{K}$。

2. 发送

$$(r,k)\models P \text{ said } X$$

当且仅当对于某些消息 M，在 r 轮协议的 $k'(k'\leqslant k)$时，有：

① P 执行了 send(M,Q)；

② $X\in$ said-submsgs$_{\mathcal{K},\mathcal{M}}(M)$，其中$\mathcal{K}$是 P 的密钥集合，$\mathcal{M}$是 P 已接收的消息集合。

同理，可以定义$(r,k)\models P$ says X，在上述条件的基础上，只需要将时间 k'限定在 $0\leqslant k'\leqslant k$ 范围内即可。

3. 管辖

$$(r,k)\models P \text{ controls } X$$

当且仅当$(r,k')\models P$ says φ，蕴含着对于所有 $k'\geqslant 0$，有$(r,k')\models\varphi$。注意，管辖语义即只要 P 说过 φ，那么 φ 就成立。

4. 新鲜

$$(r,k)\models \text{fresh}(X)$$

当且仅当 $X\notin$ submsgs$(\mathcal{M}(r,0))$，其中 submsgs$(\mathcal{M})$表示$\mathcal{M}$中所有子消息的集合，$\mathcal{M}(r,0)$表示任意主体自 r 轮协议的 0 时刻起，已发送的消息集合。

5. 密钥与秘密共享

如果 K 为 P 和 Q 的共享密钥，当且仅当主体 P 和 Q 是唯一能利用密钥 K 加密消息的主体。

$$(r,k)\models P\overset{K}{\leftrightarrow}Q$$

当且仅当对于所有的 k'，$(r,k')\models R$ said $\{X^S\}_K$，蕴含着$(r,k')\models R$ sees $\{X^S\}_K$，或者

$R \in \{P, Q\}$。

同理，可以定义$(r,k) \models P \overset{X}{\rightleftharpoons} Q$，

$$(r,k) \models P \overset{X}{\rightleftharpoons} Q$$

当且仅当对于所有的k'，$(r,k') \models R$ said $\langle Y^S \rangle_X$，蕴含着$(r,k') \models R$ sees $\langle Y^S \rangle_X$，或者$R \in \{P, Q\}$。

6. 信仰

AT 逻辑基于可能世界(possible world)描述信仰语义，即主体在给定状态的信仰取决于它所处的可能世界中的状态。这些世界对于主体而言是不能分辨的，对于给定的主体P_i，定义可能关系$\sim_i$，描述每个世界(r,t)在这种概念下所关联的可能世界。

所谓不可分辨，即在不同世界中，主体的局部状态相同。由于在主体的局部状态中，可能包含一些不能识别的信息，如主体局部状态中包含信息$\{X^Q\}_K$，但主体并不拥有K，这样主体并不能识别信息X。所以定义操作 hide(s)来消除状态s中的不可识别的信息。这样可以给出关系$\sim_i$的定义。

对于主体P_i，定义可能关系$\sim_i$，$(r,t) \sim_i (r',k')$成立，当且仅当 $\text{hide}(r_i(k)) = \text{hide}(r'_i(k'))$。

下面给出 AT 逻辑中的信仰的语义。

$$(r,k) \models P_i \text{ believes } \varphi$$

当且仅当对于所有的(r',k')，如果$(r,t) \sim_i (r',k')$，则$(r',k') \models \varphi$成立。

这里，为了便于理解，可以将关系$\sim_i$理解为一种简单的可达关系，它给出了现实世界和可能世界之间的一种关联。需要注意的是，这里的现实世界和可能世界都是用(r,k)来定义的。这样，$(r,k) \models P_i$ believes φ可以理解为：对于主体P_i，如果在所有(r,k)可达的可能世界(r',k')中，φ都成立，那么P_i在(r,k)这个现实世界中就相信φ。

AT 逻辑的应用与 BAN 逻辑类似，这里就不再详细讨论，有兴趣的读者可以参考相关文献。

8.3 SVO 逻辑

SVO 逻辑由 Syverson 和 van Oorschot 在 1994 年提出。SVO 逻辑吸收了 BAN 逻辑、GNY 逻辑、AT 逻辑以及 VO 逻辑等逻辑系统的优点，为逻辑系统建立了计算模型，在此基础上给出了形式语义，并且证明了逻辑系统推理规则的有效性。同时它又具有简单、易用的特点。所以 SVO 逻辑是目前分析认证协议最有利的形式化方法之一。其优点主要表现在以下方面。

① 针对 BAN 逻辑缺乏形式语义的缺点，SVO 逻辑提供了一个较为清晰的模态理论语义，并给出了逻辑系统有效性证明，从而保证了逻辑推理是可靠的。

② 具有一个相当详细的计算模型，从而极大地消除了由公式含义及推理规则产生的一些混乱。通过语义解释可以更好地理解公式的含义，使其更好地表达人们真正想说明的问题。这有助于 BAN 类逻辑对协议的理想化。

③ SVO 逻辑具有很好的扩展性。

④ SVO 逻辑十分简单、易用。

8.3.1 SVO 逻辑的语法

首先介绍一下 SVO 逻辑的基本符号：

$\{*_1,\cdots,*_n\}$，表示主体不能识别的消息；

$\widetilde{K}$，K 对应的解密密钥；

$\{X^P\}_K$，用密钥 K 加密消息 X，P 是发送者，P 可以省略；

$[X]_K$，用密钥 K 对消息 X 签名后的消息；

$\langle X_P\rangle_Y$，合成消息 $\langle X\rangle_Y$，P 是发送者，P 可以省略；

$P\overset{K}{\leftrightarrow}Q$，$K$ 是 P 和 Q 之间"好的"共享密钥；

$\mathrm{PK}_\psi(P,K)$，K 是 P 的公开加密密钥，只有 P 才能理解应用密钥 K 加密的消息；

$\mathrm{PK}_\sigma(P,K)$，K 是 P 的公开签名验证密钥；

$\mathrm{PK}_\delta(P,K)$，K 是 P 的公开协商密钥；

$\mathrm{SV}(X,K,Y)$，应用密钥 K 可以验证 X 是 Y 的签名。

同 AT 逻辑一样，SVO 逻辑假设$\mathcal{T}$是原子术语集合，包括主体集合、共享密钥、公钥、私钥集合等，并将语言分为消息语言$\mathcal{M}_\mathcal{T}$和公式语言$\mathcal{F}_\mathcal{T}$。

$\mathcal{M}_\mathcal{T}$是满足下列性质的最小语言：

① 如果 $X\in\mathcal{T}$，则 X 是消息；

② 如果 $X_1,\cdots,X_n$ 是消息，F 是任意 n 维函数，则 $F(X_1,\cdots,X_n)$是消息；

③ 如果 φ 是公式，则 φ 是消息。

$\mathcal{F}_\mathcal{T}$是满足下列条件的最小语言：

① 如果 P、Q 是主体，K 是密钥，则 $P\overset{K}{\leftrightarrow}Q$，$\mathrm{PK}_\psi(P,K)$，$\mathrm{PK}_\sigma(P,K)$，$\mathrm{PK}_\delta(P,K)$是公式；

② 如果 X 和 Y 是消息，K 是密钥，则 $\mathrm{SV}(X,K,Y)$是公式；

③ 如果 X 是消息，P 是主体，则 P sees X，P received X，P says X，P said X 以及 fresh(X)是公式；

④ 如果 φ,ψ 是公式，则$\neg\varphi,\varphi\wedge\psi$ 是公式；

⑤ 如果 φ 是公式，P 是主体，则 P believes φ，P controls φ 是公式。

8.3.2 SVO 逻辑的推理规则

同 AT 逻辑一样，SVO 逻辑的推理规则用公理的形式给出，公理系统包含两条推理规则。

R1： MP 规则(modus ponens)：由 φ 和 $\varphi\supset\Psi$ 可以推导出 Ψ。

R2： Nec 规则(necessitation)：由 $\vdash\varphi$ 可以推导出 $\vdash P$ believes φ。

其中符号$\supset$以及 $\vdash\varphi$ 的含义同 AT 逻辑。

(1) 信任公理

对于任意的主体 P 和公式 φ,ψ，有：

Ax1：P believes $\varphi\wedge P$ believes $(\varphi\supset\psi)\supset P$ believes ψ

Ax2：P believes $\varphi\supset P$ believes (P believes φ)

(2) 消息来源公理

Ax3：$(P\overset{K}{\leftrightarrow}Q\wedge R$ received $\{X^Q\}_K)\supset(Q$ said $X\wedge Q$ sees $K)$

Ax4：$(PK_{\sigma}(Q,K) \wedge R$ received $X \wedge SV(X,K,Y)) \supset Q$ said Y

（3）密钥协商公理

Ax5：$((PK_{\delta}(P,K_p)) \wedge (PK_{\delta}(P,K_q))) \supset P \overset{F_0(K_p,K_q)}{\leftrightarrow} Q$，其中 F_0 为密钥协商函数。

Ax6：$\varphi \equiv \varphi[F_0(K,K')/F_0(K',K)]$

（4）消息接收公理

Ax7：P received$(X_1,\cdots,X_n) \supset P$ received(X_i)

Ax8：$(P$ received $\{X\}_K \wedge P$ sees $K) \supset P$ received X

Ax9：P received $[X]_K \supset P$ received X

（5）消息看见公理

Ax10：P received $X \supset P$ sees X

Ax11：P sees $(X_1,\cdots,X_n) \supset P$ sees X_i

Ax12：$(P$ sees $X_1 \wedge \cdots \wedge P$ sees $X_n) \supset P$ sees $F(X_1,\cdots,X_n)$

（6）消息理解公理

Ax13：P believes$(P$ sees $F(X)) \supset P$ believes$(P$ sees $X)$

（7）消息发送公理

Ax14：P said $(X_1,\cdots,X_n) \supset (P$ said $X_i \wedge P$ sees $X_i)$

Ax15：P says $(X_1,\cdots,X_n) \supset (P$ said $(X_1,\cdots,X_n) \wedge P$ says $X_i)$

（8）管辖公理

Ax16：$(P$ controls $\varphi \wedge P$ says $\varphi) \supset \varphi$

（9）新鲜公理

Ax17：fresh$(X_i) \supset$fresh$(X_1,\cdots,X_n)$

Ax18：fresh$(X_1,\cdots,X_n) \supset$fresh$(F(X_1,\cdots,X_n))$

（10）随机数验证公理

Ax19：(fresh$(X) \wedge P$ said $X) \supset P$ says X

（11）共享密钥对称性公理

Ax20：$P \overset{K}{\leftrightarrow} Q \equiv Q \overset{K}{\leftrightarrow} P$

8.3.3 计算模型

计算由有限个能够互相发送消息的主体 $P_1,\cdots,P_n$，以及一个代表环境的主体 P_e 构成。每一个主体 P_i 都有一个局部状态 s_i，全局状态用 $n+1$ 维的局部状态描述。主体可以执行 3 个动作：发送一个消息、接收一个消息以及生成新的数据，这 3 个动作分别用符号 send(X,G)，receive()和 generate(X)表示。一个主体可以发送消息，也可以接收消息，但是主体只能生成原子项目(primitive terms)，即$\mathcal{T}$集合的成员。除了生成新的数据，其他内部计算不被表示为动作，并且不明确表示。主体每执行一个动作，则触发一个状态变迁。

一个协议轮(run)指全局状态的一个无限序列。对于一个给定协议轮 r 的第一个状态被赋予一个时间 t_r，$t_r \leqslant 0$。设当前协议的初始状态时间为 t，则 $t=0$。用 $r(t)$表示协议轮 r、时间 t 时的全局状态，相应的主体 P_i 的局部状态表示为 $r_i(t)$，同 AT 逻辑一样，用(r,t)表示 $r(t)$。

每个主体的局部状态都包含一个历史记录，记录主体所执行的所有动作，以及一个有效的消息变换集合。环境主体的局部状态包含一个全局的历史记录、一个消息变换集合以及一个

消息缓冲区 m_i，m_i 用于存储所有发送给主体 P_i 但尚未被 P_i 接收的消息。假设消息只有在其被发送后，才能被接收，所以如果 receive(X)出现在 P_i 的局部状态 $r_i(t)$中，那么 send(X,G)一定出现在某个主体 P_j 的局部状态 $r_j(t')$的历史记录中，并且 $t'<t$。

每次消息的接收或者发送都包含了消息的变换，例如，如果一个主体接收到一个加密的消息$\{X\}_K$，并且该主体拥有解密密钥 $\widetilde{K}$，则它也收到了消息 X。具体来说，主体 P_i，在状态(r，t)，其已接收消息(received messages)的集合包括：

① 在 t 时刻以及 t 时刻之前，所有接收到的消息 X；

② 收到消息的级联时，同时收到所有被级联的消息；

③ 收到加密消息$\{X\}_K$，并且主体拥有解密密钥 $\widetilde{K}$，则主体收到了消息 X；

④ 收到$[X]_K$，则收到消息 X。

由定义可知，如果主体收到了加密消息，并且主体又得到了解密密钥，那么主体也就收到了被解密的明文。

对于一个给定的主体 P_i，所看到的消息(seen messages)的集合包括：P_i 收到消息、P_i 生成的消息以及 P_i 初始状态原有的消息。

下面给出主体 P_i 发送过的消息(said messages)集合的定义。首先定义发送过的子消息(said submessages)集合。假设在(r,t)，P_i 发送了消息 M，则 P_i 发送过的子消息集合包括：

① M 中的所有被级联的子消息；

② 对于 M 中的加密子消息，如果 P_i 拥有加密密钥，并且 P_i 看见了该加密子消息中的未加密消息，那么 P_i 发送过的子消息集合包括该未加密消息；

③ 对于 M 中的签名子消息，如果 P_i 拥有签名密钥，并且 P_i 看见了该签名子消息中的未被签名的消息，那么 P_i 发送过的子消息集合包括该未被签名的消息；

④ 对于 M 中的散列后的子消息，如果 P_i 看见了该散列子消息中的未被散列的消息，那么 P_i 发送过的子消息集合包括该未被散列的消息。

P_i 在(r,t)状态时发送过的消息的集合包括 P_i 在(r,t)时发送过的子消息和在 t 时刻以前发送过消息的集合。

8.3.4　SVO 逻辑的语义

下面讨论公式为真的条件。假设一个运行集合$\mathcal{R}$，公式 φ 在(r,t)为真，记为$(r,t)\models\varphi$，$\models\varphi$ 表示 φ 在所有运行点(r,t)均为真。

1. 逻辑连接

$$(r,t)\models\varphi\wedge\psi$$

当且仅当$(r,t)\models\varphi\wedge(r,t)\models\psi$。

$$(r,t)\models\neg\varphi$$

当且仅当$(r,t)\not\models\varphi$。

2. 接收

$$(r,t)\models P\ \text{received}\ X$$

当且仅当主体 P 在状态(r,t)时，消息 X 在 P 的接收消息集合中。

3. 看见

$$(r,t)\models P\ \text{sees}\ X$$

当且仅当主体 P 在状态(r,t)时，消息 X 在 P 的看到的消息集合中。

4. 发送

$$(r,t) \models P \text{ said } X$$

当且仅当在 r 的某个时刻 t'，且 $t' \leqslant t$，P 在(r,t')发送消息 M，并且 X 是 M 的子消息。这表示在过去的某个时刻，P 发送过 X。

与之对应，SVO 逻辑定义在当前时间段，主体 P 发送过 X，所谓当前时间段指从当前协议轮发起时刻到当前时刻，记为

$$(r,t) \models P \text{ says } X$$

当且仅当在 r 的某个时刻 t'，$0 \leqslant t' \leqslant t$，$P$ 在(r,t')发送消息 M，并且 X 是 M 的子消息。

5. 管辖

$$(r,t) \models P \text{ controls } \varphi$$

当且仅当对所有 t'，$t' \geqslant 0$，$(r,t) \models P \text{ says } \varphi$ 蕴含着$(r,t') \models \varphi$。由定义可知，管辖是很强的假设，它要求在当前时间段的所有时刻都成立，而不仅仅是 P says φ 的时刻。所以在初始假设中，要谨慎地使用管辖假设。

6. 新鲜性

如果一个消息在当前时间段之前，没有作为一个消息的一部分发送过，那么该消息就是新鲜的。但对于新鲜性而言，该定义是充分的，但不是必要的。例如一个主体可以先产生一个消息，而直到当前时刻才发送该消息，此时该消息并不是新鲜的。所以 SVO 逻辑定义新鲜性如下。

$$(r,t) \models \text{fresh}(X)$$

当且仅当对于所有的主体 P 和所有时刻 t'，$t' < 0$，$(r,t) \not\models P \text{ said } X$。

7. 密钥

密钥语义分四类讨论：共享密钥、公开加密密钥、公开签名验证密钥和公开协商密钥。

(1) 共享密钥

$$(r,t) \models P \overset{K}{\leftrightarrow} Q$$

当且仅当对于所有 t'，$(r,t') \models R \text{ said } \{X^Q\}_K$ 蕴含着下列两种情况：

$(r,t') \models R \text{ received } \{X^Q\}_K$；或者 $R=Q$，并且$(r,t') \models R \text{ said } X$，$(r,t') \models R \text{ sees } K$。如果$(r,t') \models R \text{ said } \{X\}_K$（取代$(r,t') \models R \text{ said } \{X^Q\}_K$），则 $R \in \{P,Q\}$（取代原来的 $R=Q$）。

$\text{PK}(P,K)$表示 K 是主体 P 的公开密钥，并且 K^{-1} 是对应的好的解密密钥，在这里，公开密钥指 3 种类型的公开密钥，即公开加密密钥、公开签名验证密钥和公开协商密钥，分别用 $\text{PK}_\psi(P,K)$、$\text{PK}_\sigma(P,K)$和 $\text{PK}_\delta(P,K)$表示。

在 SVO 逻辑中，签名和加密分别讨论。由于签名消息可用于一个主体鉴别消息来源，所以先讨论签名的语义。签名用符号 $\text{SV}(Y,K,X)$表示。

$$(r,t) \models \text{SV}(Y,K,X)$$

当且仅当存在一个 $\widetilde{K}$，用 $\widetilde{K}$ 生成的签名，即 $Y=[X]_{\widetilde{K}}$，可以用密钥 K 来验证。

(2) 公开加密密钥

$$(r,t) \models \text{PK}_\psi(P,K)$$

当且仅当对于所有的 t'，有$(r,t') \models Q \text{ sees } \{X\}_K$ 蕴含着只有当 $Q=P$ 时，$(r,t') \models Q \text{ sees } X$。

(3) 公开签名验证密钥

$$(r,t) \models \mathrm{PK}_\sigma(P,K)$$

当且仅当对于所有的 t',有 $(r,t') \models Q$ received $Y \wedge \mathrm{SV}(Y,K,X)$ 蕴含着 $(r,t') \models P$ said X。

(4) 公开协商密钥

$$(r,t) \models \mathrm{PK}_\delta(P,K)$$

当且仅当对于所有的 t',有:

① 对于某些 Q 和 K_q,蕴含着 $(r,t') \models P \overset{F_0(K,K_q)}{\leftrightarrow} Q$;

② 对于所有 R 和 K_r,如果 $(r,t') \not\models R \overset{F_0(K_r,K)}{\leftrightarrow} P$,那么蕴含着对于所有的 U 和 K_u,蕴含着 $(r,t') \not\models R \overset{F_0(K_r,K)}{\leftrightarrow} U$。

8. 信仰

与 AT 逻辑一样,SVO 逻辑也通过可能世界来定义信仰,区别在于 AT 逻辑中通过"不可分辨"的概念来定义可能世界之间的关系 $\sim_i$,在 SVO 逻辑中通过主体可以理解的消息来定义关系 $\sim_i$,使得语义更加清晰。由于篇幅关系,这里不再详细讨论,感兴趣的读者可以参考原始文献。

9. 有效性证明

定理 8-1 SVO 逻辑是有效的:若 $\Gamma \vdash \varphi$,则 $\Gamma \models \varphi$。

定理表明,对于公式集 Γ 和公式 φ,如果 φ 由 Γ 派生,则在任何状态下,如果 Γ 的公式为真,则 φ 为真。在协议分析中,如果 Γ 代表前提条件(初始假设),φ 代表协议目的,那么定理表明,如果协议初始条件为真,那么从这些初始假设派生的协议目的 φ 为真。

证明有效性最直接的方法就是验证前文给出的所有公理的真值条件。具体证明过程略。

8.3.5 SVO 逻辑的应用实例

应用 SVO 逻辑分析协议的方法步骤与 BAN 逻辑大同小异,区别仅在于 SVO 逻辑不需要进行理想化过程。在讨论具体应用之前,首先给出关于证明的定义。

定义 8-1 若 Ω 是协议初始假设集合,Γ 是公式集合,则在 SVO 逻辑中 $\Omega \vdash \Gamma$ 存在一个证明是指存在一个长度有限的公式序列:$F_1,\cdots,F_n$,使得 Γ 为 $\{F_1,\cdots,F_n\}$ 的子集,并且对于 $\forall F_i, F_i \in \{F_1,\cdots,F_n\}$,满足以下 3 个条件之一:

① F_i 是某个公理的实例化;

② F_i 是某个假设,即 $F_i \in \Omega$;

③ F_i 可以由公理及推理规则导出。

由 SVO 逻辑有效性(定理 8-1)有:若 Ω 为真,则 Γ 为真。由定义 8-1 可以得到应用 SVO 逻辑分析安全协议的步骤。

① 给出协议的初始假设集合 Ω,这些假设包括:每个主体相信自己所产生的随机数的新鲜性,主体相信主体之间共享密钥是好的,服务器对于它所产生及发送的密钥具有管辖权,等等;

② 给出协议应该达到的目标集 Γ;

③ 在 SVO 逻辑中证明 $\Omega \vdash \Gamma$ 是否成立。若成立,则说明协议达到协议目标,设计是成功的。

1．认证协议常用协议假设和目标的形式化描述

协议假设如下。

A1：主体相信可信主体 T 的签名密钥：

$$A \text{ believes } \mathrm{PK}_{\sigma}(T, K_t)$$

A2：主体相信可信主体 T 对主体签名密钥的管辖权：

$$A \text{ believes } T \text{ controls } \mathrm{PK}_{\sigma}(B, K_b)$$

A3：主体相信可信主体 T 对主体协商密钥的管辖权：

$$A \text{ believes } T \text{ controls } \mathrm{PK}_{\delta}(B, K_b)$$

A4：主体相信自己的协商密钥：

$$A \text{ believes } \mathrm{PK}_{\delta}(A, K_a)$$

A5：主体相信自己产生的随机数的新鲜性：

$$A \text{ believes fresh}(N_a)$$

协议目标如下。

G1：主体 A 相信主体 B 在协议运行的当前时间段在线：

$$A \text{ believes } B \text{ says } X$$

G2：实体身份认证：

$$A \text{ believes } B \text{ says } F(X, N_a)$$

其中 N_a 是主体 A 产生的随机数，F 是主体 A 和 B 约定的函数。

G3：隐式密钥认证：

$$A \text{ believes } A \overset{K-}{\leftrightarrow} B$$

主体 A 和 B 都相信 K 是适合于它们双方通信的非确认共享会话密钥。其中 $A \overset{K-}{\leftrightarrow} B$ 是 VO 逻辑的符号，用 SVO 逻辑描述为 $(A \overset{K}{\leftrightarrow} B) \wedge (A \text{ sees } K)$。

G4：共享密钥认证：

$$A \text{ believes } A \overset{K+}{\leftrightarrow} B$$

主体 A 和 B 都相信 K 是适合于它们双方通信的确认共享会话密钥。其中 $A \overset{K+}{\leftrightarrow} B$ 是 VO 逻辑的符号，用 SVO 逻辑描述为 $A \text{ believes}\left(\left(A \overset{K}{\leftrightarrow} B\right) \wedge (A \text{ sees } K) \wedge (U \text{ says } (U \text{ sees } K))\right), U \neq K$。

G5：主体相信密钥是新鲜的：

$$A \text{ believes fresh}(K)$$

G6：彼此相信共享密钥：

$$A \text{ believes } B \text{ says } B \overset{K-}{\leftrightarrow} A$$

2．NS 对称密钥协议分析

(1) 初始假设

P1：$A \text{ believes fresh}(N_a)$

$B \text{ believes fresh}(N_b)$

P2：$A \text{ believes } S \text{ controls}\left(A \overset{K_{ab}}{\leftrightarrow} B\right)$

B believes S controls$\left(A \overset{K_{ab}}{\leftrightarrow} B\right)$

P3：A believes S controls(fresh(K_{ab}))

B believes S controls(fresh(K_{ab}))

P4：A believes $\left(A \overset{K_{as}}{\leftrightarrow} S\right)$

B believes $\left(B \overset{K_{bs}}{\leftrightarrow} S\right)$

P5：A received $\{N_a, B, K_{ab}\{K_{ab}, A\}_{K_{bs}}\}_{K_{as}}$

P6：B received $\{K_{ab}, A\}_{K_{bs}}$

P7：A received $\{N_b\}_{K_{ab}}$

P8：B received $\{N_b-1\}_{K_{ab}}$

P9：A believes A received $\{N_a, B, *_1, *_2\}_{K_{as}}$

P10：B believes B received $\{*_3, A\}_{K_{bs}}$

P11：B believes B received $\{N_b-1\}_{*_3}$

P12：A believes $\left(A \text{ received } \{N_a, B, *_1, *_2\}_{K_{as}} \supset \right.$

$\left. \text{A received } \left\{N_a, B, A \overset{K_{ab}}{\leftrightarrow} B, \text{fresh}(K_{ab}), *_2\right\}_{K_{as}}\right)$

P13：B believes $\left(B \text{ received } \{*_3, A\}_{K_{bs}} \supset B \text{ received } \left\{A \overset{K_{ab}}{\leftrightarrow} B, \text{fresh}(K_{ab})\right\}_{K_{bs}}\right)$

P14：B believes $\left((B \text{ received } \{*_3, A\}_{K_{bs}} \wedge B \text{ received } \{N_b-1\}_{*_3}) \supset \right.$

$\left. B \text{ received } \left\{A \overset{K_{ab}}{\leftrightarrow} B, \text{fresh}(K_{ab})\right\}_{K_{bs}}\right)$

（2）分析过程

A believes A received $\left\{N_a, B, A \overset{K_{ab}}{\leftrightarrow} B, \text{fresh}(K_{ab}), *_2\right\}_{K_{as}}$ （P9、P12、Ax1、MP）　（1）

A believes S said$\left(N_a, B, A \overset{K_{ab}}{\leftrightarrow} B, \text{fresh}(K_{ab}), *_2\right)$ （式 1、P4、Ax3、Ax1、Nec、MP）（2）

A believes fresh$\left(N_a, B, A \overset{K_{ab}}{\leftrightarrow} B, \text{fresh}(K_{ab}), *_2\right)$ （P1、Ax17、Ax1、Nec、MP）　（3）

A believes S says$\left(N_a, B, A \overset{K_{ab}}{\leftrightarrow} B, \text{fresh}(K_{ab}), *_2\right)$ （式 2、式 3、Ax19、Ax1、Nec、MP）（4）

A believes $A \overset{K_{ab}}{\leftrightarrow} B$ （式 4、P2、Ax15、Ax16、Ax1、MP）　（5）

A believes fresh(K_{ab}) （式 4、P3、Ax15、Ax16、Ax1、MP）　（6）

B believes B received $\left\{A \overset{K_{ab}}{\leftrightarrow} B, \text{fresh}(K_{ab}), A\right\}_{K_{bs}}$ （P10、P13、Ax1、MP）　（7）

B believes S said $\left(A \overset{K_{ab}}{\leftrightarrow} B, \text{fresh}(K_{ab}), A\right)$ （式 7、P4、Ax3、Ax1、Nec、MP）　（8）

B believes S said $A \overset{K_{ab}}{\leftrightarrow} B$ （式 8、Ax14、Ax1、Nec、MP）　（9）

B believes S said fresh(K_{ab})　（式 8、Ax14、Ax1、Nec、MP）　(10)

B believes B received $\{N_b-1\}_{K_{ab}}$　(P10、P11、P14、Ax1、MP)　(11)

最终分析的结论是：

$$A \text{ believes } A \overset{K_{ab}}{\leftrightarrow} B$$

$$A \text{ believes fresh}(K_{ab})$$

$$B \text{ believes } S \text{ said } A \overset{K_{ab}}{\leftrightarrow} B$$

$$B \text{ believes } S \text{ said fresh}(K_{ab})$$

$$B \text{ believes } B \text{ received } \{N_b-1\}_{K_{ab}}$$

由结论可知，最终主体 A 相信 $A \overset{K_{ab}}{\leftrightarrow} B$，并且相信 K_{ab} 是新鲜的，主体 B 相信服务器 S 发送过 $A \overset{K_{ab}}{\leftrightarrow} B$，$S$ 说过 fresh(K_{ab})，而从已知结论，主体 B 并不能得出相信 K_{ab} 是好的或者是新鲜的结论。

前面的章节利用 BAN 逻辑同样分析了 NS 对称密钥协议，其最终结论如下：

$$A \text{ believes } A \overset{K_{ab}}{\leftrightarrow} B$$

$$B \text{ believes } A \overset{K_{ab}}{\leftrightarrow} B$$

$$A \text{ believes } B \text{ believes } A \overset{K_{ab}}{\leftrightarrow} B$$

$$B \text{ believes } A \text{ believes } A \overset{K_{ab}}{\leftrightarrow} B$$

两者对比，显然 BAN 逻辑得出的结论更强，但实际上 NS 对称密钥协议是存在缺陷的，而 SVO 逻辑成功地发现了这些缺陷，由此可见，SVO 逻辑与 BAN 逻辑相比，结论更可信，适用性更强。

3. A(0)协议分析

A(0)协议的目的是为通信双方建立共享密钥，其特点是公平、简洁，用户不需要进行任何签名计算。协议描述为

① $A \rightarrow B: (A, \overline{R}_a, [A, \overline{R}_a]_{K_t^{-1}}), R_a$

② $B \rightarrow A: (B, \overline{R}_b, [B, \overline{R}_b]_{K_t^{-1}}), R_b$

其中 $\overline{R}_a$、R_a、$\overline{R}_b$、R_b 分别是 A 和 B 的公开协商密钥和临时协商密钥，定义如下：

$\overline{R}_a=\alpha^{\overline{x}} \bmod p$，$R_a=\alpha^{x} \bmod p$，$\overline{R}_b=\alpha^{\overline{y}} \bmod p$，$R_b=\alpha^{y} \bmod p$，其中大素数 p 和有限域 Z_p 的本原元 α 是公开的，$\overline{x}$、x、$\overline{y}$、y 分别是 A 和 B 的秘密参数，K_t^{-1} 是认证中心 T 的签名密钥。协议运行后，A 和 B 通过验证 T 的签名而证实对方的身份，然后根据以下方程计算会话密钥 K：

$$K=F_0(\overline{R}_a, R_a, \overline{R}_b, R_b)=(\overline{R}_b)^{x} \cdot (R_b)^{\overline{x}}=(\overline{R}_a)^{y} \cdot (R_a)^{\overline{y}}=\alpha^{\overline{x}y+x\overline{y}} \bmod p$$

(1) 初始假设

P1：A believes $\mathrm{PK}_{\sigma}(T, K_t)$

　　B believes $\mathrm{PK}_{\sigma}(T, K_t)$

P2：A believes A sees$(\overline{R}_a, R_a, \overline{x}, x)$

　　B believes B sees$(\overline{R}_b, R_b, \overline{y}, y)$

P3：A believes $\mathrm{SV}([(B, \overline{R}_b)]_{K_t^{-1}}, K_t, (B, \overline{R}_b))$

B believes SV$([(A,\overline{R}_a)]_{K_t^{-1}},K_t,(A,\overline{R}_a))$

P4：A believes $((T$ said $\mathrm{PK}_\delta(B,\overline{R}_b)\wedge A$ received $((B,\overline{R}_b,[(B,\overline{R}_b)]_{K_t^{-1}}),*_b))\supset(\mathrm{PK}_\delta(B,(\overline{R}_b,*_b))))$

B believes $((T$ said $\mathrm{PK}_\delta(A,\overline{R}_a)\wedge B$ received $((A,\overline{R}_a,[(A,\overline{R}_a)]_{K_t^{-1}}),*_a))\supset(\mathrm{PK}_\delta(A,(\overline{R}_a,*_a))))$

P5：A believes $\mathrm{PK}_\delta(A,(\overline{R}_a,R_a))$

A believes $\mathrm{PK}_\delta(B,(\overline{R}_b,R_b))$

P6：A believes fresh(R_a)

B believes fresh(R_b)

P7：A received $((B,\overline{R}_b,[(B,\overline{R}_b)]_{K_t^{-1}}),R_b)$

B received $((A,\overline{R}_a,[(A,\overline{R}_a)]_{K_t^{-1}}),R_a)$

P8：A believes A received $((B,\overline{R}_b,[(B,\overline{R}_b)]_{K_t^{-1}}),*_b)$

B believes B received $((A,\overline{R}_a,[(A,\overline{R}_a)]_{K_t^{-1}}),*_a)$

P9：A believes $(T$ said $(B,\overline{R}_b)\supset T$ said $\mathrm{PK}_\delta(B,\overline{R}_b))$

B believes $(T$ said $(A,\overline{R}_a)\supset T$ said $\mathrm{PK}_\delta(A,\overline{R}_a))$

（2）分析过程

A believes A received $([\mathrm{PK}_\delta(B,\overline{R}_b)]_{K_t^{-1}})$ （P8、Ax1、Ax7、Nec、MP） (1)

A believes $(T$ said $(B,\overline{R}_b))$ （式 1、P1、P3、Ax1、Ax4、Nec、MP） (2)

A believes $(T$ said $\mathrm{PK}_\delta(B,\overline{R}_b))$ （式 2、P9、Ax1、MP） (3)

A believes $\mathrm{PK}_\delta(B,(\overline{R}_b,*_b))$ （式 2、P4、Ax1、MP） (4)

A believes $\mathrm{PK}_\delta(A,(\overline{R}_a,R_a))$ （P5） (5)

A believes $\left(A\overset{K}{\leftrightarrow}B\right)$ （式 4、式 5、Ax1、Ax5、Nec、MP） (6)

其中：$K=F_0(\overline{R}_a,R_a,\overline{R}_b,R_b)=(\overline{R}_b)^x\cdot(R_b)^{\bar{x}}=(\overline{R}_a)^y\cdot(R_a)^{\bar{y}}=\alpha^{\bar{x}y+x\bar{y}} \bmod p$

A believes A sees $(\overline{R}_b,*_b)$ （P8、Ax1、Ax10、Ax11、Ax12、Nec、MP） (7)

A believes A sees K （式 7、P2、Ax11、Ax12、Ax1、Nec、MP） (8)

A believes $\left(A\overset{K-}{\leftrightarrow}B\right)$ （式 6、式 8、Ax1、MP 以及 $A\overset{K-}{\leftrightarrow}B$ 的定义） (9)

A believes (fresh$(R_a)\supset$fresh(K)) （P6、Ax18 及 K 的定义） (10)

A believes fresh(K) （式 10、P6、Nec、MP） (11)

对于主体 B，可以得出类似的结论。最终，分析 A(0)协议，得到以下结论：

$$A \text{ believes } \left(A\overset{K-}{\leftrightarrow}B\right)$$

$$A \text{ believes fresh}(K)$$

$$B \text{ believes } \left(A\overset{K-}{\leftrightarrow}B\right)$$

$$B \text{ believes fresh}(K)$$

上述结论表明，执行 A(0)协议后，主体 A 和 B 都相信 K 是适合它们通信的非确认共享会话密钥，并且都相信 K 是新鲜的。但对方是否真的知道该密钥则不得而知，所以 A(0)协议存在漏洞，容易被攻击。例如，攻击者 E 可以通过正常协议过程得到主体 A 的 $\overline{R}_a$ 后，将 $\overline{R}_a$ 提

交给认证中心 T，如果 T 没有检查 $\overline{R}_a$ 已经是主体 A 的协商密钥，而给 E 签发了证书 $[E,\overline{R}_a]_{K_t^{-1}}$，由此可以产生一种攻击：

① E 获得证书 $[E,\overline{R}_a]_{K_t^{-1}}$；

② A 产生一个随机数 x，生成证书 Cert_a，并发起与 B 的通信会话；

③ E 截获该数据包，用 Cert_e 替换 Cert_a，并将伪造的数据包发送给 B；

④ B 产生随机数 y，生成证书 Cert_b，并将 R_b 及 Cert_b 发送给攻击者 E；

⑤ E 将(R_b,Cert_b)转发给 A。

主体 A 和 B 认为完成了认证的过程，并生成了会话密钥 K，但实际上，主体 A 相信密钥 K 是同主体 B 通信的会话密钥，而主体 B 却错误地认为密钥 K 是同主体 E 通信的会话密钥。

8.4 本章小结

本章详细地讨论了 BAN 类逻辑，重点介绍了 GNY 逻辑、AT 逻辑以及 SVO 逻辑，详细介绍了各种逻辑的语言定义、语法规则及语义证明等内容；并通过实例分析，加深了对 BAN 类逻辑内涵的理解；通过对比，讨论了各种逻辑的特点及不足之处。

在上述 BAN 类逻辑中，SVO 逻辑是其中的佼佼者，SVO 逻辑吸取了 BAN 逻辑、GNY 逻辑和 AT 逻辑的优点，形成了完整的逻辑系统。同时 SVO 逻辑给出了形式语义，证明了逻辑系统的有效性，使得 SVO 逻辑成功地应用于各种认证协议的分析中，成为安全协议分析最有力的形式化推理方法之一。

上述逻辑虽然定义各不相同，但它们在进行安全协议分析时，均采用了演绎推理的方法，一般分析过程可分以下几个步骤：

① 用逻辑语言描述协议交互过程；

② 定义协议的初始假设；

③ 用逻辑语言描述协议需要达到的目标；

④ 应用推理规则，从协议初始化假设出发进行逻辑推导，直到得到最终各主体的信仰，验证其是否满足协议目标。

习　题

1. 简述 GNY 逻辑安全协议的步骤。

2. 简述 SVO 逻辑和 GNY 逻辑的异同。

3. 试用 SVO 逻辑分析安全令牌服务(Security Token Service，STS)协议，其中 STS 协议描述如下：

① $A \to B: R_a$

② $B \to A: R_b,(B,K_b,[B,K_b]_{K_t^{-1}}),\{[R_b,R_a]_{K_b^{-1}}\}_K$

③ $A \to B: R_a,(A,K_a,[A,K_a]_{K_t^{-1}}),\{[R_a,R_b]_{K_a^{-1}}\}_K$

STS 协议是基于 Diffie-Hellman 密钥交换算法的认证与密钥交换协议，其中 α、p 为 Diffie-Hellman 密钥交换算法的公开参数；$\mathrm{Cert}_a=(A,K_a,[A,K_a]_{K_t^{-1}})$，$\mathrm{Cert}_b=(B,K_b,$

$[B,K_b]_{K_t^{-1}}$)为证书服务器 T 颁发的证书。协议执行过程说明如下。

① 主体 A 生成一个随机正整数 x，计算 $R_a=\alpha^x$，然后将 R_a 发送给主体 B。

② 主体 B 收到 R_a 后，生成随机正整数 y，计算 $R_b=\alpha^y$ 以及 $K=(R_a)^y$。B 生成 $\text{token}_{ba}=\{[R_b,R_a]_{K_b^{-1}}\}_K$，然后连同 R_b 和 B 的证书 Cert_b 一起发送给主体 A。

③ 主体 A 收到消息后，计算 $K=(R_b)^x$。A 验证主体 B 证书 Cert_b，如果 Cert_b 有效，则从 Cert_b 中提取主体 B 的公钥 K_b；A 通过 K_b 验证 token_{ba}，从而认证 B 的身份，如果认证通过，则 A 计算 $\text{token}_{ab}=\{[R_a,R_b]_{K_a^{-1}}\}_K$，然后连同 R_a 和 A 的证书 Cert_a 一起发送给主体 B。

④ 主体 B 通过同样的方式完成对主体 A 的身份认证。

4. 比较用 SVO 逻辑和 BAN 逻辑分析 NS 对称密钥协议的结果，比较分析 SVO 逻辑和 BAN 逻辑的优缺点。

5. 试用 AT 逻辑分析 NSSK、NSPK 协议。

6. 参考相关文献，给出 SVO 逻辑有效性的证明。

第9章 Kailar逻辑

前面的章节主要讨论了认证协议的形式化分析方法，我们发现，认证协议虽然简单，但要从理论上证明一个认证协议是正确的和安全的仍然是一件很困难的事情。随着因特网的普及，近年来电子商务业务飞速发展，各种电子商务协议也层出不穷。这类电子商务协议的出现，给密码安全协议的形式化分析技术提出了许多新的问题。电子商务协议除了要满足安全性和秘密性，还必须满足不可否认性、可追究性以及公平性等安全属性。传统的逻辑分析方法，如BAN逻辑和BAN类逻辑，都是一种信仰逻辑，它的主要目的是证明某个主体相信某个公式，而电子商务的可追究性目的在于某个主体要向第三方证明另一方对某个公式负有责任，所以BAN类逻辑在分析电子商务协议时先天不足，必须进行必要的增强和扩展。

Kailar逻辑是针对电子商务协议中的可追究性问题提出的一种新的逻辑方法。Kailar逻辑扩展了信仰逻辑的分析范围，通过一系列的推理，可以知道协议的参与方在协议执行完毕后，是否能够提供充分的证据以解决以后可能出现的争端。如能，则说明协议具有可追究性，否则表明协议不具备可追究性。

本章将详细讨论Kailar逻辑的基本概念。首先给出电子商务协议的安全性分析，在此基础上，详细给出Kailar逻辑的基本构件、推理规则；其次通过实例展现Kailar逻辑的分析能力；本章最后分析了Kailar逻辑的缺陷，并指出了Kailar逻辑的改进方向。

9.1 电子商务协议的安全性分析

电子商务协议的安全性质制约了电子商务的发展，所谓电子商务协议的安全性质就是电子商务协议的匿名性、原子性、可追究性、不可否认性、公平性等主要性质。一个不安全的电子商务协议很难应用于电子商务活动。下面将重点讨论电子商务协议中的匿名性、原子性、不可否认性、可追究性以及公平性。

9.1.1 匿名性

匿名性指客户在商业交易中往往希望保护自己的隐私，不泄露自己的身份、购物品种以及购物数量等信息。

在传统商业中，现金交易可以不泄露消费者的身份，同样，在电子支付中，不仅希望消费者身份受到保护而且希望自己的购买习惯、购物品种和数量等信息也不被泄露。电子现金是现实货币的电子或数字模拟，又称电子货币或数字货币。电子现金与纸币相似，在花费时不留下交易踪迹，实现匿名性。电子现金的安全性和可靠性主要靠密码技术来实现，到目前为止，几乎所有电子现金系统的安全性和匿名性都是基于公钥密码体制的群签名和盲签名技术。

9.1.2　原子性

Tyga 将原子概念引入电子商务中，以规范电子商务中的资金流、信息流和物流。原子性的定义分为三级，后者包含前者。

① 钱原子性，电子商务中的资金守恒。例如现金交易满足钱原子性，即购买者钱减少的数量等于销售者钱增加的数量。

② 商品的原子性，保证"付款得货"和"得货付款"原则。

③ 确认发送原子性，对客户购买的和商家销售的内容及品质的双方的确认。

9.1.3　不可否认性

在前面的章节中，不可否认性已经阐述过，但由于不可否认性是本章分析的一个重要的安全属性，所以再简单回顾一下不可否认性的概念。

在电子商务中，否认是电子商务的主要威胁之一，它包括否认拥有某个消息，否认发送过某个消息，否认收到过某个消息，否认递交过某个消息，否认在规定的时间内收到过某个消息。在网络交易中这样的否认事件完全可能发生。发生此类否认事件的主要原因是电子证据的易复制性以及电子身份的匿名性等问题使得交易双方更容易对自己的交易行为进行否认或抵赖，从而拒绝对自己的行为负责。要防止这种否认事件的发生，就得要求这些预订消息和确认消息后附上消息发送方不可否认的电子证据，这就是不可否认服务。它为事件的参与方提供证据，使他们对自己的行为负责，一旦某方做出有违承诺的行为时，另一方可以拿出对方的不可否认证据来证明其行为的非法性，从而实现交易的可追究性。因此，不可否认安全服务对开放式网络中许多电子数据交易的实际应用变得越来越重要。

什么是"不可否认性"呢？简单来说，防止参与方抵赖的性质就是不可否认性，它分为发送方的不可否认和接收方的不可否认：

① 发送方的不可否认（Non-Repudiation of Origin，NRO）：提供给接收者的证据，证明发送方在交易中发送过某个消息，防止发送方对于行为的否认。

② 接收方的不可否认（Non-Repudiation of Receipt，NRR）：提供给发送者的证据，证明接收方在交易中收到过某个消息，防止接收方对于行为的否认。

不可否认服务收集、维护、公布和验证那些与某个事件或动作相关的不可抵赖的证据，并将这些证据用于解决参与通信的双方的争执。

不可否认服务的两个基本目标就是提供双方的不可否认证据。

① 发送方不可否认证据（EOO），不可否认服务向接收方提供不可抵赖的证据，证明接收到的消息的来源。

② 接收方不可否认证据（EOR），不可否认服务向发送方提供不可抵赖的证据，证明接收方已经收到了某条消息。

公平的不可否认还要保证在协议执行过程中通信双方始终处于平等的位置上，不允许其中一方比另一方具有更大优势。交易结束时发送方和接收方都能得到有效的证据，即接收方得到 EOO，发送方得到 EOR。

9.1.4 可追究性

可追究性指某个主体可以向第三方证明另一方对某个动作或对象的发起负有责任，在发生纠纷时，主体可以提供必要的证据保护自身的利益。可追究性可以通过不可否认服务提供EOO及EOR来实现。

9.1.5 公平性

保证电子支付的公平性，是保障交易双方利益和交易顺利进行的必要前提。Nsokan给出了一个很好的公平性定义，即如果一个系统能够使其中诚实的参与者相对于其他参与者不处于劣势，就说这个系统是公平的。

电子商务协议的公平性定义如下。

① 强公平性：在协议执行的任何阶段，任何正确执行协议的主体相对于其他主体不处于劣势，任何一方主动终止协议，都不会对另一方造成危害，就说此电子商务协议对此主体是强公平的。

② 弱公平性：在协议执行的某些阶段，即使正确执行协议的主体可能受到某些程度上的公平性损失，在以后的争端解决中，此主体也可使用协议执行过程中生成的相关证据恢复其公平性，就说此电子商务协议对此主体是弱公平的。

公平性协议的含义一般包含以下3个方面。

① 执行的公平性：即任何参与方都对协议的执行有相同的控制权。或者说，参与方对协议步骤的执行有选择继续执行还是放弃的权利，但在行使这样的权利的同时不能妨碍其他参与方的权利。

② 获得的公平性：在协议正常结束的情况下，保证参与方都能获得他所应该获得的信息，在异常终止的情况下，参与方都一无所获。

③ 追究的公平性：任何参与方都无法逃避由于交换而带来的相关责任。

9.2 Kailar逻辑的基本构件

Kailar逻辑可用于分析电子商务协议的可追究性，主要由以下构件组成。

(1) 强证明：A CanProve x

对于任何主体B，主体A能通过执行一系列动作后，使主体B相信公式x，而不泄露任何关于秘密$y(y\neq x)$的信息给主体B。

强证明包括以下两种情况。

① 可传递的证明——如果主体A向主体B完成证明：A CanProve x，主体B有：B CanProve x，则称证明是可传递的。

② 不可传递的证明——如果主体A向主体B完成证明：A CanProve x，主体B不能导出B CanProve x，则称证明是不可传递的。

(2) 弱证明：A CanProve x to B

对于特定主体B，主体A能通过执行一系列动作后，使主体B相信公式x，而不泄露任何关于秘密$y(y\neq x)$的信息给主体B。

与强证明一样，弱证明也分为“可传递的证明”和“不可传递的证明”两种情况。一般而言，如果主体能提供强证明，则主体也可以提供弱证明。

(3) 签名认证：K_a Authenticates A

密钥 K_a 能用于验证主体 A 的数字签名，或者说可以毫无疑问地将主体 A 与利用 K_a^{-1} 加密的消息联系起来，这里 K_a 和 K_a^{-1} 分别表示主体 A 的公开密钥和秘密密钥。

(4) 消息解释：x in m

x 是消息 m 中一个或几个可被理解的域，可被理解的域指消息中的明文或拥有解密密钥的密文，其含义与具体协议相关。协议的设计者应明确定义可被理解的域。

(5) 声明：A Says x

主体 A 声明公式 x，并对 x 以及 x 可以导出的公式负责。通常隐含下列推理规则：

$$A \text{ Says } (x,y) \Rightarrow A \text{ Says } x$$

即如果主体 A 声明了两个公式的级联，那么主体 A 声明了其中的每个公式。

(6) 消息接收：A Receives m SignedWith K^{-1}

主体 A 收到一个用 K^{-1} 签名的消息 m，通常隐含以下推理规则：

$$\frac{A \text{ Receives } m \text{ SignedWith } K^{-1};x \text{ in } m}{A \text{ Receives } x \text{ SignedWith } K^{-1}}$$

(7) 信任：A IsTrustedOn x

主体 A 对于公式 x 具有管辖权。信任关系可分为两个层次。

① 全局信任：如果主体 A 是全局可信任的，则对于所有主体都有 A IsTrustedOn x，即协议中的任何主体都相信 A 声明的公式 x 是正确的。

② 非全局信任：在这种情况中，A IsTrustedOn x by B，即协议中给定的主体 B 相信 A 声明的公式 x 是正确的。

9.3 Kailar逻辑的推理规则

在上述假设成立的前提下，下面给出 Kailar 逻辑的推理规则。Kailar 逻辑的推理规则分为两类：一般推理规则，针对证明一般性质的推理规则；可追究性的推理规则，针对电子商务协议中的可追究性。Kailar 逻辑的推理规则表示为

$$\frac{P;Q}{R}$$

即如果公式 P 和 Q 同时成立，则公式 R 成立。其中符号“;”表示连接，与时序无关。

9.3.1 一般推理规则

(1) 连接规则

$$\text{conj}: \frac{A \text{ CanProve } x;A \text{ CanProve } y}{A \text{ CanProve } (x \wedge y)}$$

如果主体 A 可以证明公式 x，并且能够证明公式 y，则主体 A 可以证明公式$(x \wedge y)$。

连接规则可被用于以下 3 种情况：

① 通过合取主体所能证明的公式来判断主体的进一步证明能力；

② 如果主体对某些公式负责，则主体也应该对这些公式的合取式负责，即保持主体对公

式合取式的可追究性；

③ 找出主体语句的不一致性。

(2) 推理规则

$$\text{Inf:}\frac{A \text{ CanProve } x; x \Rightarrow y}{A \text{ CanProve } y}$$

如果主体 A 能够证明公式 x，而公式 x 可以推导出公式 y，则主体 A 可以证明公式 y。

(3) 信任关系

$$(A \text{ Believes } x) \Leftrightarrow (A \text{ CanProve } x \text{ to } A)$$

主体 A 相信公式 x，当且仅当主体 A 能够对其证明公式 x 是成立的。Kailar 逻辑被称为“可证明性逻辑”，信任关系是它与 BAN 逻辑为代表的“信仰逻辑”之间的关系。

(4) 强证明与弱证明之间的关系

$$\frac{(S; C \text{ CanProve } y) \Rightarrow (A \text{ CanProve } x)}{(S; C \text{ CanProve } y \text{ to } B) \Rightarrow (A \text{ CanProve } x \text{ to } B)}$$

上述关系表明，假设一组公式 S 成立，如果主体 C 能证明公式 y，则主体 A 能够证明公式 x。那么在这个条件下，例如一组公式 S 成立，如果主体 C 能向主体 B 证明公式 y，则主体 A 能够向主体 B 证明公式 x。这里 $C(y)$ 与 $A(x)$ 可以相同，也可以不同。

(5) 全局信任与非全局信任之间的关系

$$\frac{(S; C \text{ IsTrustedOn } y) \Rightarrow (A \text{ CanProve } x)}{(S; C \text{ IsTrustedOn } y \text{ by } B) \Rightarrow (A \text{ CanProve } x \text{ to } B)}$$

上述公式表明，如果主体 C 对公式 y 具有管辖权，则主体 A 能够证明公式 x。那么在这个条件下，例如一组公式 S 成立，如果主体 B 相信主体 C 对公式 y 具有管辖权，则主体 A 能够向主体 B 证明公式 x。这里 $C(y)$ 与 $A(x)$ 可以相同，也可以不同。

9.3.2 可追究性推理规则

(1) 签名规则

$$\text{sign:}\frac{A \text{ Receives } (m \text{ SignedWith } K^{-1}); x \text{ in } m; \quad A \text{ CanProve } (K \text{ Authenticates } B)}{A \text{ CanProve } (B \text{ Says } x)}$$

如果主体 A 收到用密钥 K^{-1} 签名的消息 m，并且 x 是消息 m 中可被理解的公式，并且主体 A 能够证明密钥 K 能用于验证主体 B 的数字签名，那么主体 A 能够证明主体 B 声明过公式 x，并且对公式 x 负责。

(2) 信任规则

$$\text{Trust:}\frac{A \text{ CanProve } (B \text{ Says } x); A \text{ CanProve } (B \text{ IsTrustedOn } x)}{A \text{ CanProve } x}$$

如果主体 A 能够证明主体 B 声明过公式 x，并且主体 A 能够证明主体 B 对公式 x 具有管辖权，则主体 A 能够证明公式 x。

9.4 Kailar 逻辑的应用举例

与 BAN 逻辑类似，利用 Kailar 逻辑分析协议时，也分为以下几个步骤：

① 描述协议需要达到的目标；

② 对协议语句进行解释，即将协议用 Kailar 逻辑的构件描述；

③ 给出协议运行的初始假设；

④ 利用 Kailar 逻辑的推理规则，对协议进行分析。

9.4.1　IBS 协议

第 5 章讨论过 IBS 协议，这里直接给出分析过程。第 1 步，给出协议需要达到的目标。

在确定价格阶段，双方应就价格达成一致，为保证协议运行的可追究性，应达到以下目标。

G1：E CanProve (S agree to price)

G2：S CanProve (E agree to price)

在提供服务阶段，S 向 E 提供服务，为保证协议运行的可追究性，应达到以下目标。

G3：E CanProve (S rendered service)

G4：S CanProve (E received service)

最后，在收据传送阶段，为保证可追究性，应达到以下目标。

G5：E CanProve (B Says invoice)

G6：S CanProve (B Says invoice)

第 2 步，利用 Kailar 逻辑构件，重新解释协议。在协议解释过程中，只选择那些签名的与可追究性相关的明文信息。

② E Receives (Price) SignedWith K_s^{-1}

③ S Receives ((Price) SignedWith K_s^{-1}, Price) SignedWith K_e^{-1}

⑤ E Receives (Service) SignedWith K_s^{-1}

⑥ S Receives (Service Acknowledge) SignedWith K_e^{-1}

⑩ S Receives (Encrypted Invoice) SignedWith K_b^{-1}
(Encrypted Invoice) SignedWith K_b^{-1}

⑪ E Receives (Encrypted Invoice) SignedWith K_b^{-1}

第 3 步，协议假设。

A1：S CanProve (K_e Authenticates E)

A2：E CanProve (K_s Authenticates S)

A3：S,E CanProve (K_b Authenticates B)

A4：(S Says Price)⇒(S agree to price)

A5：(E Says Price)⇒(E agree to price)

A6：(S Says Service)⇒(S renders service)

A7：(E Says Service Acknowledge)⇒(E received service)

第 4 步，协议分析。

由消息②，应用假设 A2 及签名规则 Sign，有：

$$E \text{ CanProve } (S \text{ Says Price}) \qquad (1)$$

由式(1)、假设 A4 及推理规则 Inf，可以得到：

$$E \text{ CanProve } (S \text{ agree to price}) \qquad (G1)$$

由消息③，应用假设 A1 及签名规则 Sign，有：

$$S \text{ CanProve } (E \text{ Says Price}) \qquad (2)$$

由式(2)、假设 A5 及推理规则 Inf，可以得到：

$$S \text{ CanProve } (E \text{ agree to price}) \quad \text{(G2)}$$

由消息⑤，应用假设 A2 及签名规则 Sign，有：

$$E \text{ CanProve } (S \text{ Says Service}) \quad (3)$$

由式(3)、假设 A6 及推理规则 Inf，可以得到：

$$E \text{ CanProve } (S \text{ rendered service}) \quad \text{(G3)}$$

同样，由消息⑥，可以得到：

$$S \text{ CanProve } (E \text{ received service}) \quad \text{(G4)}$$

当服务提供方 S 收到消息⑩，S 能够证明金融机构 B 应该对加密收据（$\{\text{Invoice}\}_{K_s}$）负责。然而却无法导出结论 S CanProve (B Says invoice)。为了得出该结论，S 应将加密消息 $\{\{\text{Invoice}\}_{K_s}\}_{K_b^{-1}}$ 及明文(Invoice)作为证据提供给第三方。第三方通过将明文用 S 的公钥加密并比较它和签过名的 $\{\text{Invoice}\}_{K_s}$ 是否一致来做出判断。进一步分析发现，第三方做出上述判断的前提是第三方必须假设是金融机构 B 用 S 的公钥加密了收据 Invoice，而不是其他实体加密的。但上述假设其实是不成立的，因为任何主体都可以用 S 的公钥加密收据 Invoice，而金融机构 B 可以在不知道收据具体内容的情况下，对加密信息签名。所以原协议，无法通过 Kailar 逻辑验证金融机构 B 对收据(Invoice)的可追究性。根据以上分析，对协议传递收据部分做简单的修改，就可以实现协议目标 G5 和 G6。

协议修改如下：

⑧ $E \rightarrow S$：$\{\text{Invoice Request}\}_{K_e^{-1}}$

⑨ $S \rightarrow B$：$\{\{\text{Invoice}\}_{K_s^{-1}}\}_{K_b}$

⑩ $B \rightarrow S$：$\{\{\text{Invoice}\}_{K_b^{-1}}\}_{K_s}$，$\{\{\text{Invoice}\}_{K_b^{-1}}\}_{K_e}$

⑪ $S \rightarrow E$：$\{\{\text{Invoice}\}_{K_b^{-1}}\}_{K_e}$

在修改后的协议中，收据先由金融机构签名，然后再加密，这样，应用 Kailar 逻辑分析，发现协议满足协议目标 G5 和 G6。

9.4.2 CMP1 协议

下面根据协议分析步骤，第 1 步给出协议需要达到的目标。

G1：A CanProve (B received m)

G2：B CanProve (A sent m)

第 2 步，协议解释。

② TTP Receives $h(m)$ SignedWith K_b^{-1}；

②′ TTP Receives m SignedWith K_a^{-1}

③ B Receives (m SignedWith K_a^{-1}) SignedWith K_{ttp}^{-1}

④ A Receives ($h(m)$ SignedWith K_b^{-1}) SignedWith K_{ttp}^{-1}

④′ A Receives (B,m) SignedWith K_{ttp}^{-1}

第 3 步，初始假设。

A1：A,B CanProve (K_{ttp} Authenticates TTP)

A2：A,TTP CanProve (K_b Authenticates B)

A3：B,TTP CanProve (K_a Authenticates A)

A4：A,B CanProve (TTP IsTrustedOn (TTP Says))

A5：(A Says m)⇒(A sent m)

A6：(B Says $h(m)$)⇒(B received $h(m)$)

A7：(TTP Says (B,m))⇒(TTP Says m had been sent to B)

A8：(B received $h(m)$) ∧ (m had been sent to B)⇒(B received m)

第 4 步，协议分析。

由消息②和假设 A2，应用签名规则 Sign，可以得到：

$$\text{TTP CanProve } (B \text{ Says } h(m)) \tag{1}$$

由式(1)和假设 A6，应用推理规则 Inf，可以得到：

$$\text{TTP CanProve } (B \text{ received } h(m)) \tag{2}$$

由消息② 和假设 A3，应用签名规则 Sign，可以得到：

$$\text{TTP CanProve } (A \text{ Says } m) \tag{3}$$

由式(3)和假设 A5，应用推理规则 Inf，可以得到：

$$\text{TTP CanProve } (A \text{ send } m) \tag{4}$$

由消息③和假设 A1，应用签名规则 Sign，可以得到：

$$B \text{ CanProve } (\text{TTP Says } (m \text{ SignedWith } K_a^{-1})) \tag{5}$$

由式(5)和假设 A4，应用信任规则 Trust，可以得到：

$$B \text{ CanProve } (m \text{ SignedWith } K_a^{-1}) \tag{6}$$

对式(6)再次应用签名规则 Sign，可以得到：

$$B \text{ CanProve } (A \text{ Says } m) \tag{7}$$

由式(7)和假设 A5，应用推理规则 Inf，可以得到：

$$B \text{ CanProve } (A \text{ sent } m) \tag{G2}$$

由消息④和假设 A1，应用签名规则 Sign，可以得到：

$$A \text{ CanProve } (\text{TTP Says } (h(m) \text{ SignedWith } K_b^{-1})) \tag{8}$$

由式(8)和假设 A4，应用信任规则 Trust，可以得到：

$$A \text{ CanProve } (h(m) \text{ SignedWith } K_b^{-1}) \tag{9}$$

由式(9)和假设 A2，应用签名规则 Sign，可以得到：

$$A \text{ CanProve } (B \text{ Says } h(m)) \tag{10}$$

由式(10)和假设 A6，应用推理规则 Inf，可以得到：

$$A \text{ CanProve } (B \text{ receives } h(m)) \tag{11}$$

由消息④ 和假设 A1，应用签名规则 Sign，可以得到：

$$A \text{ CanProve } (\text{TTP Says } (B,m)) \tag{12}$$

由式(12)和假设 A7，应用推理规则 Inf，可以得到：

$$A \text{ CanProve } (m \text{ had been sent to } B) \tag{13}$$

由式(11)和式(13)，应用连接规则 Conj，可以得到：

$$A \text{ CanProve } ((B \text{ receives } h(m)) \wedge (m \text{ had been sent to } B)) \tag{14}$$

由式(14)和假设 A8，应用推理规则 Inf，可以得到：

$$A \text{ CanProve } (B \text{ received } m) \tag{G1}$$

协议分析完毕，协议满足协议目标 G1、G2，所以协议满足可追究性。

9.4.3 ISI 协议

第 5 章讨论过 ISI 协议，分析 ISI 协议过程，发现该协议存在漏洞，即如果主体 A 没有正确地接收消息⑥，则主体 A 将不能证明主体 B 收到过货币，这样为不诚实的主体 B，收到货币，却不提供收据提供了可能。进一步分析发现，事实上，无论主体 A 收到消息⑥与否，主体 A 都无法提供证据，表明主体 B 收到过货币。原因在于，消息⑥中，收据使用主体 B 提供的密钥 K_b 签名，而在实际应用中，主体 A 并不能证明密钥 K_b 能用于验证主体 B 的数字签名。上述结论利用 Kailar 逻辑推理，可以很容易得出，下面给出利用 Kailar 逻辑分析 ISI 协议的具体过程。

第 1 步，给出协议目标。

G1：A CanProve (B Says (receipt of payment))

G2：B CanProve (coins_valid)

第 2 步，协议解释。

由于消息①、②、③不涉及签名信息，与可追究性无关，所以不需要解释，消息④涉及参与协议的 CS，而分析的目标是讨论付款人（主体 A）和收款人（主体 B）的不可否认性，所以消息④也不需要解释。综上所述，协议解释如下：

⑤ B Receives (coins valid) SignedWith K_{cs}^{-1}

⑥ A Receives (receipt of payment) SignedWith K_b^{-1}

第 3 步，协议假设。

A1：A,B,CS CanProve (K_{cs} Authenticates CS)

A2：B CanProve (CS IsTrustedOn coins_valid)

第 4 步，协议分析。

由消息⑤及假设 A1，应用签名规则 Sign，可以得到：

$$B \text{ CanProve (CS Says coins\_valid)} \tag{1}$$

由式(1)及假设 A2，应用信仰规则 Trust，可以得到：

$$B \text{ CanProve (coins\_valid)} \tag{G2}$$

由于主体 A 的匿名性，所以 B 无法得到由主体 A 支付货币的结论。

在消息⑥中，由于主体 A 无法得出（或者假设）以下结论，即

$$A \text{ CanProve } (K_b \text{ Authenticates } B)$$

或者，

$$A \text{ CanProve } (K_b \text{ Authenticates any principal})$$

所以，无法使用签名规则 Sign 进行进一步推理，协议分析结束。由分析的结果可见，协议不能满足协议目标 G1，即主体 A 无法提供主体 B 收到货币的证据，从而不满足可追究性。由分析的过程可见，很容易对协议进行修改，以下就是其中一种修改方法。

① $A \rightarrow B$：K_{ab}

② $B \rightarrow A$：$\{\{\text{B's Key Certificate}\}_{K_{CA}^{-1}}\}_{K_{ab}}$

这里 CA 是认证中心，对主体 B 的密钥负责。

9.5 Kailar 逻辑的缺陷

9.4 节通过一些协议分析的例子，展示了使用 Kailar 逻辑分析协议的方法和步骤。我们发现利用 Kailar 逻辑可以成功地分析协议的可追究性，如 CMP1 协议；也可以发现协议的一些漏洞，从而改进，如 IBS 协议、ISI 协议等。但 Kailar 逻辑也存在一些问题，主要表现为：

① Kailar 逻辑只能分析协议的可追究性，而对于电子商务协议中很重要的公平性，就显得无能为力；

② Kailar 协议在协议分析时，只能解释那些签名的明文信息，这就大大限制了协议的使用范围；

③ 与 BAN 逻辑一样，Kailar 逻辑在分析之前也需要引进一些初始假设，而这一过程是非形式化的，由于对协议的不同理解，导致给出的初始假设不可控制，而不恰当的初始假设往往导致协议分析的失败。

下面通过一个例子来说明。9.4 节中关于 CMP1 协议的分析是由协议作者 Deng 等人给出的。实际上该分析过程并不严谨，主要原因在于，在协议分析过程中引入了 8 条假设，前 4 条假设是基本的，是协议运行的基础，而后 4 条，是作者为了证明协议的可追究性而加入的，尤其是 A8，实际上是作者的一个推理，完全是为了推证出协议目标而给出的。正是由于给出这些协议假设的随意性，导致了协议分析的不严谨。

下面对 CMP1 协议稍做修改，来说明上述问题。

CMP1 协议的变形——NEWCMP1 协议的协议描述如下：

① $A \to B: h(m), \{K\}_{K_{ttp}}, \{\{m\}_{K_a^{-1}}\}_K$

② $B \to A: \{h(m)\}_{K_b^{-1}}$

③ $B \to TTP: \{K\}_{K_{ttp}}, \{\{m\}_{K_a^{-1}}\}_K$

④ $TTP \to B: \{\{m\}_{K_a^{-1}}\}_{K_{ttp}^{-1}}$

⑤ $TTP \to A: \{(B, m)\}_{K_{ttp}^{-1}}$

分析过程如下。

协议目标同 CMP1 协议。协议可以理解为

② A Receives $(h(m)$ SignedWith $K_b^{-1})$

③ TTP Receives $(m$ SignedWith $K_a^{-1})$

④ B Receives $((m$ SignedWith $K_a^{-1})$ SignedWith $K_{ttp}^{-1})$

⑤ A Receives $((B, m)$ SignedWith $K_{ttp}^{-1})$

协议初始假设同 9.4.2 节 CMP1 协议的初始假设。

下面给出分析过程。

由消息④，同前可证：

$$B \text{ CanProve } (A \text{ sent } m) \tag{G1}$$

由消息②和假设 A2，应用签名规则 Sign，可以得到：

$$A \text{ CanProve } (B \text{ Says } h(m)) \tag{1}$$

由假设 A6，应用推理规则 Inf，可以得到：

$$A \text{ CanProve } (B \text{ Receives } h(m)) \tag{2}$$

由消息⑤，同前可证：

$$A \text{ CanProve } (m \text{ had been sent to } B) \tag{3}$$

由式(2)和式(3)，应用连接规则 Conj，可以得到：

$$A \text{ CanProve } ((B \text{ receives } h(m)) \wedge (m \text{ had been sent to } B)) \tag{4}$$

由式(4)和假设 A8，应用推理规则 Inf，可以得到：

$$A \text{ CanProve } (B \text{ received } m) \tag{G1}$$

协议分析完毕，协议满足协议目标 G1、G2，所以协议满足可追究性。但实际上，该协议是不可追究的。假定通信双方，实体 A 是诚实的，而实体 B 是不诚实的，那么，在协议的第②步，B 发送给 A 的是 $\{h(m')\}_{K_b^{-1}}$，其中 $m' \neq m$；则当协议执行完毕后，A 得到的是 $\{h(m')\}_{K_b^{-1}}$ 和 $\{(B,m)\}_{K_{ttp}^{-1}}$，那么主体 A 不能拿出足够的证据证明 B 收到了 m。出现这一问题的原因在于初始假设 A8。在 CMP1 中，TTP 在收到 $\{h(m')\}_{K_b^{-1}}$ 和 $\{\{m\}_{K_a^{-1}}\}_K$ 后，检查了 $h(m')$ 与 m 的一致性，由于 B 又收到了 $h(m')$ 与相应的 m，在这种情况下，A8 推理成立，从而 A 可以证明 B 收到了 m。但在 NEWCMP1 协议中，主体 B 直接将 $\{h(m')\}_{K_b^{-1}}$ 发送给 A，这样 TTP 无法验证 $h(m')$ 与 m 的一致性，所以 A8 推论不成立，则 A 只能证明 B 收到了 $h(m')$，而无法得出更进一步的结论，从而导致 Kailar 逻辑证明失败。

9.6 本章小结

本章详细讨论了 Kailar 逻辑，这是一种“可证明性逻辑”，它的推出是为了分析电子商务协议的可追究性，与信仰逻辑不一样，Kailar 逻辑的目的是主体向第三方证明另一个主体对某个公式或行为负有责任。在讨论 Kailar 逻辑分析安全协议的方法和过程的同时，也指出了 Kailar 逻辑的缺陷。目前已经有很多文献给出了 Kailar 逻辑的扩展或者改进方法，有兴趣的读者可以参考相关文献。

习　题

1. 简述电子商务协议的安全属性。
2. 简述 Kailar 逻辑的特点。
3. 为什么说 Kailar 逻辑是“可证明性逻辑”？简述 Kailar 逻辑与 BAN 类逻辑之间的关系。
4. 利用 Kailar 逻辑分析修改后的 IBS 协议。
5. 试说明能否利用 Kailar 逻辑分析 Zhou-Gollmann 协议，并说明理由。

第10章 时间相关安全协议分析

前面章节提到的安全协议都没有考虑时间因素，所以在安全协议的分析方法中引入时间因素就更无从谈起了。但事实上，时间是影响安全协议安全性的一个重要因素。一方面，安全协议的执行是由消息在主体之间传播实现的。由于消息传播有先后顺序，因此主体依据消息所产生的知识和信仰有时间上的次序。另一方面，一些协议本身对时间关系有严格规定。如从保密性来说，要求消息在特定时间之前保密；从认证性来说，主体的信任状态是随时间的推移而变化的；从不可否认性来说，缺乏时限性可能导致公平性无法真正满足。因此，在分析密码协议的安全属性时有必要将时间纳入考虑范围。

Rivest、Shamir 和 Wagner 首先提出了 Timed-Release 的概念，用以描述与时间相关的安全性问题。所谓 Timed-Release 指的是秘密是有时限的，即通过一个可信第三方，按照一定的时间参照，在某个时限将秘密公布，而在这个时限之前，秘密要保持其秘密性，这类协议统称为 Timed-Release 密码协议。由于在前面介绍的安全协议的分析方法中都没有考虑时间因素，因此它们都不能用于描述与分析时间相关的安全属性。

1997 年，Coffey 等人提出了一种 CS 逻辑，该逻辑将时间因素明确引入了逻辑中，体现出时间在协议中的重要性，从而使其区别于其他的协议逻辑。

本章将主要讨论时间相关密码协议的分析方法。首先给出 Timed-Release 安全协议的概念，并举例说明 Timed-Release 协议；其次讨论时间相关协议的分析方法——CS 逻辑。本章将详细给出 CS 逻辑的基本构件、CS 逻辑的推理规则以及公理系统，并结合实例，讨论 CS 逻辑的应用方法。最后，本章将讨论 CS 逻辑的改进方法，并利用实例说明改进的 CS 逻辑分析协议的方法和步骤。

10.1 Timed-Release 密码协议

在安全协议中，尤其在实际应用中，时间因素是贯穿协议运行始终的，所以时间因素在安全协议的设计和分析中具有重要的作用。

时间相关安全属性是安全协议重要的安全属性。严格来说，时间相关的安全属性不是一个独立的安全属性，它的表现形式通常是在其他安全属性上进一步附加时间限制。如要求某信息在一个特定的时间之前保密，这种需求称为时限保密性。要求协议在某特定时间之前结束，并保持协议的公平性，这种需求称为时限公平性。

时限保密性在日常生活中是很常见的，例如，很多办公文档在标注保密的同时，会标注保密的时限，即在时限到来之前是保密的，在时限到来后，公布秘密。其中我们最熟悉的就是各类考试试卷，在开考之前都是秘密的，但开考后，秘密就解除了。除此之外，还有另外一种情况：例如，用户 A 希望给用户 B 发送一封包含秘密的电子邮件，但是他并不希望用户 B 马上能获知秘密，而是希望在某个时间段之后，比如一周后，再让 B 知道该秘密。但是他又不想在一周后再发送该邮件，原因可能有很多，例如，他需要向用户 B 证明，他在一周前就发送了该消息，或者他以后就没有时间发送邮件了，等等。在这些情况下，利用时间相关秘密就可以很好地解决问题。

1996 年，Rivest、Shamir 和 Wagner 首先提出了 Timed-Release 的概念。根据他们的定义，所谓的 Timed-Release 指的是"向未来发送消息"。他们给出两种不同的方法实现 Timed-Release 秘密。一种方法基于计算困难问题，即需要一定的时间解密；另一种方法是通过一个可信的第三方提供标准的时间参照，使得秘密只能在某个未来时间公开。因为前一种方法不涉及协议交互，所以下面主要讨论后一种方法。这种协议称为 Timed-Release 密码协议。

本节将给出一种 Timed-Release 公钥密码协议，该协议的参与主体有 3 个：用户 A 和 B，以及可信第三方 T，用户 A 发起通信，他希望发送一个时间相关秘密，用户 B 是秘密的接收者。假设 T 知道准确的时间，且可运用适当的密码体制生成非对称密钥对，并将之与 A 规定的未来特定秘密释放时间进行绑定。协议描述如图 10-1 所示。

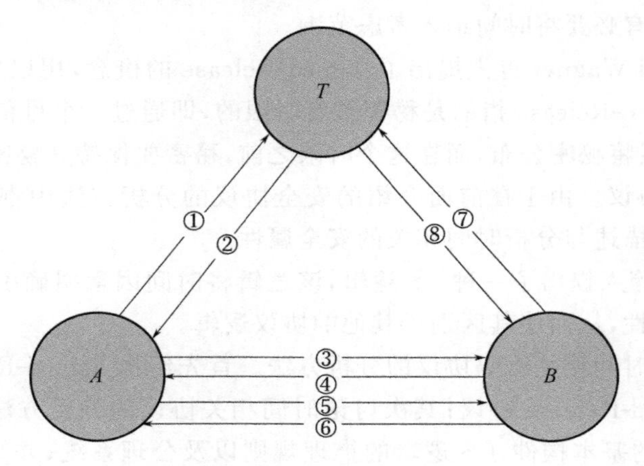

图 10-1 Timed-Release 协议交互过程

① $A \rightarrow T$: "enc", τ_s

② $T \rightarrow A$: $\{\text{"enc"}, \tau_s, \text{tk}_{\tau_s}\}_{k_t^{-1}}$

③ $A \rightarrow B$: A

④ $B \rightarrow A$: N_b

⑤ $A \rightarrow B$: $\{\{X_a, N_a, A\}_{\text{tk}_{\tau_s}}, A, B, \tau_s, N_b, \text{tk}_{\tau_s}\}_{k_a^{-1}}, \{\text{"enc"}, \tau_s, \text{tk}_{\tau_s}\}_{k_t^{-1}}$

⑥ $B \rightarrow A$: $\{\{\{X_a, N_a, A\}_{\text{tk}_{\tau_s}}, A, B, \tau_s, N_b, \text{tk}_{\tau_s}\}_{k_a^{-1}}\}_{k_b^{-1}}$

⑦ $B \rightarrow T$: "dec", τ_s

If current_time $\geqslant \tau_s$,

⑧ $T \rightarrow B$: $\{\text{"dec"}, \tau_s, \text{tk}_{\tau_s}^{-1}\}_{k_t^{-1}}$

在消息①中，用户 A 向 T 发出请求，要求 T 为某个未来时间 τ_s 生成时间密钥对，并要求 T 返回时间公钥；T 收到消息后，生成时间密钥对 tk_{τ_s} 和 $\text{tk}_{\tau_s}^{-1}$，并对时间公钥签名后，在第②步将消息发送给用户 A；A 收到消息②后，验证 T 的签名，并在第③步向用户 B 发送包含其名字的请求信息；B 收到后，生成随机数 N_b，并在第④步将随机数发送给 A；第⑤步，A 收到 B 的应答后，生成随机数 N_a，将 N_a 与秘密数据 X_a 以及 A 的姓名一起用时间公钥 tk_{τ_s} 加密，N_a 的作用在于保证密文的新鲜性，从而抵抗重放攻击。用户 A 将上述加密结果与用户姓名 A、B，时间 τ_s，随机数 N_b 以及时间公钥 tk_{τ_s} 连接在一起，并对整条消息签名，然后同消息②一起发送给用户 B；第⑥步，用户 B 收到消息后，验证用户 A 的签名，然后将消息⑤中包含的消息②的部分留下，对剩余部分签名，然后将签名后的数据发送给用户 A。

如用户 B 需要知道秘密 X_a，则向 T 发送消息⑦；T 收到后，如果当前时间 $\mathrm{time} \geqslant \tau_s$，则将时间私钥 $\mathrm{tk}_{\tau_s}^{-1}$ 发送给用户 B(消息⑧)，否则不做出响应。这样，在特定时间点之后，用户 B 就可以得到时间私钥，从而得到秘密。

通过分析发现，此类协议的目的并不像其他密码协议一样，通过一个既定的接收者，保证 X_a 的秘密性，而是用一个特定的时间限定。在特定的时间点之后，任何主体都能够从 T 处获得解密密钥，知道 X_a 的内容。

协议的目标描述如下：

① 在 τ_s 到来之前，接收者不能解密数据 X_a，在 τ_s 时间之后，接收者能解密 X_a；

②接收者确信在当前协议的执行期间，用户 A 已经发送了秘密 X_a。

10.2　CS 逻辑的逻辑构件

CS 逻辑由以下基本构件组成：

① Σ, Ψ：表示任意主体；

② ENT：表示所有主体；

③ k_Σ, k_Σ^{-1}：分别表示主体 Σ 的公钥和私钥；

④ $e(x, k_\Sigma)$：表示用密钥 k_Σ 加密消息 x；

⑤ $d(x, k_\Sigma^{-1})$，表示用私钥 k_Σ^{-1} 解密消息 x；

⑥ $K_{\Sigma,t}\phi$：表示主体 Σ 在 t 时刻知道表达式 ϕ；

⑦ $L_{\Sigma,t}x$：表示主体 Σ 在 t 时刻知道并且可以重新生成消息 x；

⑧ $B_{\Sigma,t}\phi$：表示主体 Σ 在 t 时刻相信表达式 ϕ；

⑨ $S(\Sigma, t, x)$：表示主体 Σ 在 t 时刻发送消息 x；

⑩ $R(\Sigma, t, x)$：表示主体 Σ 在 t 时刻接收消息 x；

⑪ $C(x, y)$：表示消息 x 中包含消息 y，y 可以是明文，也可以是密文。

10.3　CS 逻辑的推理规则

整个 CS 逻辑只有两种基本推理规则：

R1：MP 规则：From $\vdash p$ and $\vdash(p \rightarrow q)$ infer $\vdash q$

R2：Nec 规则：(a)From $\vdash p$ infer $\vdash K_{\Sigma,t}p$

(b)From $\vdash p$ infer $\vdash B_{\Sigma,t}p$

从这两个基本推理规则又可以得到 5 个推理规则：

R3：From $(p \wedge q)$ infer p

R4：From p and q infer $(p \wedge q)$

R5：From p infer $(p \vee q)$

R6：From $\neg(\neg p)$ infer p

R7：From (From p infer q)infer $(p \rightarrow q)$

10.4 CS逻辑的公理

在推理规则的基础上，下面给出CS逻辑几个重要的公理。

(1) 知识与信仰公理

A1 (a)：$K_{\Sigma,t}p \wedge K_{\Sigma,t}(p \rightarrow q) \rightarrow K_{\Sigma,t}q$

(b)：$B_{\Sigma,t}p \wedge B_{\Sigma,t}(p \rightarrow q) \rightarrow B_{\Sigma,t}q$

A2：$K_{\Sigma,t}p \rightarrow p$

A2描述了知识与信仰的区别，即知识表示知道的东西是正确的，而信仰不涉及正确与否。

(2) 知识与信仰的单调性公理

A3 (a)：$L_{i,t}x \rightarrow \forall t' \geqslant t, L_{i,t'}x$

(b)：$K_{i,t}x \rightarrow \forall t' \geqslant t, K_{i,t'}x$

(c)：$B_{i,t}x \rightarrow \forall t' \geqslant t, B_{i,t'}x$

表示主体的知识或信仰一旦获得，就不会丢失。

(3) 包含公理

A4：$L_{i,t}y \wedge C(y,x) \rightarrow \exists j \in \mathrm{ENT}, L_{j,t}x$

表示如果主体i，在t时刻知道消息y，并且消息y由其他消息片段x组成，那么在t时刻，必存在一个主体j知道该消息片段x。

(4) 发送与接收公理

A5：$S(\Sigma,t,x) \rightarrow L_{\Sigma,t}x \wedge \exists i \in \mathrm{ENT} \backslash \{\Sigma\}, \exists t' > t, R(i,t',x)$

表示如果有主体Σ在t时刻发送了一条消息，那么在此之后一定有某个主体i接收了这条消息。

A6：$R(\Sigma,t,x) \rightarrow L_{\Sigma,t}x \wedge \exists i \in \mathrm{ENT} \backslash \{\Sigma\}, \exists t' < t, S(i,t',x)$

表示如果有主体Σ在t时刻接收了一条消息，那么在此之前一定有某个主体i发送了这条消息。

(5) 密钥公理

A7 (a)：$L_{i,t}x \wedge L_{i,t}k_{\Sigma} \rightarrow L_{i,t}(e(x,k_{\Sigma}))$

表示如果主体i在t时刻知道消息x，并且知道密钥k_{Σ}，则主体i知道并可以生成$e(x, k_{\Sigma})$。

(b)：$L_{i,t}x \wedge L_{i,t}k_{\Sigma}^{-1} \rightarrow L_{i,t}(d(x,k_{\Sigma}^{-1}))$

表示如果主体i在t时刻知道消息x，并且知道密钥k_{Σ}^{-1}，则主体i知道并可以生成$d(x, k_{\Sigma}^{-1})$。

(6) 密文公理

A8 (a)：$\neg L_{i,t}k_{\Sigma} \wedge \forall t' < t, \neg L_{i,t'}(e(x,k_{\Sigma})) \wedge \neg(\exists y(R(i,t,y) \wedge C(y,e(x,k_{\Sigma})))) \rightarrow \neg L_{i,t}$

$(e(x,k_\Sigma))$

表示如果主体 i 在 t 时刻没有获得公钥 k_Σ，并且在小于 t 时刻的时间内没有获得 $e(x,k_\Sigma)$，且没有获得包含 $e(x,k_\Sigma)$ 的消息，则在 t 时刻，主体 i 不知道 $e(x,k_\Sigma)$。

(b)：$\neg L_{i,t}k_\Sigma^{-1} \wedge \forall t'<t, \neg L_{i,t'}(d(x,k_\Sigma^{-1})) \wedge \neg(\exists y(R(i,t,y) \wedge C(y,d(x,k_\Sigma^{-1})))) \rightarrow \neg L_{i,t}(d(x,k_\Sigma^{-1}))$

表示如果主体 i 在 t 时刻没有获得私钥 k_Σ^{-1}，并且在小于 t 时刻的时间内没有获得 $d(x,k_\Sigma^{-1})$，且没有获得包含 $d(x,k_\Sigma^{-1})$ 的消息，则在 t 时刻，主体 i 不知道 $d(x,k_\Sigma^{-1})$。

(7) 私钥公理

A9：$L_{i,t}k_i^{-1} \wedge \forall j \in ENT \setminus \{i\}, \neg L_{j,t}k_i^{-1}$

表示主体的私钥只有主体自己知道。

A10：$L_{i,t}(d(x,k_\Sigma^{-1})) \rightarrow L_{\Sigma,t}x$

表示私钥的拥有者一定知道用其私钥加密的消息。

10.5　CS 逻辑的应用分析

CS 逻辑的分析方法与 BAN 类逻辑相似，主要有以下步骤：

① 描述协议目标；

② 描述协议假设；

③ 利用推理规则及公理系统进行推理。

下面以 NS 公开密钥协议为例，来展示 CS 逻辑的分析方法。NS 公开密钥协议在前文多次提到，为了便于读者理解 CS 逻辑的方法，下面不加解释地给出 NS 公开密钥协议。

用 CS 逻辑符号描述协议如下：

① $A \rightarrow AS: A, B$

② $AS \rightarrow A: d((K_b, B), k_{as}^{-1})$

③ $A \rightarrow B: e((N_a, A), k_b)$

④ $B \rightarrow AS: B, A$

⑤ $AS \rightarrow B: d((k_a, A), k_{as}^{-1})$

⑥ $B \rightarrow A: e((N_a, N_b), k_a)$

⑦ $A \rightarrow B: e(N_b, k_b)$

为了便于分析，约定以下符号：t_n 表示在协议第 n 步结束时的时间，这样 t_0 表示协议开始的时间，t_7 表示协议结束的时间。

(1) 协议目标

G1：$K_{A,t_2}(\exists t, t_0<t<t_2, S(AS,t,d((k_b,B),k_{as}^{-1})))$

G2：$K_{B,t_5}(\exists t, t_0<t<t_5, S(AS,t,d((k_a,A),k_{as}^{-1})))$

G3：$K_{A,t_6}(\exists t, t_0<t<t_6, S(B,t,e((N_a,N_b),k_a)))$

G4：$K_{B,t_7}(\exists t, t_0<t<t_7, S(A,t,e(N_b,k_b)))$

目标 G1 和 G2 描述主体 A 和 B 分别从 AS 处获得对方的公开密钥，消息②和消息⑤是由 AS 发出的，并且是有时限约束的，例如消息②必须由 AS 在 $t_0<t<t_2$ 时限发出；目标 G3 和 G4 描述主体 A 和 B 交换秘密，同样消息⑥和⑦也必须在时限范围内发出。

(2) 协议初始假设

P1：$L_{A,t_0}(k_{as})$

P2：$L_{B,t_0}(k_{as})$

P3：$L_{AS,t_0}(k_a)$

P4：$L_{AS,t_0}(k_b)$

P5：$K_{A,t_0}(\forall i, i\in ENT, \forall t, t<t_0, \neg L_{i,t}N_a)$

P6：$K_{B,t_0}(\forall i, i\in ENT, \forall t, t<t_0, \neg L_{i,t}N_b)$

P1 和 P2 表示主体 A 和 B 知道 AS 的公钥；P3 和 P4 表示 AS 同样知道主体 A 和 B 的公钥；P5 表示主体 A 知道除它自己外，没有其他主体在协议开始前知道秘密 N_a；P6 表示主体 B 知道除它自己外，没有其他主体在协议开始前知道秘密 N_b。

(3) 应用推理规则及公理进行推理分析

如果主体 A 收到消息②，那么下面表达式成立：

$$K_{A,t_2}(R(A,t_2,d((k_b,B),k_{as}^{-1}))) \tag{1}$$

根据推理规则 R3 及公理 A6，由式(1)可以得出：

$$K_{A,t_2}(\exists i, i\in ENT\backslash\{A\}, \exists t, t<t_2, S(i,t,d((k_b,B),k_{as}^{-1}))) \tag{2}$$

根据公理 A9 及公理 A8(b)，由式(2)可以得出：

$$K_{A,t_2}(\exists t, t<t_2, S(AS,t,d((k_b,B),k_{as}^{-1}))) \tag{3}$$

对于消息⑤，采用同样推理步骤，可得：

$$K_{B,t_5}(\exists t, t<t_5, S(AS,t,d((k_a,A),k_{as}^{-1}))) \tag{4}$$

我们发现，除时间区间不一样外，得到的结论(3)和(4)与 G1 和 G2 已经比较相似。结论(3)和(4)的时间区间不要求在 t_0 之后，而这恰恰表明了 NS 公开密钥协议的一个漏洞，即主体 A 和 B 不能够确定消息②和⑤的发送时限，进而不能够区别消息是由 AS 发送的，还是由攻击者重放的。为了解决这个问题，在 NS 公开密钥协议中需要引进随机数或者时间戳来保证消息的时限。

为了继续分析协议，假设已经采取了措施，从而主体 A 和 B 已经获得并相信了对方的公开密钥。如果主体 A 收到消息⑥，那么下面的表达式成立：

$$K_{A,t_6}(R(A,t_6,e((N_a,N_b),k_a))) \tag{5}$$

从式(5)可以得到：

$$K_{A,t_6}(\exists i, i\in ENT\backslash\{A\}, \exists t, t<t_6, S(i,t,e((N_a,N_b),k_a))) \tag{6}$$

根据初始假设 P5，即在 t_0 时刻之前，没有主体知道 N_a，可以得到：

$$K_{A,t_6}(\forall i, i\in ENT, \forall t, t<t_0, \neg L_{i,t}e((N_a,N_b),k_a)) \tag{7}$$

由式(7)，可以得到：

$$K_{A,t_6}(\forall i, i\in ENT, \forall t, t<t_0, \neg S(i,t,e((N_a,N_b),k_a))) \tag{8}$$

由式(6)和式(8)得到：

$$K_{A,t_6}(\exists i, i\in ENT\backslash\{A\}, \exists t, t_0<t<t_6, S(i,t,e((N_a,N_b),k_a))) \tag{9}$$

同理，从消息⑦，可以得到：

$$K_{B,t_7}(\exists i, i\in ENT\backslash\{B\}, \exists t, t_0<t<t_7, S(i,t,e(N_b,k_b))) \tag{10}$$

结论(9)和(10)与目标 G3 和 G4 并不一样，因为在结论(9)和(10)中不能确定消息的发送者。从结论(9)只能知道主体 A 之外的其他主体发送了消息⑥，同样从结论(10)，能推知主体 B 之外的其他主体发送了消息⑦。如果需要确信是由主体 B 发送的消息⑥，必须要求下式成立：

$$K_{A,t_6}(\forall i, i \in \mathrm{ENT} \setminus \{A,B\}, \forall t, t < t_6, \neg S(i,t,e((N_a,N_b),k_a))) \tag{11}$$

如果式(11)成立，则需要确信：

$$K_{A,t_6}(\forall i, i \in \mathrm{ENT} \setminus \{A,B\}, \neg L_{i,t_6} N_a) \tag{12}$$

如果除主体 A 和 B 外，没有主体知道 N_a，自然也没有主体知道 $e((N_a,N_b),k_a)$，或者发送该消息。但是仅从目前的初始假设，无法得出上述结论，所以式(12)并不成立。其中的问题在于，在消息③中，主体 A 将 N_a 发送给了主体 B，所以 A 无法保证 B 没有将秘密 N_a 泄露给其他主体。所以为了让式(12)成立，需要进行以下假设：

$$B_{A,t_0}(\forall t, t_0 < t < t_6, S(B,t,m) \wedge C(m,N_a) \rightarrow m = e(x,k_a) \wedge C(x,N_a)) \tag{P7}$$

该假设要求 A 相信在任何时候如果 B 发送的消息中含有秘密 N_a，那么该消息一定是被 B 用 A 的公钥加密的，换句话说，A 相信即使 B 发送的消息中含有秘密 N_a，那么也只有 A 可以解密该消息。

根据假设 P7，由式(12)可得：

$$B_{A,t_6}(\forall i, i \in \mathrm{ENT} \setminus \{A,B\}, \neg L_{i,t_6} N_a) \tag{13}$$

由式(9)和式(13)，可得：

$$B_{A,t_6}(\exists t, t_0 < t < t_6, S(B,t,e((N_a,N_b),k_a))) \tag{14}$$

同样，可以再增加一条初始假设：

$$B_{B,t_0}(\forall t, t_0 < t < t_7, S(A,t,m) \wedge C(m,N_b) \rightarrow m = e(x,k_b) \wedge C(x,N_b)) \tag{P8}$$

这样可以得到：

$$B_{B,t_7}(\exists t, t_0 < t < t_7, S(A,t,e(N_b,k_b))) \tag{15}$$

结论(14)和(15)表明目标 G3 和 G4 达到了，但前提是协议必须修改以满足初始假设 P7 和 P8。假设 P7 和 P8 与 P1—P6 不同，前者是关于信仰的，而后者是关于知识的。

通过上述分析，发现了 NS 公开密钥协议的一些漏洞，也找到了一些改进的努力方向。大家可以将 CS 协议的分析过程和方法与利用 BAN 类逻辑的分析方法和过程去对比一下，发现其中的异同，以加深对两种方法的理解。

10.6　CS 逻辑的改进

CS 逻辑将主体的知识与信仰同时间相关联，对信仰和知识都能进行推理，所以在分析与时间相关的安全协议时具有明显优势。但 CS 逻辑也存在一些问题，例如 CS 逻辑中一些公理与现实不符，或者说表达不清，等等，这些都影响了 CS 逻辑的应用。于是自从 CS 逻辑提出以来，就产生了许多 CS 逻辑的改进方法，以增强 CS 逻辑的分析能力，扩展 CS 逻辑的应用范围。1999 年，Michiharu 和 Anish 对 CS 逻辑进行了改进，增强了 CS 逻辑在分析特定协议时的表达能力。本节以他们的工作为主，介绍 CS 逻辑的改进方法，并通过一个实例介绍改进的 CS 逻辑分析 Timed-Release 安全协议的步骤。

Michiharu 和 Anish 的改进方法主要集中在两个方面：一是扩展 CS 逻辑的语法，以提供对时间密钥对(time-keys)的支持；二是修改 CS 逻辑的一些公理，同时引入一些新的公理以拓宽 CS 逻辑的应用范围。

10.6.1 修改密文公理

在CS逻辑中，给出了包含公理A4：

A4：$L_{i,t}y \wedge C(y,x) \rightarrow \exists j \in ENT, L_{j,t}x$

但就包含操作C而言，原逻辑是不完全的，所以增加以下公理：

A4 (b)：$C(x,x)$

(c)：$C(x,y) \wedge C(y,z) \rightarrow C(x,z)$

(d)：$C(e(x,k_\Sigma),x) \wedge C(d(x,k_\Sigma^{-1}),x)$

之后，在改进的CS逻辑中，原A4公理被称为A4(a)公理。公理A4(b)和A4(c)说明包含操作是自反的和传递的；公理A4(d)表示加密消息$e(x,k_\Sigma)$中包含消息x，同样$d(x,k_\Sigma^{-1})$中也包含消息x。

明确了包含操作后，下面来看原CS逻辑的密文公理A8(a)和A8(b)。

A8 (a)：$\neg L_{i,t}k_\Sigma \wedge \forall t'<t, \neg L_{i,t'}(e(x,k_\Sigma)) \wedge \neg(\exists y(R(i,t,y) \wedge C(y,e(x,k_\Sigma)))) \rightarrow$
$\neg L_{i,t}(e(x,k_\Sigma))$

(b)：$\neg L_{i,t}k_\Sigma^{-1} \wedge \forall t'<t, \neg L_{i,t'}(d(x,k_\Sigma^{-1})) \wedge \neg(\exists y(R(i,t,y) \wedge C(y,d(x,k_\Sigma^{-1})))) \rightarrow$
$\neg L_{i,t}(d(x,k_\Sigma^{-1}))$

在A8(b)公理的前件中包含条件$\neg(\exists y(R(i,t,y) \wedge C(y,d(x,k_\Sigma^{-1}))))$，该条件表示主体在$t$时刻，没有收到任何包含$d(x,k_\Sigma^{-1})$的消息。然而表达式$\neg(\exists y(R(i,t,y) \wedge C(y,d(x,k_\Sigma^{-1}))))$表达的语义要强于实际所需要的。下面简单分析一下原因，例如，可以假设该条件不满足，即假设主体i在t时刻，收到了消息y，并且满足条件$C(y,d(x,k_\Sigma^{-1}))$，同时进一步假设主体i不能从消息y中获得消息$d(x,k_\Sigma^{-1})$。那么上述假设情况是否成立呢？考虑如下情况：消息y是$e(y',k_\psi)$，$C(y',d(x,k_\Sigma^{-1}))$，并且$\neg L_{i,t}k_\psi^{-1}$，这里k_ψ和k_ψ^{-1}分别是任意主体ψ(除了主体i)的公钥和私钥。在这种情况下，前面给出的假设情况是成立的，而且可以很容易地得出结论：$\neg L_{i,t}(d(x,k_\Sigma^{-1}))$成立，即虽然$\neg(\exists y(R(i,t,y) \wedge C(y,d(x,k_\Sigma^{-1}))))$不成立，但同样得出了结论$\neg L_{i,t}(d(x,k_\Sigma^{-1}))$。由此可见，公理A8(b)是不合适的，需要修改。

为了修改该公理，引进新的构件$\sigma_{i,t}(x,y)$，表示主体i在t时刻可以从消息x中获得消息y，这样就可以得出以下公理：

A11：$L_{i,t}y \wedge \sigma_{i,t}(y,x) \rightarrow L_{i,t}x$

除此之外，对于新的操作，可以得到其他一些结论，如$\sigma_{i,t}(x,y) \wedge \sigma_{i,t}(y,z) \rightarrow \sigma_{i,t}(x,z)$，等等，这里就不再详细论述。下面根据前面的讨论，重新修改公理A8(a)和A8(b)。

A8 (a)：$\neg L_{i,t}k_\Sigma \wedge \forall t'<t, \neg L_{i,t'}(e(x,k_\Sigma)) \wedge$
$\neg(\exists y(R(i,t,y) \wedge C(y,e(x,k_\Sigma)) \wedge \sigma_{i,t}(y,e(x,k_\Sigma)))) \rightarrow$
$\neg L_{i,t}(e(x,k_\Sigma))$

(b)：$\neg L_{i,t}k_\Sigma^{-1} \wedge \forall t'<t, \neg L_{i,t'}(d(x,k_\Sigma^{-1})) \wedge$
$\neg(\exists y(R(i,t,y) \wedge C(y,d(x,k_\Sigma^{-1})) \wedge \sigma_{i,t}(y,d(x,k_\Sigma^{-1})))) \rightarrow$
$\neg L_{i,t}(d(x,k_\Sigma^{-1}))$

10.6.2 修改消息接收公理

在CS逻辑中包含一条消息接收公理A6，该公理表示如果一个主体在t时刻接收了一个消息，那么在该时刻之前一定有一个主体发送了该消息。公理 A6 实际上在消息发送方和接收方之间加上了一个时间约束。

A6：$R(\Sigma,t,x)\rightarrow L_{\Sigma,t}x \land \exists i\in \mathrm{ENT}\backslash\{\Sigma\},\exists t'<t,S(i,t',x)$

公理 A6 没有讨论消息不是直接接收的情况，即如果主体 Σ 没有直接接收到消息 y，而是从消息 x 中获得的情况，所以接收公理也是不完全的，下面做以下扩展：

A6 (b)：$R(j,t,x)\land C(x,y)\land \sigma_{j,t}(x,y)\rightarrow$

$\exists i\in \mathrm{ENT},\exists t'<t,\exists z(S(i,t',z)\land C(z,y)\land L_{i,t'}y\land \sigma_{j,t}(x,z)\land \sigma_{j,t}(z,y))$

公理 A6(b)描述了系统的以下几条性质：

① 如果主体 j 在 t 时刻，不是直接收到消息 y，而是作为消息 x 的一部分收到消息 y，那么消息 y 一定是作为某个消息(如消息 z)的一部分，在 t 时刻之前被发送过；

② 发送消息 z 的主体一定创建了消息 y，自然也就知道消息 y；

③ 主体 j 一定是通过消息 z 和 x 获得消息 y 的。

性质①说明，如果主体 j 收到消息 x，并且 x 中包含 y，那么消息 y 不一定必须被发送过，它只要在作为一个消息的组成部分之前被发送过就可以。性质②说明在系统中，至少有一个主体知道 y，因此，如果主体 j，最先在 t'时刻发送了包含消息 y 的消息，那么在 t'时刻，它一定知道消息 y。根据性质①，已经得到 $S(i,t',z)\land C(z,y)$，因此根据性质②，可以得到 $S(i,t',z)\land C(z,y)\land L_{i,t'}y$ 成立。

10.6.3 时间密钥

在 CS 逻辑中假设私钥只有私钥的拥有者知道，并且该假设在所有时间内都是成立的，所以在 CS 逻辑中有公理 A9：

A9：$L_{i,t}k_i^{-1}\land \forall j\in \mathrm{ENT}\backslash\{i\},\neg L_{j,t}k_i^{-1}$

但在 Timed-Release 密码协议中，时间私钥在规定时间到达时是要公开的，所以，CS 逻辑不能很好地描述这种时间密钥的特性。下面引进新的符号：tk_τ 和 tk_τ^{-1}，分别表示时间私钥和时间公钥，其中 τ 表示密钥公布时间，符号 T 表示可信时间密钥认证第三方。修改公理 A9，以反映时间密钥的特性。

TA1：$\forall t<\tau,L_{T,t}\mathrm{tk}_\tau^{-1}\land \forall i\in \mathrm{ENT}\backslash\{T\},\neg L_{i,t}\mathrm{tk}_\tau^{-1}$

TA1 公理表示在公布时间到来之前，系统中只有可信时间密钥认证第三方知道 tk_τ^{-1}。由于引进了时间密钥，所以增加新的公理，对应原 CS 逻辑中的公理 A7 和 A8。

TA2 (a)：$L_{i,t}x\land L_{i,t}\mathrm{tk}_\tau\rightarrow L_{i,t}(e(x,\mathrm{tk}_\tau))$

(b)：$L_{i,t}x\land L_{i,t}\mathrm{tk}_\tau^{-1}\rightarrow L_{i,t}(d(x,\mathrm{tk}_\tau^{-1}))$

TA3(a)：$\neg L_{i,t}\mathrm{tk}_\tau\land \forall t'<t,\neg L_{i,t'}(e(x,\mathrm{tk}_\tau))\land$

$\neg(\exists y(R(i,t,y)\land C(y,e(x,\mathrm{tk}_\tau))\land \sigma_{i,t}(y,e(x,\mathrm{tk}_\tau))))\rightarrow$

$\neg L_{i,t}(e(x,\mathrm{tk}_\tau))$

(b)：$\neg L_{i,t}\mathrm{tk}_\tau^{-1}\land \forall t'<t,\neg L_{i,t'}(d(x,\mathrm{tk}_\tau^{-1}))\land$

$\neg(\exists y(R(i,t,y)\land C(y,d(x,\mathrm{tk}_\tau^{-1}))\land \sigma_{i,t}(y,d(x,\mathrm{tk}_\tau^{-1}))))\rightarrow$

$\neg L_{i,t}(d(x,\mathrm{tk}_\tau^{-1}))$

TA4：$L_{i,t}(e(x,\mathrm{tk}_\tau))\rightarrow L_{T,t}\mathrm{tk}_\tau$

TA4 公理表示可信时间密钥认证第三方知道所有的被用于加密数据的时间公钥。

TA5：$\forall i\in \mathrm{ENT}\backslash\{T\},\forall t<\tau,L_{i,t}y\land y=e(y',\mathrm{tk}_\tau)\land C(y',x)\rightarrow\neg \sigma_{i,t}(y,x)$

TA5 公理表示如果消息用时间公钥 tk_τ 加密，那么在时间到来之前，除可信时间密钥认证第三方外，任何主体都不能从获得的密文中获得任何信息。

10.7 改进的 CS 逻辑的应用分析

改进后的 CS 逻辑分析安全协议的步骤如下。

① 时间标注，协议分析的第 1 步是对协议进行时间标注。具体方法就是对协议的每一条交互消息标注两个不同的时间，以区分时间的发送和接收。一般情况，如果不考虑消息的处理时间，可以对形如 $P \to Q: m_i$ 的协议步骤进行如下标注：$t_i,(m_i),t_i+1$，表示在 t_i 时刻发送消息 m_i，而在 t_i+1 时刻，接收消息 m_i。

令 t_i 表示协议第 i 步开始的时间，t_0 表示协议开始的时间，则 $t_0 < t_1$；t_g 表示可信中心 T 生成时间密钥对的时间。

② 描述协议目标，用改进的 CS 逻辑语言描述协议目标。

③ 描述初始假设，用改进的 CS 逻辑语言描述系统的初始假设。

④ 协议分析，用改进的 CS 逻辑推理规则及公理系统推理分析。

下面利用改进的 CS 逻辑分析 Timed-Release 密码协议。

10.7.1 时间标注

按照时间标注的规则，对 Timed-Release 密码协议标注，如图 10-2 所示。

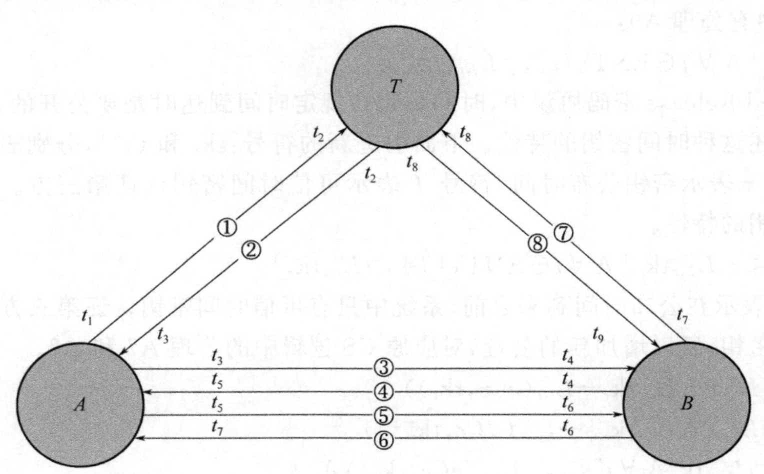

图 10-2 标注后的 Timed-Release 密码协议交互过程

协议重写如下：

① $A \to T$: "enc", t_8

② $T \to A$: $\{\text{"enc"}, t_8, tk_{t_8}\}_{k_t^{-1}}$

③ $A \to B$: A

④ $B \to A$: N_b

⑤ $A \to B$: $\{\{X_a, N_a, A\}_{tk_{t_8}}, A, B, t_8, N_b, tk_{t_8}\}_{k_a^{-1}}, \{\text{"enc"}, t_8, tk_{t_8}\}_{k_t^{-1}}$

⑥ $B \to A: \{\{\{X_a, N_a, A\}_{tk_{t_8}}, A, B, t_8, N_b, tk_{t_8}\}_{k_a^{-1}}\}_{k_b^{-1}}$

⑦ $B \to T$:"dec", t_8

If current_time $\geqslant \tau_s$,

⑧ $T \to B: \{\text{"dec"}, t_8, tk_{t_8}^{-1}\}_{k_t^{-1}}$

为方便分析，用 x 表示 $e((X_a, N_a, A), tk_{t_8})$。

10.7.2　协议目标

G1：$\forall t < t_8, \forall i \in ENT \backslash \{T, A\}, \neg L_{i,t}(d(x, tk_{t_8}^{-1}))$

G2：$L_{B,t_9}(d(x, tk_{t_8}^{-1}))$

G3：$K_{B,t_6}(\exists t, t_0 < t < t_6, S(A, t, d((U, N_b), k_a^{-1})))$，其中 $U = e((X_a, N_a, A), tk_{t_8}), A, B, t_8, tk_{t_8}$

G1 表示在规定时间到来之前，任何主体（除了 T 和 A）都不能解密消息 x。G2 表示在规定时间到了之后，用户 B 可以解密消息 x，获得秘密。G3 表示用户 B 相信在当前协议回合中，用户 A 发送了消息，并且消息中包含时间相关秘密。

10.7.3　初始假设

P1：$\forall t < t_8, \forall y, S(A, t, y) \wedge C(y, d(x, tk_{t_8}^{-1})) \to y = e(y', tk_{t_8}) \wedge C(y', d(x, tk_{t_8}^{-1}))$

P2：$\forall t < t_8, \neg \exists y, (S(T, t, y) \wedge C(y, d(x, tk_{t_8}^{-1})))$

P3：$t_g < t_8$

P1 表示相信用户 A 正确地加密了时间相关秘密；P2 表示相信可信第三方在规定时间到来之前不会在任何发送的消息中包含时间相关秘密；P3 表示可信第三方在规定时间到来之前生成时间密钥对。

P4：$\forall t < t_g, \forall i \in ENT \backslash \{A\}, \neg L_{i,t} d(x, tk_{t_8}^{-1})$

P5：$\forall t < t_g, \forall i \in ENT, \neg L_{i,t} tk_{t_8}$

P4 表示在时间密钥对生成之前，任何主体都不能使用时间私钥；P5 表示在时间密钥对生成之前，所有主体都不知道时间公钥。

P6：$K_{B,t_0}(L_{B,t_0} k_a)$

P7：$K_{B,t_0}(\forall t < t_0, \forall i \in ENT, \neg L_{i,t} N_b)$

P6 表示用户 B 知道用户 A 的公钥；P7 表示用户 B 知道在协议开始之前，没有主体知道随机数 N_b。

10.7.4　协议分析

(1) 证明 G1

假设 t, j 为满足条件 $t < t_8, j \in ENT \backslash \{T, A\}$ 的任意值，需要证明 $\neg L_{j,t}(d(x, tk_{t_8}^{-1}))$。下面以 t_g 为时间基准，采用归纳法证明：

(a) 令 $t = t_g$，则需要证明 $\neg L_{j,t_g}(d(x, tk_{t_8}^{-1}))$。利用反证法，假设结论不成立，即 $L_{j,t_g}(d(x, tk_{t_8}^{-1}))$ 成立。

由 TA3(b)，得到：

$L_{j,t_g} tk_{t_8}^{-1} \vee \exists t < t_g, L_{j,t}(d(x, tk_{t_8}^{-1})) \vee$

$\exists y(R(j,t_g,y)\wedge C(y,d(x,\mathrm{tk}_{t_8}^{-1}))\wedge\sigma_{j,t_g}(y,d(x,\mathrm{tk}_{t_8}^{-1})))$

情况(1)：$L_{j,t_g}\mathrm{tk}_{t_8}^{-1}$

根据 TA1 及初始假设 P3，$L_{j,t_g}\mathrm{tk}_{t_8}^{-1}$不成立。

情况(2)：$\exists t<t_g,L_{j,t}(d(x,\mathrm{tk}_{t_8}^{-1}))$

根据初始假设 P4，$\exists t<t_g,L_{j,t}(d(x,\mathrm{tk}_{t_8}^{-1}))$不成立。

情况(3)：$\exists y(R(j,t_g,y)\wedge C(y,d(x,\mathrm{tk}_{t_8}^{-1}))\wedge\sigma_{j,t_g}(y,d(x,\mathrm{tk}_{t_8}^{-1})))$

根据公理 A6(b)，有：

$$\exists i\in\mathrm{ENT},\exists t'<t_g,\exists z(S(i,t',z)\wedge C(z,d(x,\mathrm{tk}_{t_8}^{-1}))\wedge L_{i,t'}(d(x,\mathrm{tk}_{t_8}^{-1})))$$

情况(a)：假设 $i\in\mathrm{ENT}\setminus\{A\}$，根据初始假设 P4，$L_{i,t'}(d(x,\mathrm{tk}_{t_8}^{-1}))$不成立。

情况(b)：假设 $i=A$，那么有 $\exists t'<t_g,\exists z(S(A,t',z)\wedge C(z,d(x,\mathrm{tk}_{t_8}^{-1}))\wedge L_{A,t'}(d(x,\mathrm{tk}_{t_8}^{-1})))$。

根据初始假设 P1，有 $z=e(z',\mathrm{tk}_{t_8})\wedge C(z',d(x,\mathrm{tk}_{t_8}^{-1}))$，由公理 A5，得到：$L_{A,t'}z$，所以有 $L_{A,t'}(e(z',\mathrm{tk}_{t_8}))$，根据 TA4，必须有 $L_{T,t'}\mathrm{tk}_{t_8}$。根据初始假设 P5，因为 $t'<t_g$，所以 $L_{T,t'}\mathrm{tk}_{t_8}$ 不成立。

综上所述，情况(a)中，假设不成立。

(b)（归纳）令 $t_g<t'<t$，归纳假设：$\forall t''<t',\forall i\in\mathrm{ENT}\setminus\{T,A\},\neg L_{i,t''}(d(x,\mathrm{tk}_{t_8}^{-1}))$成立。

下面需要证明$\neg L_{i,t'}(d(x,\mathrm{tk}_{t_8}^{-1}))$成立。同样，使用反证法，假设$\neg L_{i,t'}(d(x,\mathrm{tk}_{t_8}^{-1}))$不成立，即 $L_{i,t'}(d(x,\mathrm{tk}_{t_8}^{-1}))$成立。根据 TA3(b)，有：

$L_{j,t'}\mathrm{tk}_{t_8}^{-1}\vee\exists t<t',L_{j,t}(d(x,\mathrm{tk}_{t_8}^{-1}))\vee$

$\exists y(R(j,t',y)\wedge C(y,d(x,\mathrm{tk}_{t_8}^{-1}))\wedge\sigma_{j,t'}(y,d(x,\mathrm{tk}_{t_8}^{-1})))$

情况(1)：$L_{j,t'}\mathrm{tk}_{t_8}^{-1}$

由于 $t'<t_8$，所以根据公理 TA1，$L_{j,t'}\mathrm{tk}_{t_8}^{-1}$不成立。

情况(2)：$\exists t<t',L_{j,t}(d(x,\mathrm{tk}_{t_8}^{-1}))$

根据归纳假设，$\exists t<t',L_{j,t}(d(x,\mathrm{tk}_{t_8}^{-1}))$不成立。

情况(3)：$\exists y(R(j,t',y)\wedge C(y,d(x,\mathrm{tk}_{t_8}^{-1}))\wedge\sigma_{j,t'}(y,d(x,\mathrm{tk}_{t_8}^{-1})))$

根据公理 A6(b)，有：

$$\exists i\in\mathrm{ENT},\exists t''<t',\exists z(S(i,t'',z)\wedge C(z,d(x,\mathrm{tk}_{t_8}^{-1}))\wedge L_{i,t''}(d(x,\mathrm{tk}_{t_8}^{-1}))\wedge$$
$$\sigma_{j,t'}(y,z)\wedge\sigma_{j,t'}(z,d(x,\mathrm{tk}_{t_8}^{-1})))$$

情况(a)：$i=T$，得到 $\exists z(S(T,t'',z)\wedge C(z,d(x,\mathrm{tk}_{t_8}^{-1})))$，根据初始假设 P2，由于 $t''<t_8$，所以 $\exists z(S(T,t'',z)\wedge C(z,d(x,\mathrm{tk}_{t_8}^{-1})))$不成立。

情况(b)：$i\in\mathrm{ENT}\setminus\{A,T\}$，有 $L_{i,t''}(d(x,\mathrm{tk}_{t_8}^{-1}))$，根据归纳假设，由于 $t''<t_8$，所以 $L_{i,t''}(d(x,\mathrm{tk}_{t_8}^{-1}))$不成立。

情况(c)：$i=A$，根据公理 A6(a)，有 $L_{j,t'}y$，因为 $\sigma_{j,t'}(y,z)$，根据公理 A11，有 $L_{j,t'}z$。根据初始假设 P1，$z=e(z',\mathrm{tk}_{t_8})\wedge C(z',d(x,\mathrm{tk}_{t_8}^{-1}))$，所以根据 TA5，必须有：$\neg\sigma_{j,t'}(z,d(x,\mathrm{tk}_{t_8}^{-1}))$，矛盾，所以假设不成立。

综上所述，G1 满足。

(2) 证明 G2

如果用户 B 收到消息⑤和⑧，则有

$$K_{B,t_6}(R(B,t_6,d((e((X_a,N_a,A),\mathrm{tk}_{t_8}),A,B,t_8,N_b,\mathrm{tk}_{t_8}),k_a^{-1})))\tag{1}$$

$$K_{B,t_9}(R(B,t_9,d((\text{"dec"},t_8,\text{tk}_{t_8}^{-1}),k_t^{-1}))) \tag{2}$$

根据签名的含义，有：

$$K_{B,t_6}(R(B,t_6,e((X_a,N_a,A),\text{tk}_{t_8}))) \tag{3}$$

$$K_{B,t_9}(R(B,t_9,\text{tk}_{t_8}^{-1})) \tag{4}$$

由式(3)和式(4)，根据公理 A2，有：

$$R(B,t_6,e((X_a,N_a,A),\text{tk}_{t_8})) \tag{5}$$

$$R(B,t_9,\text{tk}_{t_8}^{-1}) \tag{6}$$

由式(5)和式(6)，根据公理 A6，有：

$$L_{B,t_6}e((X_a,N_a,A),\text{tk}_{t_8}) \tag{7}$$

$$L_{B,t_9}(\text{tk}_{t_8}^{-1}) \tag{8}$$

由式(7)，根据公理 A3(a)，有：

$$L_{B,t_9}e((X_a,N_a,A),\text{tk}_{t_8}) \tag{9}$$

最后，由式(8)和式(9)，根据公理 TA2(b)，得到：

$$L_{B,t_9}(d(e((X_a,N_a,A),\text{tk}_{t_8}),\text{tk}_{t_8}^{-1})) \tag{G2}$$

G2 得证。

(3) 证明 G3

要证明 G3，需要添加一条公理 A12。

A12：$\forall i\in \text{ENT}\setminus\{\Sigma\},L_{i,t}d(x,k_\Sigma^{-1})\wedge L_{i,t}k_\Sigma\rightarrow\exists t'<t,S(\Sigma,t',d(x,k_\Sigma^{-1}))$

A12 给出了数字签名的含义，即如果主体 i，在 t 时刻知道 $d(x,k_\Sigma^{-1})$，并且主体 i 知道 k_Σ，则一定存在时刻 t'，$t'<t$，在 t' 时刻，主体 Σ 发送了消息 $d(x,k_\Sigma^{-1})$。

证明 G3 分为两个步骤，使用公理 A12，首先证明：

$$K_{B,t_6}(\exists t,t<t_6,S(A,t,d((U,N_b),k_a^{-1}))) \tag{1}$$

然后证明：

$$K_{B,t_6}(\exists i\in \text{ENT},\exists t,t<t_0,\neg S(i,t,d((U,N_b),k_a^{-1}))) \tag{2}$$

式(2)表明，在协议开始之前，没有主体发送过消息 $d((U,N_b),k_a^{-1})$，这样就说明消息 $d((U,N_b),k_a^{-1})$ 不是由其他主体重放的。

如果用户 B 收到消息⑤，则有：

$$K_{B,t_6}(R(B,t_6,d((e((X_a,N_a,A),\text{tk}_{t_8}),A,B,t_8,N_b,\text{tk}_{t_8}),k_a^{-1}))) \tag{3}$$

由式(1)，根据公理 A6 和 A1，有：

$$K_{B,t_6}(L_{B,t_6}(d((U,N_b),k_a^{-1}))) \tag{4}$$

根据初始假设 P6、公理 A3(a)和(b)以及公理 A1，有：

$$K_{B,t_6}(L_{B,t_6}k_a) \tag{5}$$

由式(4)和式(5)，根据公理 A12 和 A1，可以证明式(1)。

假设式(2)不成立，即

$$K_{B,t_6}(\exists i\in \text{ENT},\exists t,t<t_0,S(i,t,d((U,N_b),k_a^{-1}))) \tag{6}$$

由式(6)，根据公理 A5 及 A1，有：

$$K_{B,t_6}(\exists i\in \text{ENT},\exists t,t<t_0,L_{i,t}(d((U,N_b),k_a^{-1}))) \tag{7}$$

由式(7)，根据公理 A4(a)和(d)以及 A1，有：

$$K_{B,t_6}(\exists j\in \text{ENT},\exists t,t<t_0,L_{j,t}N_b) \tag{8}$$

式(8)与初始假设 P7 矛盾，所以假设不成立，即式(2)成立，所以综上所述，G3 满足。

10.8 本章小结

时间相关安全协议与一般意义上的安全协议不同，它更强调时间相关安全属性。时间相关安全属性顾名思义，强调时间因素在安全属性中的作用。Timed-Release 密码协议就是一种时间相关的安全协议，它被描述成“向未来发送消息”，即在未来的某个时刻，秘密才能被公布。一般安全协议的形式化分析方法，如传统的 BAN 类逻辑，没有考虑时间因素的作用，因此不适合分析时间相关安全协议。

本章讨论了时间相关安全协议的分析方法。首先介绍了时间相关安全协议的概念，讨论了时间相关安全属性，引入了 Timed-Release 密码协议的概念，并介绍了一种 Timed-Release 密码协议。重点介绍了 CS 逻辑。讨论了 CS 逻辑的逻辑构件、推理规则、公理系统以及分析方法和步骤，并通过一个实例，展示了 CS 逻辑的分析方法和能力。

习　　题

1. 简述时间相关安全协议的特点。
2. 简述时间相关安全属性的基本概念。
3. 简述 CS 逻辑的优缺点。

第11章

串空间模型理论及协议分析方法

Fábrega、Herzog和Guttman在1998年提出了串空间模型(Strand Space Model)理论,用于分析认证协议。串空间模型不仅利用了协议迹的方法,也应用了定理证明技术。该方法基于代数方法,有着坚实的理论基础,它具有高效、严谨、直观等特点,一经提出就得到了广泛的关注和讨论。

串(strand)指的是一轮协议运行到某个时刻,某个主体所发生的行为事件的一个消息序列,由发送和接收的消息序列组成,它可以代表安全协议中合法主体的行为,也可以代表攻击者的动作序列。串空间是某个协议运行当中所有可能出现的串的集合,包括所有诚实参与者的串和所有对协议进行攻击的攻击者的所有攻击行为串。串空间使用图结构来表示事件依赖关系。在这种模型下,协议的正确性可以表示成不同类型串之间的连接关系。协议的运行实例用一个丛(bundle)表示,丛是串空间的子图。协议的正确性证明过程实际上是一个建立协议规范可能形成的所有的丛的过程,然后根据丛中串的连接情况判断协议的安全属性是否满足。"理想"是串空间模型中的一个重要的概念,是一个在加密和组合运算下封闭的消息集合,这个集合中的消息对攻击者保密,如果其中任何一个消息出现在协议实例中(这个消息称为理想的入口点),那么攻击者就可通过截获理想的入口点而破解理想中的其他保密消息,所以通过理想证明保密性就是证明理想没有入口点,证明认证属性就是证明理想的入口点消息只能是诚实主体发出的。在串空间模型的基础上,Guttman等提出了认证测试的概念,反映了随机数在加密的条件下与身份认证之间的关系,而且他还指出用这种机制可以证明认证属性,同时它也可以帮助设计认证协议。

串空间模型可以用于证明协议的正确性,也可以分析安全协议存在的缺陷。一般来说,串空间模型具有以下几个特点。

① 数据项的假设有清晰的语义。例如临时值和会话密钥等数据项仅在安全协议中出现一次等。

② 串空间模型可以精确地描述系统攻击者的可能行为,从而可以不依赖具体的协议来界定攻击者的能力。

③ 给出协议正确性的定义,包括秘密性和认证性的说明与推论。

④ 相比于其他定理证明方法,串空间方法证明过程简洁明了,便于使用。

本章详细介绍了串空间模型理论及其协议分析方法。首先给出了串空间模型的基本概念,然后进一步讨论了理想与诚实理论和认证测试理论。在此基础上,讨论应用串空间理论进行协议分析的方法,并给出分析实例。

11.1 串空间模型理论基础

在串空间模型理论中，串是参与协议的主体可以执行的事件序列，准确地说是指一轮协议运行到某个时刻某个主体所发生的行为事件的一个消息序列。串空间是指协议参与主体的串所组成的集合。下面简要介绍串空间模型理论的基础知识。

11.1.1 基本概念

设集合$\mathcal{A}$中的元素为协议主体交换的消息，则称$\mathcal{A}$为项集合，$\mathcal{A}$的元素为项。下面构造两个不相交的原子项集合：$\mathcal{T}$和$\mathcal{K}$。

① $\mathcal{T}\subseteq\mathcal{A}$，是原子消息的集合，它包含几种不同类型的原子消息，如用户标识、随机数等。

② $\mathcal{K}\subseteq\mathcal{A}$，是所有密钥集合，inv 是$\mathcal{K}$中的一元算子：$\text{inv}:\mathcal{K}\rightarrow\mathcal{K}$，假设 inv 是单射的，它将非对称密码系统中的密钥对中的一个映射为另一个，将对称密码系统中的密钥映射为自身。一般情况下，用k^{-1}表示k的逆。

集合$\mathcal{A}$是通过对原子项集合$\mathcal{T}$和$\mathcal{K}$进行加密、连接和求逆 3 种代数运算递归定义得到的，3 种运算定义如下。

$\text{encr}:\mathcal{K}\times\mathcal{A}\rightarrow\mathcal{A}$，$t\in\mathcal{A}$，$k\in\mathcal{K}$，则$\{t\}_k\in\mathcal{A}$。

$\text{join}:\mathcal{A}\times\mathcal{A}\rightarrow\mathcal{A}$，$m_1\in\mathcal{A}$，$m_2\in\mathcal{A}$，则$m_1m_2\in\mathcal{A}$。

$\text{inv}:\mathcal{K}\rightarrow\mathcal{K}$，$k\in\mathcal{K}$，则$\text{inv}(k)=k^{-1}\in\mathcal{K}$。

当应用串空间模型证明安全协议的正确性时，需要用到自由假设。

假设$m_1,m_2,m_3,m_4\in\mathcal{A}$，$k_1,k_2\in\mathcal{K}$，则有：

① 自由加密假设：如果$\{m_1\}_{k_1}=\{m_2\}_{k_2}$，则有$m_1=m_2\wedge k_1=k_2$。

② 自由连接假设：$m_1m_2=m_3m_4$，则有$m_1=m_3\wedge m_2=m_4$。

③ 连接加密互斥：$m_1m_2\neq\{m_3\}_{k_1}$。

④ 原子不可拆分：$m_1m_2\notin\mathcal{T}\cup\mathcal{K}$，$\{m_1\}_{k_1}\notin\mathcal{T}\cup\mathcal{K}$。

集合$\mathcal{A}$的元素为项，下面在$\mathcal{A}$中定义元素之间的子项关系“$\sqsubset$”。

定义 11-1 子项关系为满足下列关系的最小关系：

① $a\sqsubset a$；

② $a\sqsubset\{g\}_k$，当且仅当$a\sqsubset g\vee a=\{g\}_k$；

③ $a\sqsubset \text{gh}$，当且仅当$a\sqsubset g\vee a\sqsubset h\vee a=\text{gh}$。

$a_0\sqsubset a_1$ 表示 a_0 是 a_1 的子项。

特别强调，如果$K\in\mathcal{K}$，仅当$K\sqsubset g$时，$K\sqsubset\{g\}_K$才可能成立。上述约束反映了攻击者的能力，即只有当密钥嵌在明文中时，攻击者才有可能从对应的密文中获得密钥。

定义 11-2 集合$\{+,-\}$是串空间的动作集，其中“+”表示发送消息的动作，“−”表示接收消息的动作。

定义 11-3 二元组$\langle\sigma,a\rangle$表示一个事件，其中$\sigma\in\{+,-\}$，$a\in\mathcal{A}$。通常用$+a$和$-a$表示一个事件，$+a$和$-a$又称带符号的消息。$\pm\mathcal{A}$表示事件集合，$(\pm\mathcal{A})^*$表示带符号项的有限序列集合。$(\pm\mathcal{A})^*$中的元素用$\langle\langle\sigma_1,a_1\rangle,\langle\sigma_2,a_2\rangle,\cdots,\langle\sigma_n,a_n\rangle\rangle$表示。

定义 11-4 串是协议参与者所执行的事件的序列，令Σ表示串的集合，定义映射$\text{tr}:\Sigma\rightarrow$

$(\pm\mathcal{A})^*$，将一个串映射到有限序列消息集合，映射 tr 称为迹映射，映射的像称为所给串的迹。

定义 11-5　串空间为二元组(Σ,tr)，其中 Σ 为串的集合，tr 为在串中定义的迹映射。

定义 11-6　串空间的一些基本概念如下。

① 结点，假设串 $s\in\Sigma$，s 中的每个事件称串 s 的一个结点，用 $n=\langle s,i\rangle$表示，其中 i 是结点 n 在串中的序号。结点 n 属于串 s，记为 $n\in s$，结点的集合记为$\mathcal{N}$。

② 结点 $n=\langle s,i\rangle\in s$，定义 $\mathrm{index}(n)=i$，$\mathrm{strand}(n)=s$，称 index 为结点的序号函数，strand 为结点的串函数；假设结点 n 所代表的参与者的动作为$(\mathrm{tr}(s))_i=\sigma a$，定义 $\mathrm{term}(n)=\sigma a$，$\mathrm{uns\_term}(n)=((\mathrm{tr}(s))_i)_2=a$，$\mathrm{sign}(n)=\sigma$，称 term 为结点事件函数，uns_term 为结点消息函数，sign 为结点符号函数。

③ 结点 $n_1,n_2\in\mathcal{N}$，存在一个边 $n_1\rightarrow n_2$，当且仅当 $\mathrm{term}(n_1)=+a\wedge\mathrm{term}(n_2)=-a$，称 n_1 发送消息 a 给 n_2，或者 n_2 从 n_1 接收消息 a，所以边记录了串间的一种因果连接。

④ 若 $n_1=\langle s,i\rangle$，$n_2=\langle s,i+1\rangle$，则存在边 $n_1\Rightarrow n_2$，称作事件相继发生。若 $\mathrm{index}(n_1)<\mathrm{index}(n_2)$，则有 $n_1\Rightarrow^+ n_2$，表示事件 n_2 在 n_1 之后发生，称 n_1 是 n_2 在同一个串上的因果前驱。

⑤ 一个无符号项 t 出现在结点 $n\in\mathcal{N}$中，当且仅当 $t\sqsubset\mathrm{term}(n)$。

⑥ 令 I 为无符号项集合，称结点 $n\in\mathcal{N}$是集合 I 的入口点，当且仅当 $\exists t\in I,\mathrm{term}(n)=+t$，并且对任意结点 $n'\Rightarrow^+ n$，$\mathrm{term}(n')\notin I$。

⑦ 无符号项 t 起源于结点 $n\in\mathcal{N}$，当且仅当 n 是集合 $I=\{t':t\sqsubset t'\}$的入口点。

⑧ 无符号项 t 唯一起源于结点 $n\in\mathcal{N}$，当且仅当 t 起源于唯一的一个结点 $n\in\mathcal{N}$。随机数等要求保持新鲜性的内容通常要求具有唯一起源的性质。

由上述定义，发现由结点集$\mathcal{N}$和边的关系 $n_1\rightarrow n_2$ 及 $n_1\Rightarrow n_2$ 一起构成一个有向图$\langle\mathcal{N},(\rightarrow\cup\Rightarrow)\rangle$。

11.1.2　丛和结点的因果依赖关系

丛是有向图$\langle\mathcal{N},(\rightarrow\cup\Rightarrow)\rangle$的一个有限子图，如图 11-1 所示。

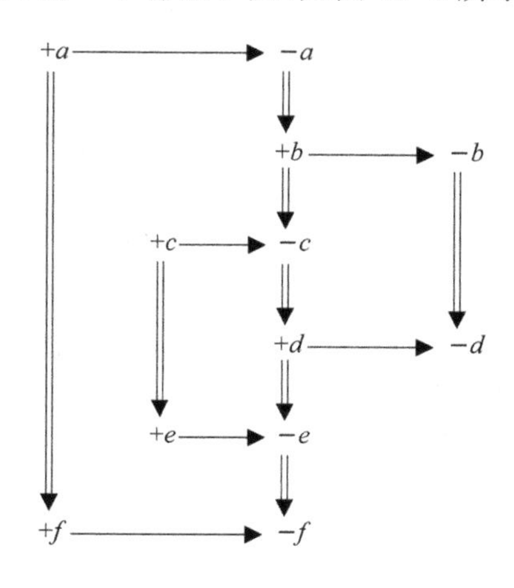

图 11-1　丛示意图

定义 11-7　丛用二元组 $C=(\mathcal{N}_c,\varepsilon_c)$表示，其中 ε_c 为边的集合，$\mathcal{N}_c$ 是附属于边 ε_c 的结点集，称 $C=(\mathcal{N}_c,\varepsilon_c)$为一个丛，当且仅当满足以下条件：

① C 是有限的非循环图；

② 若结点 $n_2 \in \mathcal{N}_C$，且 sign$(n_2)=-$，则 C 中存在唯一的结点 n_1，使得 $n_1 \rightarrow n_2$，且有向边 $n_1 \rightarrow n_2 \in \varepsilon_C$；

③ 若结点 $n_2 \in \mathcal{N}_C$，且 C 中存在结点 n_1，使得 $n_1 \Rightarrow n_2$，则有向边 $n_1 \Rightarrow n_2 \in \varepsilon_C$。

由定义 11-7 可知，丛具有以下特征：

① 一个串可以发送或接收消息，但不能同时进行这两种操作；

② 当一个串收到一个消息，有唯一一个结点发送了该消息；

③ 当一个串发送了一个消息，可能有多个串接收到该消息。

结点 $n \in C$，当且仅当 $n \in \mathcal{N}_C$。串 $s \in C$，当且仅当 $\forall n \in s$，有 $n \in \mathcal{N}_C$。

若 C 是一个丛，则一个串 s 的丛高度是满足 $\langle s,i \rangle \in C$ 的最大的 i 值，记为 C-height(s)。在 s 中 C 的迹为 C-trace$(s)=\langle \mathrm{tr}(s)(1),\cdots,\mathrm{tr}(s)(m)\rangle$，其中 $m=C$-height(s)。

定义 11-8 结点关系，设 S 是一个边的集合，且 $S \subseteq (\rightarrow \cup \Rightarrow)$，$\mathcal{N}_S$ 是附属于各边的结点集，对于 $\forall n_1, n_2 \in \mathcal{N}_S$，定义关系 $\prec_S$ 为 S 的传递闭包，$\preceq_S$ 为 S 的自反传递闭包。

$n_1 \prec_S n_2$，表示在 S 中存在一条从结点 n_1 到结点 n_2 的路径，边的数目大于零。

$n_1 \preceq_S n_2$，表示在 S 中存在一条从结点 n_1 到结点 n_2 的路径，边的数目大于或等于零。

例如，在图 11-1 中有 $+b \prec_S +d$，$+a \prec_S +f$，$+c \preceq_S +c$，等等。

假设 C 是丛，则关系 $\preceq_C$ 是一个偏序关系，具有自反性、反对称性和传递性。由 $\preceq_C$ 是一个偏序关系，可以得出以下结论。

引理 11-1 假设 C 是丛，则 C 中的任意非空结点集都有 $\preceq_C$ 一极小元。

引理 11-2 假设 C 是丛，S 是 C 的一个结点集，且满足以下性质：

① $\forall m, m'$，uns_term$(m)=$uns_term(m')，则 $m \in S$，当且仅当 $m' \in S$。

② 若 n 是 S 的 $\preceq_C$ 一极小元，则 n 的符号为正。

也就是说，满足 uns_term$(m)=$uns_term(m') 关系的两个结点具有隶属关系一致性，要么都属于 S，要么都不属于 S。

引理 11-3 假设 C 是丛，$t \in \mathcal{A}$，且 $n \in C$ 是 $\{m \in C: t \sqsubset \mathrm{term}(m)\}$ 结点集的 $\preceq_C$ 一极小元，则消息项 $t \in \mathcal{A}$ 起源于结点 n。

注意：极小元在串空间模型中实际上反映了串中各结点之间相交互的消息项及其子项的起源问题。如果把在协议的一轮运行中所涉及的包含某个特定消息项的所有结点看成一个集合的话，那么对于此集合的任意一个子集来说，此消息项都有源可查，也就是说并不存在无中生有的消息项。它可以用来帮助分析一个消息项的来源，且能判断出此消息项是否来源于一个正常的协议参与者，进而识别冒充正常网络安全协议参与者的一些攻击者的身份。

在串空间模型中，丛与协议一一对应，它反映协议的执行过程，图 11-2 就是描述 Yahalom 协议主体行为的丛。

11.1.3 攻击者描述

攻击者模型是安全协议模型中至关重要的一个组成部分。根据 Dolev-Yao 模型，对攻击者能力做以下假设：攻击者知道参与协议运行的各主体名及其公钥，并拥有自己的加密密钥和解密密钥，攻击者可以获得并存储所有经过网络的消息。攻击者具有对消息进行加密和解密的能力，还具有对连接消息项进行拆分的能力；此外，攻击者了解协议的运行规则，可作为合法主体参与协议的运行，并根据已知的知识合理推导隐藏的知识。

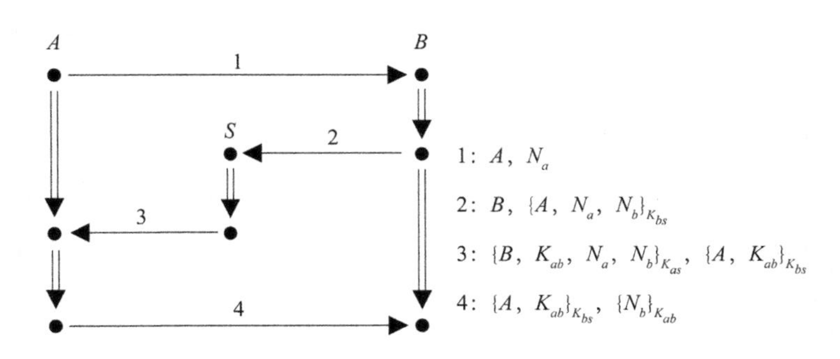

图 11-2　Yahalom 协议串空间模型

在串空间模型中，通过攻击者所掌握的密钥集合和攻击者串的集合来描述攻击者的能力，即根据所有已知消息构造新消息的能力。

攻击者所掌握的密钥集合用$\mathcal{K}_P$表示。集合$\mathcal{K}_P$包含了攻击者初始知道的所有密钥，例如，参与协议运行的各种主体的公钥，攻击者自己的加密密钥和解密密钥等。

攻击者串描述了攻击者拆分、构造、连接和使用已知密钥加解密的能力。属于攻击者串的结点称攻击者结点，其余结点称正则结点。攻击者对协议的攻击通常需要应用以下原子行为。

定义 11-9　攻击者的迹包括如下内容：

① M. 正文消息，$\langle +t \rangle$，其中 $t \in \mathcal{T}$；

② F. 窃听，$\langle -g \rangle$；

③ T. 接收转发，$\langle -g, +g, +g \rangle$；

④ C. 连接，$\langle -g, -h, +\mathrm{gh} \rangle$；

⑤ S. 分解，$\langle -\mathrm{gh}, +g, +h \rangle$；

⑥ K. 密钥，$\langle +K \rangle$，$K \in \mathcal{K}_P$；

⑦ E. 加密，$\langle -K, -h, +\{h\}_K \rangle$；

⑧ D. 解密，$\langle -K^{-1}, -\{h\}_K, +h \rangle$。

上述对攻击者行为的定义基本上涵盖了所有常见的网络攻击原子行为。这是串空间方法的优势之一，即对攻击者的动作有了较为形式化的定义，因此它不仅方便了对协议的分析，而且具有较好的扩展性。例如可以假定攻击者还具有对旧的会话密钥的密码分析能力，从而可以实施某种重放攻击。这种扩展并不会在根本上影响串空间模型的总框架，仅需要在一些证明中考虑增加了的攻击者迹。

定义 11-10　渗透空间(infiltrated strand space)是一个二元组$(\Sigma, \mathcal{P})$，其中 Σ 是一个串空间，$\mathcal{P} \subseteq \Sigma$，并且满足 $\forall p \in \mathcal{P}$，$\mathrm{tr}(p)$是一个攻击者迹。

$\mathcal{P}$中的串称攻击者串。如果结点 n 所在的串是攻击者串，则称 n 为攻击者结点，除此之外的串和结点称为正则串和正则结点。

如果结点 n 所在的攻击者串的迹的类型是 M，则称结点 n 是 M 结点，其他类型有类似的定义。

在串空间模型中，攻击者的能力是由攻击者密钥和攻击者串定义的，它与所分析的协议是不相关的。因此可以证明一些关于攻击者能力的一般事实。以后当需要证明一个新的协议时，可以重新利用原来已被证明的事实。

命题 11-1　假设 C 是丛，并且 $K = \mathcal{K} \backslash \mathcal{K}_P$，其中$\mathcal{K} \backslash \mathcal{K}_P$表示集合$\mathcal{K}$与$\mathcal{K}_P$的差。若 K 不

源于一个正则结点，则对于任何结点 $n \in C$，有 $K \not\sqsubset \mathrm{term}(n)$，特别地，对于任何攻击者结点 $p \in C$，都有 $K \not\sqsubset \mathrm{term}(p)$。

证明：利用反证法，假设集合 $S=\{n \in C: K \sqsubset \mathrm{term}(n)\}$ 非空，根据引理 11-1，S 中存在 $\preceq_c$ 一极小元。由引理 11-3，任何 S 的 $\preceq_c$ 一极小元都是 K 的源发点，所以，根据假设，这些极小元都是攻击者结点。由引理 11-2，它们都是正结点。下面来检验这些正结点的可能性。

M. 串形式为 $\langle +t \rangle$，其中 $t \in \mathcal{T}$，但是 $K \not\sqsubset t$；

F. 串形式为 $\langle -g \rangle$，没有正结点；

T. 串形式为 $\langle -g, +g, +g \rangle$，没有值源发于正结点；

C. 串形式为 $\langle -g, -h, +\mathrm{gh} \rangle$，根据自由假设，除非一个密钥是前一个结点的子项，否则不存在密钥是该正结点的子项；

S. 串形式为 $\langle -\mathrm{gh}, +g, +h \rangle$，没有值源发于正结点；

K. 串形式为 $\langle +K_0 \rangle$，其中 $K_0 \in \mathcal{K}_p$，当且仅当 $K=K_0$ 时，$K \sqsubset K_0$，但是 $K=K_0$ 与题设 $K=\mathcal{K} \backslash \mathcal{K}_p$ 矛盾，所以不存在密钥是该正结点的子项；

E. 串形式为 $\langle -K_0, -h, +\{h\}_{K_0} \rangle$，根据子项关系$\sqsubset$的定义，当且仅当 $a \sqsubset h \lor a=\{h\}_{K_0}$ 时，$a \sqsubset \{h\}_{K_0}$ 成立，但是根据自由假设，$K \neq \{h\}_{K_0}$，因此除非密钥是前面一个结点的子项，否则不存在密钥是该正结点的子项；

D. 串形式为 $\langle -K_0^{-1}, -\{h\}_{K_0}, +h \rangle$，根据子项关系$\sqsubset$的定义，只有当 $a \sqsubset \{h\}_{K_0}$ 时，有 $a \sqsubset h$，所以密钥是前一个结点的子项。

综上所述，S 为空集，所以对所有的 $n \in C$，有 $K \not\sqsubset \mathrm{term}(n)$，特别地，对于任何攻击者结点 $p \in C$，都有 $K \not\sqsubset \mathrm{term}(p)$。■

命题 11-1 说明如果攻击者不能掌握某个密钥，那么该密钥实际上就不可能起源于任何攻击者的结点。上述结论实际上给出了攻击者结点的一个能力界限。

注意：命题 11-1 的证明方法在串空间模型理论中是非常典型的。证明思路为首先考虑一个集合的极小元，然后判断极小元是正则结点还是攻击者结点，最后逐个考查攻击者串的不同构成形式。这种证明思路在下面的证明过程中还将反复用到。

上面给出了攻击者的描述，下面通过一个实例来分析攻击者串是如何构成的。前面的章节分析过 NSPK 协议，下面首先构造 NSPK 协议的串空间模型，然后再针对一种攻击方法，分析攻击者串的构成方法。

以下是 NSPK 协议的简化形式。

① $A \rightarrow B: \{N_a, A\}_{K_b}$

② $B \rightarrow A: \{N_a, N_b\}_{K_a}$

③ $A \rightarrow B: \{N_b\}_{K_b}$

其串空间模型如图 11-3 所示。

针对 NSPK 协议，存在如下攻击方法：

① $A \rightarrow P: \{N_a, A\}_{K_p}$

①' $P(A) \rightarrow B: \{N_a, A\}_{K_b}$

②' $B \rightarrow P(A): \{N_a, N_b\}_{K_a}$

② $P \rightarrow A: \{N_a, N_b\}_{K_a}$

③ $A \to P: \{N_b\}_{K_p}$

③′ $P(A) \to B: \{N_b\}_{K_b}$

同样，可以构造该攻击方法的串空间模型，如图 11-4 所示。

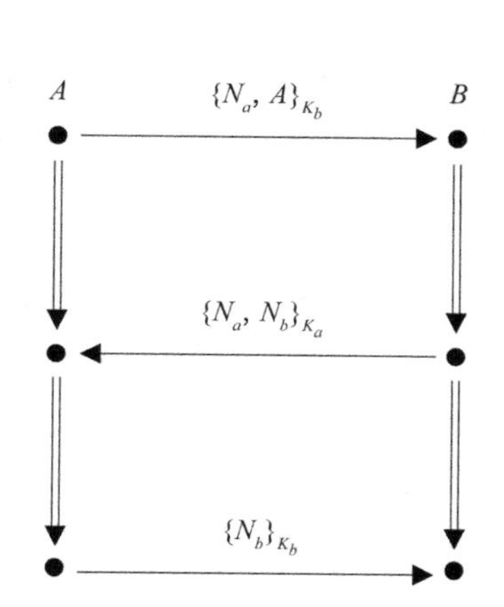

图 11-3　NSPK 协议串空间模型

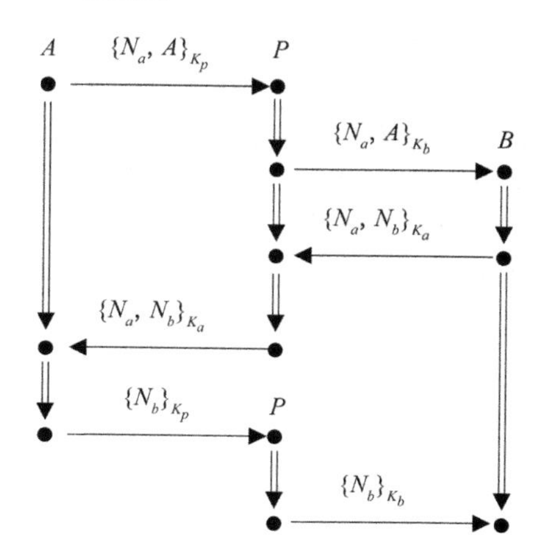

图 11-4　攻击 NSPK 协议的一种方法

然后，再给出图 11-4 中攻击串的构成方法，如图 11-5 所示。

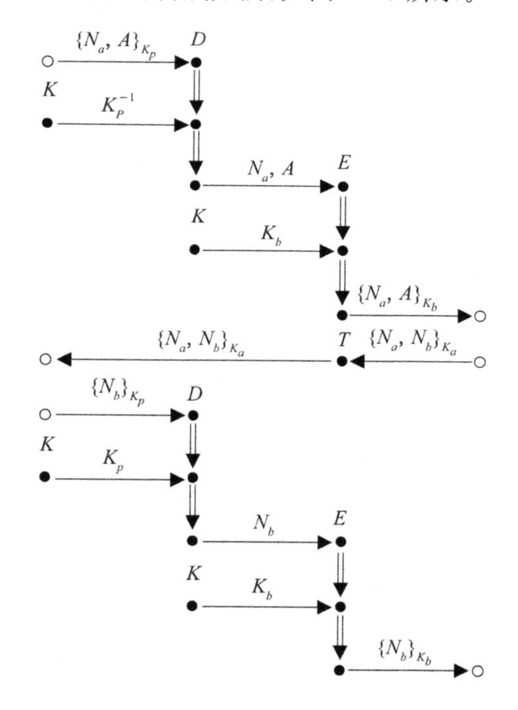

图 11-5　攻击者攻击 NSPK 协议的步骤

图中"○"符号分别表示与图 11-4 中 A 和 B 串上结点的衔接处。

11.1.4　协议正确性概念

对于认证协议来说，串空间模型将其安全目标规约为一致性和秘密性。

① 一致性(agreement property)，对于某个数据项 $\vec{x}$，称一个安全协议保证了对主体 B(响

应者）的一致性是指：

任何时候主体 B 作为响应者（B 认为自己在和 A 进行通信）使用 $\vec{x}$ 完成一轮协议，则必定存在唯一的一轮协议，在这轮协议中主体 A 使用相同的数据项 $\vec{x}$ 发起一次会话，且 A 认为它是在与 B 通信。

弱非单射一致性（weaker non-injective agreement）不保证唯一性，它仅要求：任何时候主体 B 作为响应者（B 认为自己在和 A 进行通信）使用 $\vec{x}$ 完成一轮协议，则存在一轮协议，在这轮协议中主体 A 使用相同的数据项 $\vec{x}$ 发起一次会话，且 A 认为它是在与 B 通信。显然，这是一种较弱的一致性。

② 秘密性（secrecy），称数据 x 在丛 C 中具有秘密性是指满足下述条件：对于任何 $n\in C$，都有 $\text{term}(n)\neq x$。上述定义说明，如果正则串从未发送过数据 x，攻击者串也不可能发送它，那么这个数据就是保密的。

11.2 基于极小元理论的串空间方法

使用串空间方法分析安全协议的认证性和机密性，一般都可以归结为求证某些关键结点是否存在并且得出它们的性质，比如最常用的就是分析协议模型丛中的某个集合的极小元，这种方法是串空间模型早期的一种典型的证明方法。下面以 NS 公钥协议为例介绍该方法。

11.2.1 NSL 串空间

NS 公钥协议于 1978 年提出，17 年后，Lowe 首先发现了该协议的安全缺陷，并对其进行了改进，改进后的协议称为 NSL 协议，NSL 协议的描述如下：

① $A\rightarrow B:\{N_a,A\}_{K_b}$

② $B\rightarrow A:\{N_a,N_b,B\}_{K_a}$

③ $A\rightarrow B:\{N_b\}_{K_b}$

实际上 NSL 协议与 NSPK 协议的区别仅仅在于协议第②条消息中，包含了用户 B 的标识。

在给出 NSL 串空间模型之前，首先给出以下约定：

① 标识集合 $\mathcal{T}_{\text{Name}}\subseteq\mathcal{T}$，一般使用 A,B,S 等来表示参与协议的主体。

② 映射 $K:\mathcal{T}_{\text{Name}}\rightarrow\mathcal{K}$，将主体与它的公开密钥绑定。设映射是单射的，即若 $K(A)=K(B)$，则有 $A=B$，一般习惯上，将 $K(A)$ 表示成 K_a。在很多情况下，只有保证映射是单射的，协议才能达到认证目标。

定义 11-11 NSL 串空间，设 $(\Sigma,\mathcal{P})$ 是一个渗透串空间，如果 Σ 由下述 3 种串组成，则称 $(\Sigma,\mathcal{P})$ 为 NSL 串空间：

① 攻击者串，$s\in\mathcal{P}$；

② 发起者串，$s\in\text{Init}[A,B,N_a,N_b]$，并且 s 的迹为

$$\langle +\{N_a,A\}_{K_b},-\{N_a,N_b,B\}_{K_a},+\{N_b\}_{K_b}\rangle$$

其中 $A,B\in\mathcal{T}_{\text{Name}},N_a,N_b\in\mathcal{T},N_a\notin\mathcal{T}_{\text{Name}}$，$\text{Init}[A,B,N_a,N_b]$ 表示所有具有上述迹的串的集合，与该串对应的主体是 A。

③ 响应者串，$s\in\text{Resp}[A,B,N_a,N_b]$，并且 s 的迹为

$$\langle -\{N_a,A\}_{K_b},+\{N_a,N_b,B\}_{K_a},-\{N_b\}_{K_b}\rangle$$

其中 $A,B\in\mathcal{T}_{\text{Name}}$，$N_a,N_b\in\mathcal{T}$，$N_b\notin\mathcal{T}_{\text{Name}}$，$\text{Resp}[A,B,N_a,N_b]$ 表示所有具有上述迹的串的集合，与该串对应的主体是 B。

如果 $s\in\text{Init}[A,B,N_a,N_b]$ 或者 $s\in\text{Resp}[A,B,N_a,N_b]$ 是正则串，则称主体 A 和 B 分别为协议的发起者和响应者，N_a，N_b 分别为发起者和响应者的随机数，这些值在 Σ 中是唯一起源的。

11.2.2　NSL 响应者的一致性

在 NSL 空间中，证明响应者的一致性可转换为证明命题 11-2 成立。

命题 11-2　如果，

① Σ 是 NSL 串空间，C 是 Σ 中的一个丛，s 是一个响应者串，$s\in\text{Resp}[A,B,N_a,N_b]$，并且 $C\text{-height}(s)=3$；

② $K_a^{-1}\notin\mathcal{K}_p$；

③ $N_a\neq N_b$，且 N_b 在 Σ 中是唯一起源的项。

那么 C 中包含一个发起者串 $t\in\text{Init}[A,B,N_a,N_b]$，并且 $C\text{-height}(t)=3$。

为方便证明，给出如图 11-6 所示的串空间模型，不妨将 $\langle s,2\rangle$ 记为 n_0，它的项记为 v_0。为了证明命题 11-2，只需要证明下面 5 个结论成立。

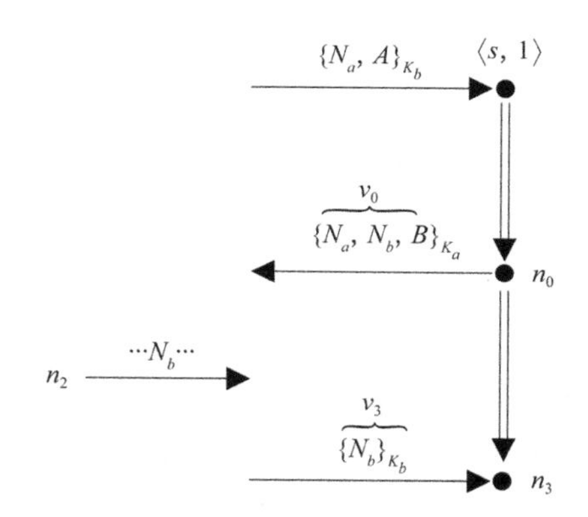

图 11-6　正则结点 n_2，S 中的极小元

① N_b 起源于 n_0。

② 集合 $S=\{n\in C:N_b\sqsubset\text{term}(n)\wedge v_0\not\sqsubset\text{term}(n)\}$ 有一个 $\preceq$ 极小元 n_2，n_2 是正则结点且符号为正。

③ 假设 n_2 在串 t 上，则串 t 上还存在一个结点 n_1，n_1 是 n_2 的前驱结点，且 $\text{term}(n_1)=\{N_a,N_b,B\}_{K_a}$。

④ 包含 n_1 和 n_2 的正则串 t 是一个丛 C 的发起者串。

⑤ 设 Σ 为一个 NSL 串空间，且 N_a 在 Σ 中是唯一起源的，则对任意 A,B,N_b，最多只存在一个串 $t\in\text{Init}[A,B,N_a,N_b]$。

下面分别证明①—⑤。

引理 11-4　N_b 起源于 n_0。

证明：$N_b\sqsubset v_0$，且 n_0 的符号为正，因此只需证明 $N_b\not\sqsubset n'$，其中 n' 是 n_0 的前驱结点 $\langle s,1\rangle$，

即可。因为 $\text{term}(n')=\{N_a,A\}_{K_b}$，所以，需要验证 $N_a\neq N_b$ 和 $N_b\neq A$。由命题 11-2 的假设有 $N_a\neq N_b$，由定义 11-11 有 $N_b\notin\mathcal{T}_{\text{Name}}$，所以 $N_b\neq A$，所以 $N_b\not\sqsubset n'$。■

引理 11-5 集合 $S=\{n\in C: N_b\sqsubset \text{term}(n)\wedge v_0\not\sqsubset\text{term}(n)\}$ 有一个 $\preceq$ 极小元 n_2，n_2 是正则结点且符号为正。

证明：如图 11-6 所示，$n_3\in C$，且 n_3 包含 N_b，但 n_3 不包含 v_0，所以 $n_3\in S$，因此 S 为非空集合，根据引理 11-1，S 最少有一个 $\preceq$ 极小元 n_2，由引理 11-2 可知 n_2 的符号为正。

下面的问题就是证明 n_2 不是一个攻击者结点，其证明方法与证明命题 11-1 的方法类似，都是依次考察正攻击者结点的各种可能情形，然后证明 n_2 不可能在一个攻击者串上。

M. 串形式为 $\langle +t\rangle$，其中 $t\in\mathcal{T}$，所以有 $N_b=t$，则 N_b 起源于这个串，这与引理 11-4 矛盾；

F. 串形式为 $\langle -g\rangle$，没有正结点；

T. 串形式为 $\langle -g,+g,+g\rangle$，因此它的正结点不会是 S 中的极小元；

C. 串形式为 $\langle -g,-h,+\text{gh}\rangle$，因此它的正结点不会是 S 中的极小元；

K. 串形式为 $\langle +K_0\rangle$，其中 $K_0\in\mathcal{K}_p$，但是 $N_b\not\sqsubset K_0$，所以这种情况是不可能的；

E. 串形式为 $\langle -K_0,-h,+\{h\}_{K_0}\rangle$，假设 $N_b\sqsubset\{h\}_{K_0}\wedge v_0\not\sqsubset\{h\}_{K_0}$，因为 $N_b\neq\{h\}_{K_0}$，根据 $\sqsubset$ 的定义，有 $N_b\sqsubset h$，但是 $v_0\not\sqsubset h$，所以这个正结点不会是 S 中的极小元；

D. 串形式为 $\langle -K_0^{-1},-\{h\}_{K_0},+h\rangle$，如果该正结点是 S 中的极小元，那么有 $v_0\not\sqsubset h$，且 $v_0\sqsubset\{h\}_{K_0}$。根据自由假设有 $h=N_aN_bB$ 且 $K_0=K_a$。因此存在一个结点 m，该结点是这个串上的第 1 个结点，并且 $\text{term}(m)=K_a^{-1}$。因为 $K_a^{-1}\notin\mathcal{K}_p$，根据命题 11-1，可以推出 K_a^{-1} 源于一个正则结点，但是没有发起者串或者响应者串起源于 K_a^{-1}，所以这种情况是不可能的；

S. 串形式为 $\langle -\text{gh},+g,+h\rangle$，假设 $\text{term}(n_2)=g$，因为 $n_2\in S$，所以 $N_b\sqsubset g\wedge v_0\not\sqsubset g$，由 $n_2\in S$ 的极小性有 $v_0\sqsubset\text{gh}$，但是 $v_0\neq\text{gh}$，所以 $v_0\sqsubset h$。

令 $T=\{m\in C: m\prec n_2\wedge\text{gh}\sqsubset\text{term}(m)\}$，因为没有正则结点包含子项 gh（其中 $v_0\sqsubset h$，所以 h 包含加密子项），所以 T 中的每个元素都是攻击者结点。

因为 $\langle p,1\rangle\in T$，所以 $T=\{m\in C: m\prec n_2\wedge\text{gh}\sqsubset\text{term}(m)\}$ 非空，根据引理 11-1，T 最少有一个 $\preceq$ 极小元 m，由引理 11-2 可知，m 的符号为正。同样，下面考察 m 可能出现在什么类型的攻击者串上。

显然 m 不可能在 M、F、T、K 类型的串上。

S. 如果 $\text{gh}\sqsubset\text{term}(m)$，此处 m 是一个正结点，位于 S 型攻击者串 p' 上，则有：$\text{gh}\sqsubset\text{term}(\langle p',1\rangle)$，并且有 $\langle p',1\rangle\prec m$，这与 m 是极小元矛盾；

E. 如果 $\text{gh}\sqsubset\text{term}(m)$，此处 m 是一个正结点，位于 E 型攻击者串 p' 上，则有：$\text{gh}\sqsubset\text{term}(\langle p',2\rangle)$，并且有 $\langle p',2\rangle\prec m$，这与 m 是极小元矛盾；

D. 如果 $\text{gh}\sqsubset\text{term}(m)$，此处 m 是一个正结点，位于 D 型攻击者串 p' 上，则有 $\text{gh}\sqsubset\text{term}(\langle p',2\rangle)$，并且有 $\langle p',2\rangle\prec m$，这与 m 是极小元矛盾；

C. 如果 $\text{gh}\sqsubset\text{term}(m)$，此处 m 是一个正结点，位于 C 型攻击者串 p' 上，且 m 是 T 中的极小元，那么 $\text{gh}=\text{term}(m)$，因为 p' 的迹的形式为 $\langle -g,-h,+\text{gh}\rangle$，所以 $\text{term}(\langle p',1\rangle)=\text{term}(n_2)$，并且 $\langle p',1\rangle\prec n_2$，与 n_2 是 S 中的极小元矛盾。

$\text{term}(n_2)=h$ 的情况可以类似进行证明。

综上所述，n_2 不可能在一个攻击者串上，因此 n_2 必然是一个正则结点。■

引理 11-6　假设 n_2 在串 t 上，则串 t 上还存在一个结点 n_1，n_1 是 n_2 的前驱结点，且 $\text{term}(n_1)=\{N_a,N_b,B\}$。

证明：如图 11-7 所示，证明存在结点 n_1，并且 n_1 包含 v_0。由引理 11-4，有：N_b 起源于 n_0，并且根据命题 11-2 的假设，有：N_b 在 Σ 中是唯一起源的，而且因为 $v_0 \sqsubset \text{term}(n_0) \wedge v_0 \not\sqsubset \text{term}(n_2)$，所以有 $n_2 \neq n_0$。因此 N_b 不起源于 n_2，所以在同一个串上存在一个结点 n_1，n_1 是 n_2 的前驱结点，且 $N_b \sqsubset \text{term}(n_1)$。由 n_2 的极小性，有 $v_0 \sqsubset \text{term}(n_1)$，但是没有正则结点以一个加密的项为其子项，因此有 $v_0=\text{term}(n_1)$，即 $\text{term}(n_1)=\{N_a,N_b,B\}_{K_a}$。■

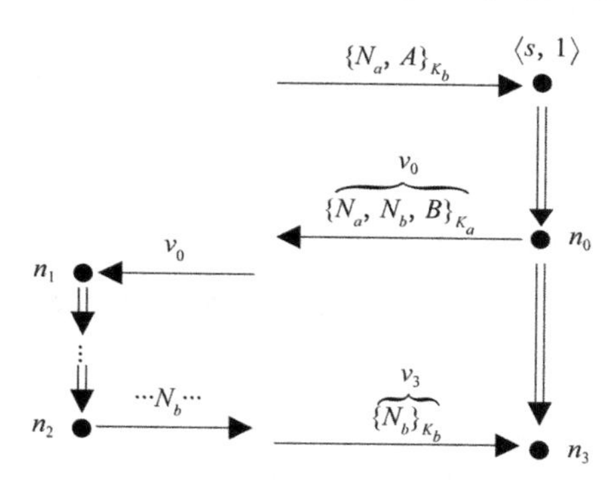

图 11-7　结点 n_1 包含 v_0

引理 11-7　包含 n_1 和 n_2 的正则串 t 是一个从 C 的发起者串。

证明：结点 n_2 是一个正的正则结点，且其前驱结点 n_1 的形式为 $\{\text{xyz}\}_K$，所以 t 是发起者串，因为如果 t 是一个响应者串，那么在形如 $\{\text{xyz}\}_K$ 的项后，只能是一个符号为负的结点。n_1 和 n_2 分别是 t 上的第 2 个和第 3 个结点，所以 $C\text{-height}(t)=3$。■

由引理 11-6 和引理 11-7 即可证明命题 11-2。以上只是证明了响应者的非单射一致性，如果要证明响应者的一致性，必须证明命题 11-2 的第⑤条，即设 Σ 为一个 NSL 串空间，且 N_a 在 Σ 中是唯一起源的，则对任意 A,B,N_b，最多只存在一个串 $t\in \text{Init}[A,B,N_a,N_b]$。

命题 11-3　设 Σ 为一个 NSL 串空间，且 N_a 在 Σ 中是唯一起源的，则对任意 A,B,N_b，最多只存在一个串 $t\in \text{Init}[A,B,N_a,N_b]$。

证明：对于任意 A,B,N_b，若 $t\in \text{Init}[A,B,N_a,N_b]$，则 $\langle t,1\rangle$ 的符号为正，$N_a \sqsubset \langle t,1\rangle$，且 N_a 不可能比 t 更早出现，所以 N_a 起源于 $\langle t,1\rangle$，如果 N_a 是唯一起源的，则最多只存在一个这样的串 $t\in \text{Init}[A,B,N_a,N_b]$。■

注意在上述命题中，要求 $N_a \neq N_b$，否则命题不成立。至此已经完成了响应者的一致性证明。

仔细分析响应者一致性的证明过程，不难发现原 NSPK 协议的问题。分析 NSPK 协议与分析 NSL 协议类似，只是引理 11-6 稍微有点变化。下面给出分析 NSPK 协议的相应的引理。

引理 11-8　假设 n_2 在串 t 上，则串 t 上还存在一个结点 n_1，n_1 是 n_2 的前驱结点，且 $\text{term}(n_1)=\{N_a,N_b\}_{K_a}$。

分析引理 11-8 发现，由于无法通过 $\{N_a,N_b\}_{K_a}$ 项确定响应者的身份，所以无法得出 $t\in \text{Init}[A,B,N_a,N_b]$ 的结论。这正是 Lowe 发现的安全漏洞。

11.2.3　响应者的秘密性

响应者的秘密性也就是响应者随机数 N_b 的秘密性，即响应者随机数 N_b 在协议运行中保持秘密性。假设响应者的密钥没有泄露。对于该问题的证明可转换为证明下述命题成立。

命题 11-4 如果，

① Σ 是一个 NSL 空间，C 是一个丛，$s\in \text{Resp}[A,B,N_a,N_b]$ 是一个响应者串，且 C-height$(s)=3$；

② $K_a^{-1}\notin\mathcal{K}_p$，$K_b^{-1}\notin\mathcal{K}_p$；

③ $N_a\neq N_b$，且 N_b 在 Σ 中是唯一起源的项。

那么对任意满足 $N_b\sqsubset \text{term}(m)$ 的结点 $m\in C$ 有 $\{N_a,N_b,B\}_{K_a}\sqsubset \text{term}(m)$ 成立，或者 $\{N_b\}_{K_b}\sqsubset \text{term}(m)$ 成立，特别地，$N_b\neq \text{term}(m)$。

为方便证明，同样将 $\langle s,2\rangle$ 记为 n_0，它的项记为 v_0，$\langle s,3\rangle$ 记为 n_3，它的项记为 v_3，考虑以下集合：

$$S=\{n\in C: N_b\sqsubset \text{term}(m)\wedge v_0\not\sqsubset \text{term}(m)\wedge v_3\not\sqsubset \text{term}(m)\}$$

则证明命题 11-4 成立，就转换为证明集合 S 为空。

由引理 11-1 可知，S 最少有一个 $\preceq$ 极小元，下面首先证明 S 的极小元不是正则结点，然后证明 S 的极小元也不是攻击者结点，因此 S 是空集，从而命题 11-4 成立。

引理 11-9 S 的极小元不是正则结点。

证明： 反证法，假设存在一个 S 的极小元 m，m 是正则结点。根据引理 11-2，m 的符号为正。

情况 1：因为在串 s 中，只有 n_0 的符号为正，且 $v_0=\text{term}(n_0)$，所以 m 不可能位于串 s 上；

情况 2：m 也不可能位于响应者串 s'，$s'\neq s$ 上，因为，如果 m 位于响应者串 s'，$s'\neq s$ 上，则 $m=\langle s',2\rangle$，所以 $\text{term}(m)=\{N,N',C\}_{K_d}$，因为 $N_b\sqsubset \text{term}(m)$，所以有 $N_b=N\vee N_b=N'$，分别讨论：

① 如果 $N_b=N$，因为 $\langle s',1\rangle$ 是 $\{N,D\}_{K_c}=\{N_b,D\}_{K_c}$，所以 $N_b\sqsubset \text{term}(\langle s',1\rangle)$，并且有 $v_0\not\sqsubset \text{term}(\langle s',1\rangle)\wedge v_3\not\sqsubset \text{term}(\langle s',1\rangle)$，所以 $\langle s',1\rangle\in S$，并且 $\langle s',1\rangle\prec m$，与 m 是 S 的极小元矛盾。

② 如果 $N_b\neq N\wedge N_b=N'$，那么 N_b 起源于 m，与 N_b 起源于 n_0 矛盾。

情况 3：假设 m 位于一个发起者串 s' 上，则 m 可能是 s' 的第 1 个结点，或者第 3 个结点，分别讨论：

① 如果 $m=\langle s',1\rangle$，那么因为 $N_b\sqsubset \text{term}(m)$，所以 N_b 起源于 m，与 N_b 起源于 n_0 矛盾；

② 如果 $m=\langle s',3\rangle$，那么 $\text{term}(m)=\{N_b\}_{K_c}$，所以 $\langle s',2\rangle$ 的形式为 $\{xN_bC\}_K$，因为 $v_3\not\sqsubset \text{term}(m)$，所以 $C\neq B$，从而 $\langle s',2\rangle\in S$，且 $\langle s',2\rangle\prec m$，与 m 是 S 的极小元矛盾。

综上所述，假设不成立，所以不存在一个 S 的极小元 m，m 是正则结点，即 S 的极小元不是正则结点。■

引理 11-10 S 的极小元不是攻击者结点。

该引理的证明与引理 11-5 的证明方法类似，这里就不再详细讨论了。

由引理 11-9 和引理 11-10 即可证明命题 11-4。

11.2.4 NSL 发起者的秘密性

发起者的秘密性即发起者随机数 N_a 在协议运行期间保持秘密性，其前提是发起者的密钥是秘密的。在 NSL 空间中，证明发起者的秘密性可转换为证明下述命题成立。

命题 11-5　假设，

① Σ 是一个 NSL 空间，C 是一个丛，$s\in \text{Init}[A,B,N_a,N_b]$ 是一个发起者串，且 C-height$(s)=3$；

② $K_a^{-1}\notin\mathcal{K}_p$，$K_b^{-1}\notin\mathcal{K}_p$；

③ N_a 在 Σ 中是唯一起源的项。

那么对任意满足 $N_a \sqsubset \text{term}(m)$ 的结点 $m\in C$ 有 $\{N_a,A\}_{K_b}\sqsubset \text{term}(m)$ 成立，或者 $\{N_a,N_b,A\}_{K_a}\sqsubset \text{term}(m)$ 成立，特别地，$N_a\neq \text{term}(m)$。

命题的证明与命题 11-4 类似，这里就不再详细讨论了。

11.2.5　NSL 发起者的一致性

在 NSL 空间中，证明发起者的一致性可转换为证明下述命题成立。

命题 11-6　假设，

① Σ 是一个 NSL 空间，C 是一个丛，s 是一个发起者串，$s\in \text{Init}[A,B,N_a,N_b]$，并且 C-height$(s)=3$；

② $K_a^{-1}\notin\mathcal{K}_p$，$K_b^{-1}\notin\mathcal{K}_p$；

③ N_a 在 Σ 中是唯一起源的项。

那么 C 中包含一个响应者串 $t\in \text{Resp}[A,B,N_a,N_b]$，并且 C-height$(t)=2$。

证明：给出证明的主要思路。考虑下面的集合 S：

$$S=\{n\in C:\{N_a,N_b,B\}_{K_a}\sqsubset \text{term}(m)\}$$

因为 S 包含结点 $\langle s,2\rangle$，所以集合非空，存在极小元 m_0。如果 m_0 位于正则串 t 上，则可以证明 $t\in \text{Resp}[A,B,N_a,N_b]$，且丛高度至少为 2；如果结点 m_0 位于攻击者串 t 上，则可以证明 t 是一个类型为 E 的串，且它的迹为 $\langle -K_a,-N_aN_bB,+\{N_aN_bB\}_{K_a}\rangle$，则 N_a 以明文的形式出现在 $\langle t,2\rangle$ 上，所以与命题 11-5（命题 11-5 指出 N_a 不能以明文的形式出现）矛盾。■

下面给出唯一性证明。

命题 11-7　假如 Σ 是一个 NSL 空间，N_b 唯一起源于 Σ，且 $N_a\neq N_b$，则对于任意 A,B,N_a，至多只存在一个串 $t\in \text{Resp}[A,B,N_a,N_b]$。

证明：对于任意 A,B,N_a，若 $t\in \text{Resp}[A,B,N_a,N_b]$，$N_b\sqsubset\langle t,2\rangle$，又因为 $\text{term}(\langle t,1\rangle)=\{N_a\}_{K_b}$，且 $N_a\neq N_b$，所以 N_b 起源于 $\langle t,2\rangle$，如果 N_b 是唯一起源的，则最多只存在一个这样的串 $t\in \text{Resp}[A,B,N_a,N_b]$。■

11.3　理想与诚实理论

为了更简单地阐述攻击者能力的一般事实和证明子项关系，Fábrega 等人又提出了理想（Ideal）的概念。

11.3.1　理想

定义 11-12　如果 $k\subseteq\mathcal{K}$，I 是消息空间 $\mathcal{A}$ 上的一个子集，对任意 $h\in I$，$g\in\mathcal{A}$ 和 $K\in k$，如果 I 满足以下条件，则称 I 是集合 $\mathcal{A}$ 上的一个 k－理想：

① $hg, gh\in I$；

② $\{h\}_k \in I$。

包含 h 的最小 k－理想表示为 $I_k[h]$。

定义 11-13 如果 $S \subseteq \mathcal{A}$，则 $I_k[S]$ 表示包含 S 的最小 k－理想。

命题 11-8 如果 $S \subseteq \mathcal{A}$，则 $I_k[S] = \bigcup_{x\in S} I_k[x]$。

证明：k－理想的特征是在映射 $x \mapsto xa$，$x \mapsto ax$，$x \mapsto \{x\}_k$ 下封闭的集合，因此 k－理想的集合也是一个 k－理想，所以 $\bigcup_{x\in S} I_k[x]$ 是包含 S 的 k－理想，所以有 $I_k[S] \subseteq \bigcup_{x\in S} I_k[x]$。显然 $I_k[S] \supseteq \bigcup_{x\in S} I_k[x]$ 也成立，所以 $I_k[S] = \bigcup_{x\in S} I_k[x]$。■

引理 11-11 令 $S_0 = S$，$S_{i+1} = \{\{g\}_K : g \in I_\phi[S_i], K \in k\}$，那么有 $I_k[S] = \bigcup_i I_\phi[S_i]$。

证明：由递推关系可以得到 $S_i \in I_k[S]$，因此 $\bigcup_i I_\phi[S_i] \subseteq I_k[S]$。另一方面，$\bigcup_i I_\phi[S_i]$ 显然是包含 S 的一个 k－理想，所以有 $I_k[S] \subseteq \bigcup_i I_\phi[S_i]$，所以 $I_k[S] = \bigcup_i I_\phi[S_i]$。■

定义 11-14 设形如 $\{h\}_k$ 的密文集合是 E，形如 ab 的连接项集合是 C，则集合 $\mathcal{K} \cup E \cup \mathcal{T}$ 中的元素称为简单项，即密钥、加密消息和原子消息是不可再分的最小项。

下面以命题的形式给出理想的几条重要性质，由于篇幅关系，命题的具体证明过程就不再详细讨论，读者可以参阅 Fábrega 等人的原始文献。

命题 11-9 设 $S \subseteq \mathcal{A}$，任意的 $s \in S$ 都是简单项，如果 $\mathrm{gh} \in I_k[S]$，则有 $g \in I_k[S]$ 或者 $h \in I_k[S]$。

命题 11-10 设 $K \in \mathcal{K}$，$S \subseteq \mathcal{A}$，任意的 $s \in S$ 都是简单项，且 s 不是形如 $\{g\}_K$ 的项，则如果 $\{h\}_K \in I_k[S]$，则有 $h \in I_k[S]$。

命题 11-11 设 $K \in \mathcal{K}$，$S \subseteq \mathcal{A}$，任意的 $s \in S$ 都是简单项，且 s 不是形如 $\{g\}_K$ 的项，则如果 $\{h\}_K \in I_k[S]$，$(K \in \mathcal{K})$，则有 $K \in k$。

11.3.2 诚实

定义 11-6 给出了入口点的概念：令 I 为无符号项集合，称结点 $n \in \mathcal{N}$ 是集合 I 的入口点，当且仅当 $\exists t \in I$，$\mathrm{term}(n) = +t$，并且对任意结点 $n' \Rightarrow^+ n$，$\mathrm{term}(n') \notin I$，如图 11-8 所示。

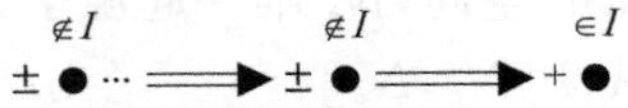

$$\overset{\notin I}{\pm\bullet}\cdots \Longrightarrow \overset{\notin I}{\pm\bullet} \Longrightarrow \overset{\in I}{+\bullet}$$

图 11-8 I 的入口点

通过极小元理论可以得到入口点的一个重要的判定定理。

命题 11-12 设 C 是 $\mathcal{A}$ 上的一个丛，如果 m 是集合 $\{m \in C : \mathrm{term}(m) \in I\}$ 中的一个极小元，则 m 是 I 的一个入口点。

利用丛的定义及极小性可以很容易地证明命题 11-12。

定义 11-15 设 C 是 $\mathcal{A}$ 上的一个丛，$I \subseteq \mathcal{A}$，则称 I 关于丛 C 是诚实(honesty)的，当且仅当如果攻击者结点 p 是 I 的入口点，则 p 是一个 M 型或 K 型的攻击者结点。

上面的定义说明，集合 I 关于丛 C 是诚实的，指攻击者只能通过幸运的猜测才能进入 I。换句话说，攻击者要么通过 M 型攻击发送一个随机数或正文进入 I，要么幸运地猜中密钥，然后通过 K 型攻击发送一个正确的密钥进入 I，除此以外，别无他法进入 I。

协议的秘密性依赖于诚实性理论，在实际证明秘密性的过程中，主要使用下面的定理和其推论。

定理 11-1 假设 C 是 $\mathcal{A}$ 上的一个丛，$S \subseteq \mathcal{T} \cup K$，$k \subseteq \mathcal{K}$，且 $\mathcal{K} \subseteq S \cup k^{-1}$，则 $I_k[S]$ 是诚实的。

证明：令 $I=I_k[S]$，因为 $I\cap\mathcal{K}=S\cap\mathcal{K}$，所以$\mathcal{K}\backslash I=\mathcal{K}\backslash S\subseteq k^{-1}$。因为 $S\subseteq\mathcal{T}\cup K$，所以 S 中不包含加密项和连接项，所以可以应用命题 11-9 和命题 11-10。

设 m 是攻击者结点且是 I 的入口点，下面考虑各种类型攻击者串的可能性。由入口点定义可知 m 不可能在 F 型或 T 型串上，考察剩下的情况：

C. m 在迹类型为$\langle -g,-h,+\mathrm{gh}\rangle$的串上，因为 $\mathrm{gh}\in I$，由命题 11-9 有 $g\in I$ 或 $h\in I$，与入口点定义矛盾。

S. m 在迹类型为$\langle -\mathrm{gh},+g,+h\rangle$的串上，因为 m 为正结点，所以 m 可能是第 2 个或第 3 个结点，即 $g\in I$ 或 $h\in I$，由理想的定义可知 $\mathrm{gh}\in I$，与入口点定义矛盾。

D. m 在迹类型为$\langle -K_0^{-1},-\{h\}_{K_0},+h\rangle$的串上，由于假设 m 是 I 的一个入口点，所以 $K_0^{-1}\notin I$，因此 $K_0^{-1}\notin S$。但是$\mathcal{K}\subseteq S\cup k^{-1}$，所以 $K_0^{-1}\in k^{-1}$，所以 $K_0\in k$，根据理想的定义，可得到$\{h\}_{k_0}\in I$，与入口点定义矛盾。

E. m 在迹类型为$\langle -K_0,-h,+\{h\}_{K_0}\rangle$的串上，由假设$\{h\}_{k_0}\in I$，根据命题 11-10 有 $h\in I$，与入口点定义矛盾。

综上所述，剩余的可能就是 m 位于 M 类型或 K 类型的串上，所以 $I_k[S]$是诚实的。■

推论 11-1　假设 C 是$\mathcal{A}$上的一个丛，$\mathcal{K}\subseteq S\cup k^{-1}$，且 $S\cap\mathcal{K}_p=\varnothing$，如果存在一个结点 $m\in C$，使得 $\mathrm{term}(m)\in I_k[S]$，则存在一个正则结点 $n\in C$，使得 n 是 $I_k[S]$的一个入口点。

证明：假设不存在一个正则结点为 $I_k[S]$的一个入口点。根据假设，集合$\{n\in C:\mathrm{term}(n)\in I_k[S]\}$是非空集合，则该集合包含一个极小元，假设为 m。根据命题 11-12，m 是 $I_k[S]$的一个入口点。根据假设，m 不是一个正则结点，则 m 是一个攻击者结点。根据定理 11-1，m 位于 M 型攻击串或 K 型攻击串上。

然而，因为$\mathcal{K}\subseteq S\cup k^{-1}$，所以有 $S\subseteq\mathcal{K}$，所以 $I_k[S]\cap\mathcal{T}=\varnothing$，所以 m 不在 M 型攻击串上。又因为 $S\cap\mathcal{K}_p=\varnothing$，所以 m 不在 K 型攻击串上，因此产生矛盾，假设不成立，命题得证。■

推论 11-1 说明，当主体发送一个不是起源于攻击者的密钥时，入口点一定是正则结点。定理 11-1 实际上是推论 11-1 的一个特例。

推论 11-2　假设 C 是$\mathcal{A}$上的一个丛，$\mathcal{K}\subseteq S\cup k^{-1}$，且 $S\cap\mathcal{K}_p=\varnothing$，且不存在一个正则结点 $m\in C$ 是 $I_k[S]$的一个入口点，于是，任何形如$\{g\}_K(K\in S)$的项都不起源于一个攻击者串。

证明：由推论 11-1 有：由于不存在一个正则结点 $m\in C$ 是 $I_k[S]$的一个入口点，所以对于任意的结点 $m\in C$，$\mathrm{term}(m)\notin I=I_k[S]$。假设存在 $t_1=\{g\}_K(K\in S)$起源于一个攻击者结点 m，显然 m 不可能出现在 F、T、K、M、C 或者 S 类型串上，下面考虑 E 和 D 的情形。

E. m 在迹类型为$\langle -K_0,-h,+\{h\}_{K_0}\rangle$的串上，由于 $K_0\notin I$，所以 $K_0\neq K$，又因为$\{g\}_K\sqsubset\{h\}_{K_0}$，由$\sqsubset$的定义可知$\{g\}_K\sqsubset h\vee\{g\}_K=\{h\}_{K_0}$，因为 $K_0\neq K$，所以$\{g\}_K\neq\{h\}_{K_0}$，所以有$\{g\}_K\sqsubset h$，与入口点定义相矛盾。

D. m 在迹类型为$\langle -K_0^{-1},-\{h\}_{K_0},+h\rangle$的串上，如果$\{g\}_K\sqsubset h$，那么$\{g\}_K\sqsubset\{h\}_{K_0}$，与入口点定义相矛盾。

综上所述，假设不成立，命题得证。■

推论 11-2 说明加密可以保证一个非攻击者的起源的条件。

11.4　基于理想与诚实理论的串空间方法

构造理想 $I_k[S]$，其中 S 是包含协议运行过程中需要保密的信息，而 k 中包含的是攻击者可能知道的密钥。其实所构造的 $I_k[S]$ 就是所有需要保密的消息用攻击者可能知道的密钥处理后的消息的集合。然后应用诚实理论证明 $I_k[S]$ 是诚实的，若 $I_k[S]$ 是诚实的，则说明 S 中的消息攻击者不能够由推导得出，即协议满足秘密性。

Fábrega 等人给出了利用理想与诚实理论分析 Otway-Rees 协议的方法步骤，下面简要介绍其主要的步骤和方法。

11.4.1 Otway-Rees 协议的串空间模型

Otway-Rees 协议在第 4 章提到过，并利用 BAN 逻辑分析过协议的安全属性，本节利用理想与诚实理论再次分析协议的安全属性。首先建立 Otway-Rees 协议的串空间模型，Otway-Rees 协议描述如图 11-9 所示。

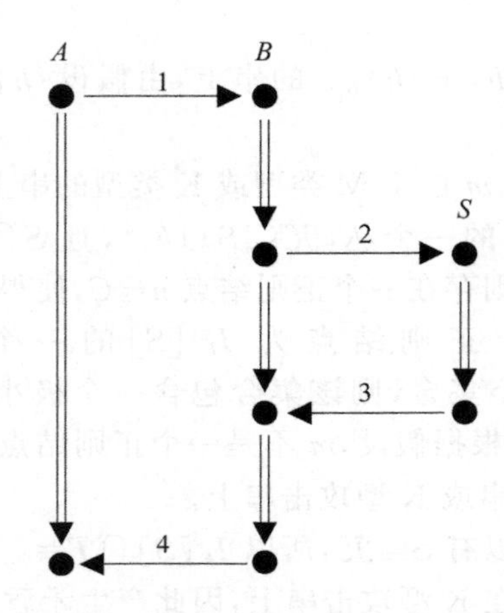

图 11-9　Otway-Rees 协议

① $A \rightarrow B: M, A, B, \{N_a, M, A, B\}_{K_{as}}$

② $B \rightarrow S: M, A, B, \{N_a, M, A, B\}_{K_{as}}, \{N_b, M, A, B\}_{K_{bs}}$

③ $S \rightarrow B: M, \{N_a, K_{ab}\}_{K_{as}}, \{N_b, K_{ab}\}_{K_{bs}}$

④ $B \rightarrow A: M, \{N_a, K_{ab}\}_{K_{as}}$

在给出 Otway-Rees 协议串空间模型之前，先给出以下约定。

① 标识集合 $\mathcal{T}_{\text{Name}} \subseteq \mathcal{T}$，一般使用 A, B, S 等来表示参与协议的主体。

② 映射 $K: \mathcal{T}_{\text{Name}} \rightarrow \mathcal{K}$，将主体与它的公开密钥绑定。设映射是单射的。习惯上用 K_{as} 表示 $K(A)$，并假设 $A \mapsto K_{as}$ 是单射的，且 $K_{as} = K_{as}^{-1}$。

为了表述方便，约定以下符号：

① $\mathcal{T}_{\text{Name}}$ 中的变量用 A, B 表示；

② $\mathcal{K}$ 中的变量用 K, K' 表示。

③ 用 N, M 表示 $\mathcal{T} \backslash \mathcal{T}_{\text{Name}}$ 中的变量。

定义 11-16　① $\text{Init}[A, B, N, M, K]$ 是串 $s \in \Sigma$ 的集合，与之对应的迹为

$$\langle +(M, A, B, \{N, M, A, B\}_{K_{as}}), -(M, \{N, K\}_{K_{as}}) \rangle$$

$s \in \text{Init}[A, B, N, M, K]$ 是发起者串的集合，其对应的主体是 A。

② $\text{Resp}[A, B, N, M, K, H, H']$，其中 $N \not\sqsubset H$，它对应的迹为

$$\langle -(M, A, B, H), +(M, A, B, H, \{N, M, A, B\}_{K_{bs}}), -(M, H', \{N, K\}_{K_{bs}}), +(M, H') \rangle$$

$s \in \text{Resp}[A,B,N,M,K,H,H']$是响应者串，其对应的主体是$B$。

③ $\text{Serv}[A,B,N_a,N_b,M,K]$，其中$K \notin \mathcal{K}_p$，$K \notin \{K_{as}:A \in \mathcal{T}_{\text{Name}}\}$，且$K=K^{-1}$，它对应的迹为

$$\langle -(M,A,B,\{N_a,M,A,B\}_{K_{as}},\{N_b,M,A,B\}_{K_{bs}}),+(M,\{N_a,K\}_{K_{as}},\{N_b,K\}_{K_{bs}})\rangle$$

$s \in \text{Serv}[A,B,N_a,N_b,M,K]$是服务器串，其对应的主体是$S$。

在响应者串的定义中要求$N \not\sqsubset H$，表示N起源于$\text{Resp}[A,B,N,M,K,H,H']$中的串。由于$H$是密文，所以协议的参与者无法获知$H$的内容，进而确保$N \not\sqsubset H$成立。但是可以假设该条件成立。

为方便使用，通常用"$*$"表示一些项的并，例如：

$$\text{Resp}[A,B,N,M,K,*,*]=\bigcup_{H,H'}\text{Resp}[A,B,N,M,K,H,H']$$

在极端的情况下，当所有的参数都是"$*$"时，可以省略，如$\text{Init}=\text{Init}[*,*,*,*,*]$。

引理 11-12　集合 Init，Resp，Serv 两两不相交。

由它们的迹很容易可以证明。

定义 11-17　一个 Otway-Rees 协议的串空间是一个渗透空间Σ，$\Sigma=\text{Init}\cup\text{Resp}\cup\text{Serv}\cup\mathcal{P}$。

11.4.2　机密性

首先证明，除非攻击者拥有 Otway-Rees 协议的长期密钥，否则由服务器分发的会话密钥是不会被泄露的。即证明会话密钥不可能出现在未被主体加密的消息中。

定理 11-2　假设C是Σ中一个丛，$A,B \in \mathcal{T}_{\text{Name}}$，$K$是唯一起源的，$K_{as},K_{bs} \notin \mathcal{K}_p$，且$s_{\text{serv}} \in \text{Serv}[A,B,N_a,N_b,M,K]$，令$S=\{K_{as},K_{bs},K\}$，并且$k=\mathcal{K}\backslash S$。

对于任意结点$m \in C$，$\text{term}(m) \notin I_k[K]$。

证明：由于$K \in S$，所以根据命题 11-8，对原定理的证明可以转换为证明以下命题：对于任意结点$m \in C$，$\text{term}(m) \notin I_k[S]$。又因为$S \cap \mathcal{K}_p=\varnothing$，$k=k^{-1}$，且$\mathcal{K}=k \cup S$，所以根据推论 11-1 有，只需证明不存在一个正则结点m是$I_k[S]$的入口点即可。

利用反证法，假设存在一个正则结点m，且m是$I_k[S]$的入口点，由定义有$\text{term}(m) \in I_k[S]$。根据命题 11-8 有：$K_{as},K_{bs},K$其中的一个是$\text{term}(m)$的子项。但是在协议中，不存在包含形如$K_{as}$或$K_{bs}$为子项的正则结点。实际上，当$m$是正则结点时，只有服务器发送的会话密钥才有可能作为$\text{term}(m)$的子项，但服务器的串定义中明确$K \notin \{K_{as}:A \in \mathcal{T}_{\text{Name}}\}$，所以只有$K$是$\text{term}(m)$的子项。

如果m是s正的正则结点，那么存在下面两种可能，使得$K \sqsubset \text{term}(m)$。

情况 1：$s \in \Sigma_{\text{serv}}$，且$m=\langle s,2\rangle$，其中$K$是会话密钥；

情况 2：$s \in \text{Resp}[*,*,*,*,*,H,*]$，$m=\langle s,2\rangle$，且$K \sqsubset H$。

在情况 2 中，因为$K \sqsubset H$，$H \sqsubset \langle s,1\rangle$，所以$m$不是$I_k[S]$的入口点，矛盾。所以考虑情况 1，根据$K$是唯一起源的，有$s=s_{\text{serv}}$，所以$\text{term}(m)=(M,\{N_a,K\}_{K_{as}},\{N_b,K\}_{K_{bs}})$，根据命题 11-9，存在以下 3 种情况：

情况 A：$M \in I_k[S]$；

情况 B：$\{N_a,K\}_{K_{as}} \in I_k[S]$；

情况 C：$\{N_b,K\}_{K_{bs}} \in I_k[S]$。

因为$S=\{K_{as},K_{bs},K\}$，所以由定义 11-12 得到$M \notin I_k[S]$，所以情况 A 不成立；如果

$\{N_a,K\}_{K_{as}}\in I_k[S]$，根据命题 11-11 有 $K_{as}\in k$，根据题设 $k=\mathcal{K}\backslash S$，所以情况 B 不成立，同理情况 C 也不成立。

综上所述，假设不成立，所以定理得证。■

11.4.3 认证性

命题 11-13 假设 C 是 Σ 中一个丛，$X\in\mathcal{T}_{\text{Name}}$，且 $K_{xs}\notin\mathcal{K}_p$，那么不存在一个形如 $\{g\}_{K_{xs}}$ 的项起源于 C 中的攻击者结点。

证明： 令 $S=\{K_{xs}\}$，$k=\mathcal{K}$，根据推论 11-2，如果不存在一个正则结点 $m\in C$ 是 $I_k[S]$ 的一个入口点，则不存在一个形如 $\{g\}_{K_{xs}}$ 的项起源于 C 中的攻击者结点。不存在一个正则结点是 $I_k[S]$ 的入口点，即 K_{xs} 不起源于任何正则结点。根据协议，密钥起源于正则结点的情况只有一种，即会话密钥 K 起源于服务器串 $s\in\text{Serv}[*,*,*,*,K]$，然而，根据服务器串的定义有 $K\notin\{K_{as}:A\in\mathcal{T}_{\text{Name}}\}$，所以不存在一个正则结点是 $I_k[S]$ 的入口点。于是应用推论 11-2，得到如下结论：不存在一个形如 $\{g\}_{K_{xs}}$ 的项起源于 C 中的攻击者结点。■

命题 11-14 如果 $\{H\}_{K_{xs}}$ 起源于一个正则串 s，那么：

① 如果 $s\in\text{Serv}$，则 $H=NK,N\in\mathcal{A},K\in\mathcal{K}$ $H=NK$。

② 如果 $s\in\text{Init}$，则 $H=NMXC,N\in\mathcal{A},M\in\mathcal{T},X,C\in\mathcal{T}_{\text{Name}}$。

③ 如果 $s\in\text{Resp}$，则 $H=NMCX,N\in\mathcal{A},M\in\mathcal{T},X,C\in\mathcal{T}_{\text{Name}}$。

证明： 根据定义 11-6，如果 $\{H\}_{K_{xs}}$ 起源于一个结点 m，则 m 的符号为正。

如果 $s\in\text{Init}$，那么 $m=\langle s,1\rangle$，则 $\text{term}(m)=+(M,A,B,\{N,M,A,B\}_{K_{as}})$，其中的加密项为 $\{N,M,A,B\}_{K_{as}}$，与②中的形式吻合。

如果 $s\in\text{Resp}$，其中的正结点有 $\langle s,2\rangle$ 和 $\langle s,4\rangle$。$\text{term}(\langle s,2\rangle)=+(M,A,B,H,\{N,M,A,B\}_{K_{bs}})$，其中的加密项为 $\{N,M,A,B\}_{K_{bs}}$，与②和③中的形式吻合；而 $\text{term}(\langle s,4\rangle)=+(M,H')$，其中的加密项不是唯一起源的。

如果 $s\in\text{Serv}$，其中的正结点为 $\langle s,2\rangle=+(M,\{N_a,K\}_{K_{as}},\{N_b,K\}_{K_{bs}})$，显然其中的加密项与①中的形式吻合。■

推论 11-3 假设 s 是 Σ 中的正则串，

① 如果 $\{N,K\}_{K_{xs}}$ 起源于 s，则存在 A,B,N',M，使得

情况 1：$s\in\text{Serv}[A,X,N',N,M,K]$ 或情况 2：$s\in\text{Serv}[X,B,N,N',M,K]$ 成立。

无论在哪种情况下，都有 $\{N,K\}_{K_{xs}}$ 起源于 $\langle s,2\rangle$，并且 K 起源于 s。

② 如果 $\{N,M,A,B\}_{K_{as}}$ 起源于 s，并且 $A\neq B$，则存在 K，使得 $s\in\text{Init}[A,B,N,M,K]$，且 $\{N,K\}_{K_{xs}}$ 起源于 $\langle s,1\rangle$，并且 N 起源于 s。

③ 如果 $\{N,M,A,B\}_{K_{bs}}$ 起源于 s，并且 $A\neq B$，则存在 K,H,H'，使得 $s\in\text{Resp}[A,B,N,M,K,H,H']$，且 $\{N,K\}_{K_{xs}}$ 起源于 $\langle s,2\rangle$，并且 N 起源于 s。

由命题 11-14 很容易得出。

(1) 发起者的保证

定理 11-3 假设 C 是 Σ 中一个丛，$A\neq B$，N_a 在 C 中是唯一起源的，并且 $K_{as},K_{bs}\notin\mathcal{K}_p$。如果 $s\in\text{Init}[A,B,N_a,M,K]$ 的丛高度是 2，那么对于一个 $N_b\in\mathcal{T}$，存在正则串：

$s_{\text{resp}}\in\text{Resp}[A,B,N_b,M,*,*,*]$，且丛高度最少为 2；

$s_{\text{serv}}\in\text{Serv}[A,B,N_a,N_b,M,K]$，且丛高度为 2。

证明： 根据假设，s 的迹为

$$\langle +(M,A,B,\{N_a,M,A,B\}_{K_{as}}),-(M,\{N_a,K\}_{K_{as}})\rangle$$

因为$K_{as}\notin\mathcal{K}_p$，根据命题 11-13，$\{N_a,K\}_{K_{as}}$起源于$C$中的正则结点，由推论 11-3 有，该结点位于一个服务器串上，且满足：

情况 1：$s\in \mathrm{Serv}[A,X,N_a,N_b,M_1,K]$或情况 2：$s\in \mathrm{Serv}[X,A,N_b,N_a,M_1,K]$成立，其中$X\in\mathcal{T}_{\mathrm{Name}}$，$N_b,M_1\in\mathcal{T}$，因为$\langle s_{\mathrm{serv}},2\rangle\in C$，所以$s_{\mathrm{serv}}$的高度为 2。如果情况 1 成立，则$s$的迹为

$$\langle -(M_1,A,X,\{N_a,M_1,A,X\}_{K_{as}},\{N_b,M_1,A,X\}_{K_{bs}}),+(M_1,\{N_a,K\}_{K_{as}},\{N_b,K\}_{K_{bs}})\rangle$$

所以$\{N_a,M_1,A,X\}_{K_{as}}\sqsubset \mathrm{term}(\langle s_{\mathrm{serv}},1\rangle)$。根据命题 11-13，$\{N_a,M_1,A,X\}_{K_{as}}$起源于一个正则串$s_1$，由推论 11-3，$N_a$起源于同一个串$s_1$，由于$N_a$在$C$中是唯一起源的，所以$s=s_1$。于是有$M_1=M$，$X=B$，并且$s\in \mathrm{Serv}[A,B,N_a,N_b,M,K]$。

根据命题 11-13，得到$\{N_b,M,A,B\}_{K_{bs}}$起源于C中的正则结点，由推论 11-3，这个结点在响应者串$s_{\mathrm{resp}}\in \mathrm{Resp}[A,B,N_b,M,*,*,*]$的第 2 个结点上，因为$\langle s_{\mathrm{resp}},2\rangle\in C$，所以$s_{\mathrm{resp}}$的高度至少为 2。

如果情况 2 成立，则s的迹为

$$\langle -(M_1,A,X,\{N_a,M_1,A,X\}_{K_{as}},\{N_b,M_1,A,X\}_{K_{bs}}),+(M_1,\{N_a,K\}_{K_{as}},\{N_b,K\}_{K_{bs}})\rangle$$

$\{N_a,M_1,X,A\}_{K_{as}}$是$\mathrm{term}(\langle s_{\mathrm{serv}},1\rangle)$的子项，根据命题 11-13，$\{N_a,M_1,X,A\}_{K_{as}}$起源于一个正则串$s_1$，再由推论 11-3，有$N_a$起源于同一个串$s_1$，由于$N_a$在$C$中是唯一起源的，所以$s=s_1$。于是根据推论 11-3 得到$X=A=B$，与假设矛盾，所以情况 2 不成立。■

定理 11-3 说明如果一个丛包含发起者串$s\in \mathrm{Init}$，那么在合理的假设情况下，该丛也包含相应的响应者串$s_{\mathrm{resp}}\in \mathrm{Resp}$和服务器串$s_{\mathrm{serv}}\in \mathrm{Serv}$，并且它们在会话识别号$M$上达成一致。

需要注意的是，尽管协议设计的目标是响应者从发起者处接收$H=\{N_a,M,A,B\}_{K_{as}}$，但是并没有办法阻止攻击者用一个无用的数据代替H。此外，攻击者可以截获服务器发往响应者B的消息，所以无法证明B的丛高度大于 2。

(2) 响应者的保证

同样需要证明如果一个丛包含响应者串$s\in \mathrm{Resp}$，那么在相同的假设情况下，该丛中也包含相应的发起者串$s_{\mathrm{init}}\in \mathrm{Init}$和服务器串$s_{\mathrm{serv}}\in \mathrm{Serv}$，并且它们在会话识别号$M$上达成一致。

定理 11-4 假设C是Σ中一个丛，$A\neq B$，N_b在C中是唯一起源的，并且$K_{as},K_{bs}\notin\mathcal{K}_p$。

如果$s\in \mathrm{Resp}[A,B,N_b,M,K,H,H']$的丛高度是 3，那么对于一个$N_b\in\mathcal{T}$，存在正则串：

$s_{\mathrm{init}}\in \mathrm{Init}[A,B,*,M,*]$，且丛高度最少为 1；

$s_{\mathrm{serv}}\in \mathrm{Serv}[A,B,*,N_b,M,K]$，且丛高度为 2。

证明方法与定理 11-3 相同，这里就不再详细论述。

同样，由于攻击者可以截获B发往A的消息，所以也无法证明发起者串的高度大于 1。

在 Otway-Rees 协议中，希望能够证明如果一个丛中包含了完整的发起者和响应者串，则它们能够对会话密钥达成一致，但通过前面的分析发现，不能证明该结论。

能够证明的结论为：在 Otway-Rees 丛C中，如果$s\in \mathrm{Init}[A,B,N_a,M,K]$的丛高度为 2，只能证明存在$s_{\mathrm{resp}}\in \mathrm{Resp}[A,B,N_b,M,*,*,*]$，且丛高度最少为 2，存在$s_{\mathrm{serv}}\in \mathrm{Serv}[A,B,N_a,N_b,M,K]$，且丛高度为 2。但是不能将 Resp 串中的“*”换成K，即$s_{\mathrm{resp}}\in \mathrm{Resp}[A,B,N_b,M,K,*,*]$。

同样，如果C中$s\in \mathrm{Resp}[A,B,N_b,M,K,H,H']$的丛高度为 3，只能证明存在$s_{\mathrm{init}}\in \mathrm{Init}[A,B,*,M,*]$，且丛高度最少为 1，存在$s_{\mathrm{serv}}\in \mathrm{Serv}[A,B,*,N_b,M,K]$，且丛高度为 2。也不能将 Init 串中的“*”换成K，即$s_{\mathrm{init}}\in \mathrm{Init}[A,B,*,M,K]$。

由此可见，发起者和响应者之间能够互相认证身份，且就 M 达成一致，但是不能就会话密钥 K 达成一致。

11.5 认证测试理论

认证测试(authentication test)方法是以串空间理论为基础的一种认证协议分析方法，通过构造认证测试组件，建立安全协议的认证目标，应用认证测试规则判断安全协议是否能够达到身份认证、信息保密等安全目标。

简单来说，认证测试的主要思路是：设想某个主体在安全协议的执行中生成并发送一条包含数据 v 的消息，该主体在随后的步骤中又接收到包含 v 的不同加密形式的消息。这就意味着其他主体拥有相关密钥，并转换了原始消息。在一般情况下，这个主体应该是正则主体而不是入侵者。认证测试正是基于这个机理来构造协议的分析。

11.5.1 基本概念

项 t_0 称为 t 的分量(component)，如果满足下列条件：$t_0 \sqsubset t$，t_0 不是连接项，且对任意的 $t_1 \neq t_0$，如果 $t_0 \sqsubset t_1 \sqsubset t$，则 t_1 是连接项。由定义可以看出，t_0 是一个消息项中最大的非连接项。分量是原子项或者是加密项。

例如，有如下连接项：$B, \{N_a, K, \{K, N_b\}_{K_b}\}_{K_a}, N_a$，则该连接项有 3 个分量，分别是 B，$\{N_a, K, \{K, N_b\}_{K_b}\}_{K_a}$ 和 N_a。

如果 t 是 term(n)的分量，则称 t 是结点 n 的分量。

对于结点 $n=\langle s,i\rangle$，如果 t 是结点 n 的分量，且 t 不是其他任意结点 $\langle s,j\rangle$，$j<i$ 的分量，则称 t 是结点 n 的新分量。只要没有作为独立成分出现过，即使 t 之前出现在形如 $\cdots\{\cdots t\cdots\}_K\cdots$ 的复杂项中，t 仍然是新分量。

11.5.2 攻击者密钥和安全密钥

定义 11-18 设 $k \subseteq \mathcal{K}$，$s,t \in \mathcal{A}$，s 称为 t 的 k 子项，当且仅当 $t \in I_k[s]$，记为 $s \sqsubset_k t$。

命题 11-15 $\sqsubset_k$ 是传递、自反的关系，且 $h \sqsubset_k g \Rightarrow h \sqsubset g$。

定义 11-19 令 $\mathcal{P}_0 = \mathcal{K}_p$，$\mathcal{P}_{i+1} = \mathcal{P}_i \cup Y$。$K \in Y$ 当且仅当存在一个正的正则结点 $n \in \Sigma$ 和一个项 t，满足 t 是 n 的新分量，且 $K \sqsubset_{\mathcal{P}_i^{-1}} t$。

攻击者密钥(penetrable keys)$\mathcal{P}$，$\mathcal{P} = \bigcup_i \mathcal{P}_i$。

因此攻击者密钥$\mathcal{P}$要么是攻击者初始掌握的密钥，要么是因为 K 没有正确保护而被攻击者解密获得，例如正则结点利用$\mathcal{P}_i^{-1}$ 中的密钥加密密钥 K，那么由于攻击者已经掌握了$\mathcal{P}_i$，于是攻击者可以解密该密文，而获得密钥 K。

上述定义表明任何攻击者掌握的密钥都属于$\mathcal{P}$。

命题 11-16 设 C 是一个丛，如果 $n \in C$，且 term(n)$=K$，那么 $K \in \mathcal{P}$。

下面给出安全密钥(safe keys)的定义。

定义 11-20 令$\mathcal{S}_0$ 是满足 $K \notin \mathcal{K}_p$ 的密钥 K 的集合，且不存在正的正则结点 $n \in \Sigma$ 和项 t，满足 t 是 n 的新分量，且 $K \sqsubset t$。

令$\mathcal{S}_{i+1}$是满足 $K\notin\mathcal{K}_P$ 的密钥 K 的集合，对任意的正的正则结点 $n\in\Sigma$ 和 n 的新分量 t，K 出现在 t 中时都在用某密钥 K_0 加密的密文中，其中 $K_0^{-1}\in\mathcal{S}_i$：

$$\cdots\{\cdots K\cdots\}_{K_0}\cdots$$

$\mathcal{S}=\bigcup_i \mathcal{S}_i$，当 $K\in\mathcal{S}$时，称 K 在 Σ 中是安全的。

显然，安全密钥$\mathcal{S}$和攻击者密钥$\mathcal{P}$是不相交的。然而也存在串空间 Σ，在 Σ 中，存在密钥 K，$K\notin\mathcal{P}\cup\mathcal{S}$。在实际中，协议的秘密性目标通常归结为证明密钥属于$\mathcal{S}_0$ 或$\mathcal{S}_1$。而证明初始私有密钥和长期对称密钥属于$\mathcal{S}_0$，就归结为证明它们不属于$\mathcal{K}_P$。因为协议通常不允许发送消息中包含这些密钥。对协议中生成的会话密钥，通常要证明它们在加密项中，并且其解密密钥不属于$\mathcal{P}$。

11.5.3　认证测试

选择某个串空间 Σ，需要确定某些正则串的片段去测试，这些片段可以保证丛中其他正则串的存在。

定义 11-21　边 $n_1\Rightarrow^+ n_2$ 称为 $a\in\mathcal{A}$的被变换边(transformed edge)，如果 n_1 是正结点，n_2 是负结点，$a\sqsubset \mathrm{term}(n_1)$，且 n_2 有一个新分量 t_2 满足 $a\sqsubset t_2$。

定义 11-22　边 $n_1\Rightarrow^+ n_2$ 称为 $a\in\mathcal{A}$的变换边(transforming edge)，如果 n_1 是负结点，n_2 是正结点，$a\sqsubset \mathrm{term}(n_1)$，且 n_2 有一个新分量 t_2 满足 $a\sqsubset t_2$。

被变换边发送 a，然后检测它是否被包含在新分量中；变换边先接收 a，然后生成一个包含 a 的新分量并发送它。

定义 11-23　称 $t=\{h\}_K$ 是结点 n 中数值 a 的测试分量(test component)，如果满足：

① $a\sqsubset t$，并且 t 是 n 的分量；

② 项 t 不是任何正则结点 $n'\in\Sigma$ 的分量的真子项，

称边 $n_0\Rightarrow^+ n_1$ 为 a 的测试，如果 a 唯一发源于 n_0，且 $n_0\Rightarrow^+ n_1$ 是 a 的被变换边。

条件②保证了攻击者不能通过构造更大的消息项以试图诱惑正则结点返回包含 a 的新分量。

测试分量有两种应用方式：一是唯一起源的数据以加密的形式发送，然后等待接收包含该数据的新的分量，这称为出测试(outgoing test)；另一种是数据以明文发送，然后等待接收该数据的加密形式的新分量，这称为入测试(incoming test)。这两种测试如图 11-10 所示。

定义 11-24　边 $n_0\Rightarrow^+ n_1$ 称为 $t=\{h\}_K$ 中数据 a 的出测试，如果它是对于 a 的测试，其中 $K^{-1}\notin\mathcal{P}$，除 t 外，a 不在 n_0 的任何分量中出现，t 是结点 n_0 中 a 的测试分量。

边 $n_0\Rightarrow^+ n_1$ 称为 $t_1=\{h\}_K$ 中数据 a 的入测试，如果它是对于 a 的测试，其中 $K\notin\mathcal{P}$，t_1 是结点 n_1 中 a 的测试分量。

认证测试 1　令 C 是一个丛，$n'\in C$，$n\Rightarrow^+ n'$是 t 中数据 a 的出测试。那么：

① 存在正则结点 $m, m'\in C$，使得 t 是结点 m 的分量，且 $m\Rightarrow^+ m'$是 a 的变换边；

② 假设除此之外 a 只出现在结点 m'的分量 $t_1=\{h_1\}_{K_1}$ 中，且 t_1 不是任何正则分量的真子项，$K_1^{-1}\notin\mathcal{P}$，那么存在一个负的正则结点，且 t_1 是它的分量。

认证测试 1 的含义如图 11-11 所示。图中标注符号为“○”的结点表示 n'和 n，“★”表示唯一起源，密钥 K^{-1}是安全密钥，标注符号为“●”的结点表示 m'和 m。

类似地，可以定义认证测试 2。

认证测试 2　令 C 是一个丛，$n'\in C$，$n\Rightarrow^+ n'$是 t'中数据 a 的入测试。那么，存在正则结点

$m, m' \in C$，使得 t' 是结点 m' 的一个分量，而且 $m \Rightarrow^{+} m'$ 是 a 的变换边。

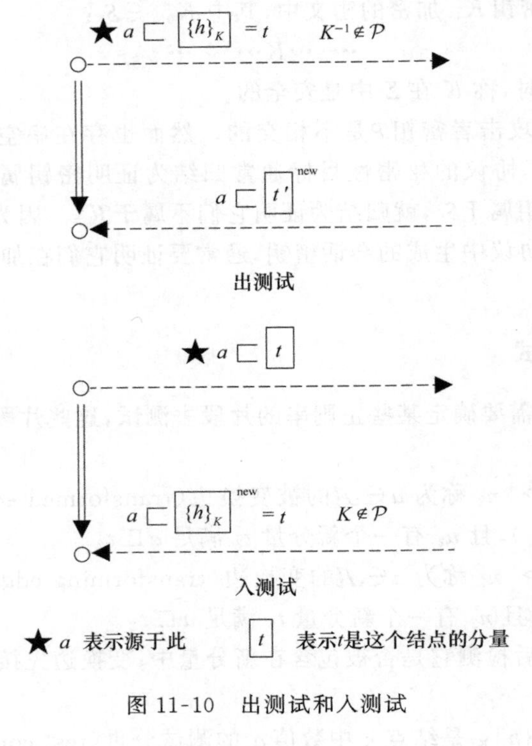

图 11-10　出测试和入测试

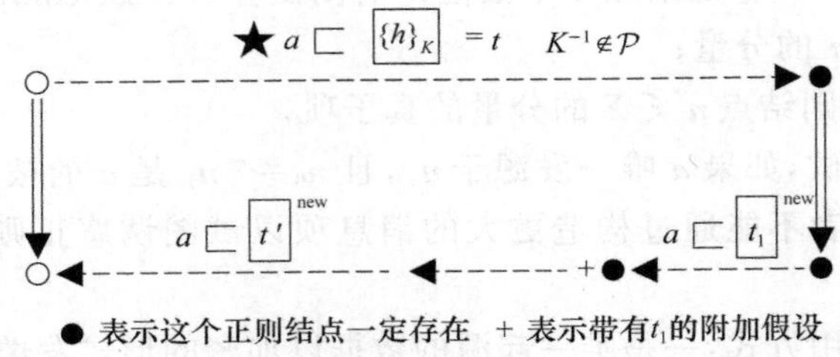

表示这个正则结点一定存在　+ 表示带有t_1的附加假设

图 11-11　认证测试 1

认证测试 2 的含义如图 11-12 所示。

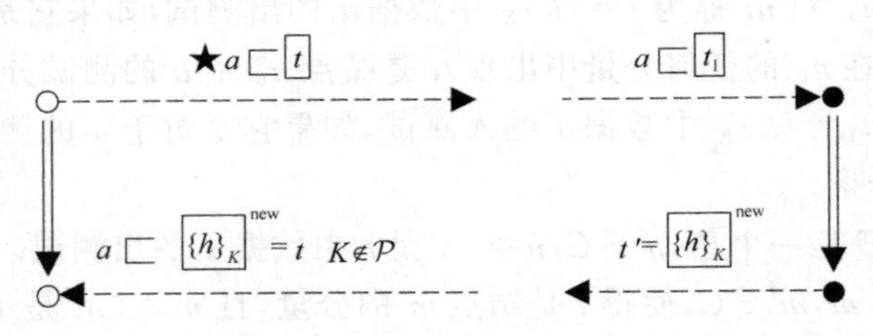

图 11-12　认证测试 2

认证测试同样也确定了结点间的时序关系：$n \prec m \prec m' \prec n'$。$n'$ 和 n 所在串的主体可以认为 m' 产生的会话密钥是新鲜的，因为密钥是在当前运行开始后产生的。

主动测试（unsolicited test）是另一种认证测试，它是一种隐含测试，即主体不是主动提出挑战，而是在接收消息中验证对方的身份。例如，密钥服务器通常以这种方式认证客户身份，因为服务器只是提供服务，协议的正确性还是靠直接参与者自身来保证。

定义 11-25　称一个负结点 n 是 $t=\{h\}_K$ 的主动测试，如果 t 是结点 n 中任意数据 a 的测试分量，并且 $K\notin\mathcal{P}$。

认证测试 3　令 C 是一个丛，$n\in C$，结点 n 是 $t=\{h\}_K$ 的主动测试，那么存在一个正正则结点 $m\in C$，且 t 是 m 的分量。

11.6　基于认证测试理论的串空间方法

Guttman 等人利用认证测试理论证明了 Otway-Rees 协议，下面简要介绍其方法和步骤。

11.6.1　Otway-Rees 协议的串空间模型

前文已经定义过 Otway-Rees 协议的串空间模型，为了讨论方便，本节重新给出其中的正则串的定义。

① $\text{Init}[A,B,N,M,K]$ 是串 $s\in\Sigma$ 的集合，与之对应的迹为

$$\langle +(M,A,B,\{N,M,A,B\}_{K_{as}}),-(M,\{N,K\}_{K_{as}})\rangle$$

$s\in\text{Init}[A,B,N,M,K]$ 是发起者串的集合，其对应的主体是 A。

② $\text{Resp}[A,B,N,M,K,H,H']$，其中 $N\not\sqsubset H$，它对应的迹为

$$\langle -(M,A,B,H),+(M,A,B,H,\{N,M,A,B\}_{K_{bs}}),-(M,H',\{N,K\}_{K_{bs}}),+(M,H')\rangle$$

$s\in\text{Resp}[A,B,N,M,K,H,H']$ 是响应者串，其对应的主体是 B。

③ $\text{Serv}[A,B,N_a,N_b,M,K]$，其中 $K\notin\mathcal{K}_p$，$K\notin\{K_{as}:A\in\mathcal{T}_{\text{Name}}\}$，且 $K=K^{-1}$，它对应的迹为

$$\langle -(M,A,B,\{N_a,M,A,B\}_{K_{as}},\{N_b,M,A,B\}_{K_{bs}}),+(M,\{N_a,K\}_{K_{as}},\{N_b,K\}_{K_{bs}})\rangle$$

$s\in\text{Serv}[A,B,N_a,N_b,M,K]$ 是服务器串，其对应的主体是 S。

令 $\mathcal{LT}$ 表示长期密钥的集合，例如长期密钥 $K_{as},K_{as}\in\mathcal{LT}$。所有长期密钥都是对称密钥，有 $K\in\mathcal{LT}$，$K=K^{-1}$。

下面的讨论将用到以下 3 个假设：

① 假设响应者的随机数源于响应者串，蕴含着如果 $N\sqsubset H$，则 $\text{Resp}[*,*,N,*,*,H,*]=\varnothing$。

② 假设响应者直接转发项 H 和 H'，并且项 H 和 H' 不包含加密真子项，换句话说，如果 $\{g\}_K\sqsubset h$，$\{g\}_K\neq h$，则 $\text{Resp}[*,*,*,*,*,H,*]=\varnothing$。对于 H' 做同样假设。

③ 假设服务器用一种合理的方式产生会话密钥，即如果 $K\notin\mathcal{K}_p$，$K=K^{-1}$，$K\notin\mathcal{LT}$，并且 K 是唯一起源的，则 $\text{Serv}[*\ *,K]\neq\varnothing$。由于 K 是唯一起源的，所以对于每个 K，只能存在一个服务器串，即对于每个 K，$|\text{Serv}[*\ *,K]|\leqslant 1$。

11.6.2　Otway-Rees 协议认证

通过 3 个步骤，完成协议的认证证明：

① 协议不会泄露长期密钥集合 $\mathcal{LT}$，即如果 $K\in\mathcal{LT}$，且 $K\notin\mathcal{K}_p$，则 $K\in S_0$。如果服务器利用长期密钥分发了会话密钥 K'，则 $K'\in\mathcal{S}_1$。

② 服务器串收到一个主动测试，用来认证发起者和响应者的初始正结点。

③ 发起者串包含一个对项$\{N_a, M, A, B\}_{K_{as}}$上的数据$N_a$的出测试，用来认证服务器串；同样响应者串包含一个对项$\{N_b, M, A, B\}_{K_{bs}}$上的数据$N_b$的出测试，用来认证服务器串。

当服务器已经认证了响应者的初始正结点后，协议发起者又认证了服务器串，此时发起者可以认证响应者。响应者认证发起者的情况类似。

如果$K \in \mathcal{LT}$，且n为正则结点，则$K \not\sqsubset \mathrm{term}(n)$，因此根据定义11-20有$\mathcal{LT} \subset \mathcal{S}_0 \cup \mathcal{K}_p$。由于发起者和响应者串都没有生成包含密钥的新元素，因此如果会话密钥泄露，只可能是服务器串使用不安全的长效密钥加密造成的。根据会话密钥的唯一原发性，如果会话密钥由安全密钥加密发送给了主体，服务器不会再次将其用泄露的密钥加密发送。于是有以下命题。

命题 11-17　$\mathcal{LT} \subset \mathcal{S}_0 \cup \mathcal{K}_p$，如果$K_{as} \notin \mathcal{K}_p$，并且$\mathrm{Serv}[A, B, *, *, *, K] \neq \varnothing$，则$K \in \mathcal{S}_1$。

命题 11-18　假设C是Σ中的丛，$A \neq B$，$K_{as}, K_{bs} \notin \mathcal{K}_p$，且$s \in \mathrm{Serv}[A, B, N_a, N_b, M, *]$的丛高度为1，那么存在$s_i \in \mathrm{Init}[A, B, N_a, M, *]$和$s_r \in \mathrm{Resp}[A, B, N_b, M, **]$，且$s_i$的丛高度为1，$s_r$的丛高度为2。

证明：项$\{N_a, M, A, B\}_{K_{as}}$和$\{N_b, M, A, B\}_{K_{bs}}$构成主动测试，根据认证测试3，$C$中存在正的正则结点。因为$A \neq B$，所以$\{N_b, M, A, B\}_{K_{bs}}$只能出现在串$s_r \in \mathrm{Resp}[A, B, N_b, M, **]$的结点$\langle s_r, 2\rangle$上，所以存在$s_r \in \mathrm{Resp}[A, B, N_b, M, **]$，且$s_r$的丛高度为2。

$\{N_a, M, A, B\}_{K_{as}}$则有可能出现在串$s_i \in \mathrm{Init}[A, B, N_a, M, *]$上，或者出现在$s'_r \in \mathrm{Resp}[**, H, **]$的$H$上，或者出现在$s'_r \in \mathrm{Resp}[**, H']$的$H'$上。令$S$表示所有$C$中包含以$\{N_a, M, A, B\}_{K_{as}}$为分量的正则结点的集合，显然$S$不为空，所以$S$中有$\preceq$一极小元，记为$n_0$。因为$H$或$H'$都不是响应者串上的新分量，所以$n_0$只能出现在$s_i \in \mathrm{Init}[A, B, N_a, M, *]$的结点$\langle s_i, 1\rangle$上。所以存在$s_i \in \mathrm{Init}[A, B, N_a, M, *]$，且$s_i$的丛高度为1。■

命题 11-19　假设C是Σ中的丛，$A \neq B$，$K_{as} \notin \mathcal{K}_p$，且$s_i \in \mathrm{Init}[A, B, N_a, M, K]$，丛高度为2。那么存在$s \in \mathrm{Serv}[A, B, N_a, *, M, K]$，且其丛高度为2。

证明：$\langle s_i, 1\rangle \Rightarrow^+ \langle s_i, 2\rangle$是项$\{N_a, M, A, B\}_{K_{as}}$中数据$N_a$的一个出测试。所以根据认证测试1的定义，存在一个正则变换边。根据协议消息序列，该变换边只能位于串$s \in \mathrm{Serv}[A, B, N_a, *, M, K]$上。■

命题 11-20　假设C是Σ中的丛，$A \neq B$，$K_{bs} \notin \mathcal{K}_p$，且$s_r \in \mathrm{Resp}[A, B, N_b, M, K, **]$，丛高度为3。那么存在$s \in \mathrm{Serv}[A, B, *, N_b, M, K]$，且其丛高度为2。

证明过程与命题11-19类似，这里就不再赘述。

上述3个命题说明协议达到了认证的目的，但是命题11-18中没有包含会话密钥K，所以协议不能就会话密钥K达成一致。上述结论与用理想与诚实理论证明的结论一致。

11.7　串空间理论分析方法的比较

极小元方法构造集合，寻找偏序关系上的极小元，根据攻击者路径一一判断该元素是否可能位于攻击者串。如果只可能出现在正则串，再通过极小元与正则串消息的比对确定串的类型和参数。理想与诚实方法将协议中的秘密消息集合设为S，然后考虑S中元素以不安全形式出现的消息集合$I_k[S]$是否诚实，将$I_k[S]$或者$\{g\}_k (k \notin S)$与协议正则主体消息进行比较，从而证明特定正则串的存在及其高度。认证测试方法中,使用递归定义了安全消息的集合 S,用于协议消息的保密性证明;协议认证属性的证明则进一步简化为寻找特定形式的消息变换,只要保证主体持有的密钥不泄露,那么该消息只可能由持有对应密钥的合法主体生成。

这 3 种方法中,极小元方法需要考虑特定元素出现在所有攻击者串和正则串的情况;理想与诚实方法则将特定元素出现在攻击者串的情况进行了总结,将考虑范围限于正则主体串;认证测试方法则通过特定的消息形式变换,将考虑范围进一步缩减为合法持有特定密钥的正则主体串。每一种方法都是前一种的归纳与概括,是对前一种方法理论上的进一步深入。认证测试方法比传统串空间理论中的极小元方法和理想与诚实方法要更为简洁和直观,尤其适用于协议认证属性的分析。

11.8 本章小结

本章详细讨论了串空间理论。本章的内容可分为两大部分。

第一部分给出了串空间的理论基础,主要介绍了项、项关系、丛和结点因果关系等串空间基本概念。随后讨论了串空间模型中的攻击者描述,规范了攻击者的能力。最后介绍了协议正确性的概念。

第二部分主要介绍了串空间理论及方法的应用,主要介绍了串空间理论的 3 种应用。

首先讨论了基于极小元理论的串空间方法。本节以 NSL 协议为例,仔细介绍了利用极小元理论分析证明协议的方法步骤。其次介绍了理想与诚实理论,首先引入了理想与诚实的基本概念,随后以 Otway-Rees 协议为例,给出了方法的具体步骤。最后讨论了认证测试理论,分别介绍了基本概念、攻击者密钥和安全密钥以及认证测试等主要概念。随后同样以 Otway-Rees 协议为例,介绍主要方法和步骤。

串空间理论使用了两个不同层次上的关系描述协议的规范与性质:消息项之间的项关系和结点之间的偏序关系。基于上述两种关系,串空间理论将结点和边构成了丛,使用$\preceq_{\mathcal{C}}$极小元表示项的原发性,提供了证明唯一性的手段,并基于理想给出了秘密性证明方法。总的来说,理论简洁明了,便于使用。

习　题

1. 简述以下串空间模型的基本概念:串、串空间、结点、丛、极小点和入口点。
2. 试证明引理 11-1。
3. 简述协议的一致性与秘密性的基本概念。
4. 简述理想与诚实的概念。
5. 简述认证测试的基本概念。
6. 证明引理 11-8,并完成 NSPK 协议的分析。
7. 试给出 Yahalom 协议的串空间模型,并用理想与诚实理论分析 Yahalom 协议。
8. 试用认证测试理论分析 NSL 协议。
9. 有如下安全协议:

① $A \rightarrow B: \{A, T_a, N_a, B, \{X_a\}_{K_a^{-1}}, Y_a\}_{K_b}$

② $B \rightarrow A: \{B, T_b, N_b, A, N_a, \{X_b\}_{K_b^{-1}}, Y_b\}_{K_a}$

③ $A \rightarrow B: \{A, N_b\}_{K_b}$

其中：T_a，T_b 是时间戳，N_a，N_b 是随机数，X_a，Y_a，X_b，Y_b 为用户数据。

试用认证测试理论分析该协议。

第四部分
安全协议前沿技术研究简介

第12章 前沿计算领域中的安全协议

12.1 高性能计算安全协议

12.1.1 高性能计算安全协议研究背景

在高性能计算安全协议中，流量识别技术作为网络防护和管理的关键手段，可帮助网络管理员及时阻止恶意行为的传播和进行网络资源的优化。当前，随着数据安全意识的增强，网络服务和应用普遍采用加密协议来保障通信内容的安全。虽然这些协议可以有效增强数据的机密性，但同时也给网络管理带来新的挑战。通信内容在经过加密后，载荷不再具有明显的字符特征，因此传统的流量识别方法无法对加密流量进行有效识别。为此，研究人员针对加密流量识别技术进行了大量研究。

由于基于深度包检测的技术对加密流量有效载荷的签名进行提取难度较大，且随着 P2P 以及动态端口的普及应用，所以需要不断更新该技术，并添加规则库来维持有效的流量识别，需要极大的人力物力投入。此外，解析应用层的有效载荷容易造成一定的隐私问题。目前，研究人员发现，可通过基于传统机器学习的识别技术，提取加密流量中的未加密信息和统计特征，利用机器学习模型来学习这些特征并进行识别，取得了较好的效果。基于传统机器学习的加密流量流程首先对捕获的流量数据进行清洗、采样等操作(流量清洗与采样为可选部分)，然后针对具体的识别任务进行特征提取，并基于合适的机器学习算法搭建特征学习模型，最后通过分类器实现加密流量的识别。在机器学习的识别中，特征提取和用于识别的机器学习算法直接影响最终识别的效果，也是加密流量识别工作中的重点研究内容。

大量文献针对 TCP 流或 UDP 流提取加密流量的流统计特征开展了相关研究。有的文献针对 TCP 流设计了包级统计特征和流级统计特征用于表征流量，共包含 248 种特征。其他文献定义了可用于流量应用分类，且和有效载荷无关的 22 种流级特征，由流的包长度、包到达时间、流持续时间以及流的字节数和数据包量这些数据决定。有文献通过提取包长度、包数量、包到达时间、流持续时间相关的 6 个特征对流量进行识别，可以具体到应用协议(https、Tor 等)这一层次；有文献使用 MOGA 算法对仅保留 IP 包头的 SSH 流量提取了 14 个统计特征，实现了应用程序分类。

12.1.2 基于流量图的加密流量识别技术

(1) 流量图构建

作为预处理阶段，从每个流中提取记录，包括流中每个数据包的对等列表{ip 数据包大小，到达时间}。然后，将相同流量类别和相同加密技术的所有列表合并为一组，构建一个基于流动的二维直方图。该图像可被视为有效载荷大小分布(PSD)阵列，其中每个 PSD 属于单向流的特定时间间隔。在第一阶段，通过将 X 轴定义为数据包到达时间，将 Y 轴定义为数据包大小，对所有记录对进行绘制。由于绝大多数数据包大小不超过 1 500 字节(以太网 MTU 值)，故可将大于 1 500 字节的数据包丢弃(这部分数量小于所有数据包的 5%)，并将 Y 轴限制在 1～1 500 之间。为了简单起见，将 2D 直方图设置为正方形图像。

对于 X 轴，首先通过推断流中第 1 个数据包到达的时间来规范所有到达值。为此，将所有到达值归一化为 0～1 500 之间。然后，将所有归一化对插入二维直方图中，其中每个单元表示在相应时间间隔到达的数据包数量，并具有相应的大小。在图像矩阵中存储每个 1 500×1 500 直方图，并将其命名为流量图，在后期使用这些图像作为模型的输入。

互联网流量分类存在一些困难与挑战。一方面，每个互联网流量类别由许多应用程序和业务组成，每个应用程序和业务行为不同。例如，Netflix 传输的数据包大小几乎固定，而 Skype、Facebook 和 Google Hangout 等应用程序传输的数据量分布广泛。另一方面，视频流不仅限于显示元素，还包括与 VoIP 行为相同的音频流，以及用于协调和控制的小数据包流。Netflix 视频流与音频流不存在分离，相比之下，Skype 的视频流与音频流之间存在分离。

不难发现，选择加密技术对每个流量类别的流量行为会产生影响。例如，不使用 VPN 或 Tor 的聊天流包含少量小型低频数据包；通过 VPN 的两个流合并到一个会话中；而通过 Tor 的流从用户传输的所有流合并到一个大规模加密会话中。

另一个值得注意的现象是，由于使用了块密码加密，组成 Tor 的加密流量的数据包大小是离散的，与非 VPN 流量中的许多数据包大小相反。对流量图像进行探索增强了最初的研究动机，虽然存在一些易于识别的特征，如 VoIP 流量由大量低频小数据包组成，但也有一些独特的模式不能由数字明确表示。因此，拟使用深度学习的方法来解决这些问题。

(2) 基于卷积神经网络的流量识别

卷积神经网络，也称 ConvNet 或 CNN，由 LeCun 等人首次引入，在深度学习领域发挥了重要作用。与具有类似大小层的标准前馈神经网络相比，CNN 具有较少的可调参数，因此更容易训练。此外，CNN 假设输入以多个阵列的形式出现，很适合将图像作为输入。

典型的 CNN 主要包含两个层：卷积层和池化层。卷积层(convolutional layer)是卷积神经网络最重要的一个层次，也是“卷积神经网络”的名字来源。卷积神经网络中每层卷积层由若干卷积单元组成，每个卷积单元的参数都是通过反向传播算法优化得到的。在卷积层进行特征提取后，输出的特征图会被传递至池化层进行特征选择和信息过滤。池化层包含预设定的池化函数，其功能是将特征图中单个点的结果替换为其相邻区域的特征图统计量。

我们的目标是找到一个神经网络的架构，为多种互联网流量分类问题提供比较好的结果。我们尝试使用一些常见的神经网络，如 Lenet-5。Lenet-5 架构包括 7 层，其中 Relu 激活函数应用于每个卷积和完全连接层的输出。如上所述，输入是二维 1 500×1 500 矩阵(像素图像)。第 1 层是一个二维卷积层(标记为 Conv1)，具有 10 个尺寸为 10×10 的滤波器。Conv1 中的每个神经元连接到输入中的 10×10 矩阵。Conv1 的输出是 10 个大小为 300×300 的功能图。

Conv1 包含总共 1 010 个可训练参数(1 000 个权重和 10 个偏置参数)。

下一层是第 1 个最大池化层,具有 10 个大小为 150×150 的特征图,其中每个特征图中的每个单元连接到 Conv1 中相应特征图中的 2×2 矩阵。层 Conv2 是第 2 个卷积层,具有 20 个大小为 10×10 的滤波器,包含总共 20 020 个可调参数。Conv2 的输出是 20 个大小为 30×30 的功能图。下一层是第 2 个 2×2 最大池化层,具有 20 个大小为 15×15 的功能图。下一层是一个标准的平面层,将 20 个特征图转换为 4 500 大小的一维层。下一层是一个大小为 64 的完全连接层,包含总共 288 064 个可调参数。最后,输出层是 SoftMax 层,其大小取决于每个子问题中的类数。最后一层包含 65×M 可调参数,其中 M 是类数。

为了减少过拟合问题,除了数据增强程序,还使用"dropout"技术保证训练数据对复杂情况的适应,主要通过在训练时间内随机将每个神经元的输出设置为具零来完成。测试评估期间还是使用所有神经元,但将其输出乘以"dropout"概率。在 CNN 中,Conv2 中使用概率为 0.25 的"dropout",在完全连接层中使用概率为 0.5 的"dropout"。

整个训练过程是通过优化交叉熵函数来完成的,该函数是 SoftMax 层输出与样本真实标签的单热编码向量(one-hot encoding vector)之间的差异。对于优化过程,使用基于 Adam 算法的优化器。Adam 优化算法是随机梯度下降算法的扩展,使用 Kingma 等人提供的默认超参数,并将 batch 大小设置为 128。

使用 Keras 库和 TensorFlow 作为后端构建和运行网络,为了可靠地比较所有子问题的结果,运行了 40 个 epoch(一个 epoch 需要 5～10 分钟),每个 epoch 包含 10 个 batch。我们还保存了在训练过程中达到最佳精度的结果,用以优化网络。在所有实验中,CNN 在运行 10～25 个 epoch 后达到收敛状态。

12.2 云计算安全协议

12.2.1 云计算数据安全

云计算数据安全指对用户数据信息资产的机密性、完整性、可用性、持久性以及可追究性等方面的全面保护。云计算数据安全高度重视用户的数据信息资产,把数据保护作为安全策略的核心,遵循数据安全生命周期管理的业界先进标准,在身份认证、权限管理、访问控制、数据隔离、传输安全、存储安全、数据删除、物理销毁等方面,采用先进技术、实践和流程,为用户提供最切实有效的数据保护能力,保证租户对其数据的隐私权、所有权和控制权不受侵犯。

(1) 访问隔离

身份认证和访问控制:访问控制能力是通过统一身份认证服务(Identity and Access Management, IAM)提供的。IAM 是面向企业租户的安全管理服务,通过 IAM,租户可以集中管理用户、安全凭证(如访问密钥),以及控制用户管理权限和用户可访问的云资源权限。使用 IAM,租户管理员可以管理用户账号,并且可以控制这些用户账号对租户名下资源具有的操作权限。当租户企业存在多用户协同操作资源时,使用 IAM 可以避免与其他用户共享账号密钥,按需为用户分配最小权限,也可以通过设置登录验证策略、密码策略、访问控制列表(Access Control List,ACL)来确保用户账户的安全,从而降低租户的企业信息安全风险。

数据隔离:对云端数据的隔离是通过虚拟私有云(Virtual Private Cloud, VPC)实施的,

VPC采用网络隔离技术，实现不同租户间在三层网络的完全隔离，租户可以完全掌控自己的虚拟网络构建与配置：一方面，结合VPN或云专线，将VPC与租户内网的传统数据中心互联，实现租户应用和数据从租户内网向云上的平滑迁移；另一方面，利用VPC的ACL、安全组功能，按需配置安全与访问规则，满足租户更细粒度的网络隔离需要。

(2) 传输安全

对于平台客户端到服务端、服务端之间的数据通过公共信息通道进行传输的场景，传输中数据的保护通过如下方式提供。

虚拟专用网络(VPN)：VPN用于在远端网络和VPC之间建立一条符合行业标准的安全加密通信隧道，将已有数据中心无缝扩展到云上，为租户提供端到端的数据传输机密性保障。通过VPN在传统数据中心与VPC之间建立通信隧道，租户可方便地使用云服务器、块存储等资源，通过将应用程序转移到云中、启动额外的Web服务器来增加网络的计算容量，在实现企业的混合云架构的同时，降低企业核心数据非法扩散的风险。目前，通常采用硬件实现的IKE和IPSec VPN结合的方法对数据传输通道进行加密，确保传输安全。

应用层TLS与证书管理：云服务提供REST和Highway方式进行数据传输。REST网络通道是将服务以标准RESTful的形式向外发布，调用端直接使用HTTP客户端，通过标准RESTful形式对API进行调用，实现数据传输；Highway通道是高性能私有协议通道，在有特殊性能需求场景时可选用。上述两种数据传输方式均支持使用传输层安全(Transport Layer Security, TLS)协议1.2版本进行加密传输，同时也支持基于X.509证书的目标网站身份认证。SSL证书管理服务则是云厂商联合全球知名数字证书服务机构，为租户提供的一站式X.509证书的全生命周期管理服务，实现目标网站的可信身份认证与安全数据传输。

12.2.2 云计算网络服务

(1) 虚拟私有云服务

虚拟私有云(VPC)服务为弹性云服务器构建隔离的、用户自主配置和管理的虚拟网络环境，可提升用户云中资源的安全性，简化用户的网络部署，其优势如下：

用户可以完全掌控自己的虚拟网络，包括创建自己的网络；

用户可以通过在VPC中申请弹性IP地址，将弹性云服务器连接到公网；

用户可以使用VPN将VPC与传统数据中心互联，实现应用向云上的平滑迁移；

两个VPC可以通过对等连接功能互联；

用户可以通过VPC方便地创建、管理自己的网络，配置动态主机配置协议(Dynamic Host Configuration Protocol, DHCP)，执行安全快捷的网络变更；

用户可以通过VPC多项网络安全防护功能提高网络安全性。

(2) 云解析服务

云解析服务(Domain Name Service, DNS)提供高可用、高扩展的权威DNS服务和DNS管理服务，把人们常用的域名或应用资源转换成用于计算机连接的IP地址，从而将最终用户路由到相应的应用资源上。

通过DNS可以把域名解析到弹性计算服务(Elastic Compute Service, ECS)、对象存储服务(Object Storage Service, OBS)、关系数据库服务(Relational Database Service, RDS)等其他服务地址，便于通过域名直接访问不同服务资源。用户可以从DNS中获得其独有的内网域名解析服务，可以基于VPC任意定制域名和解析，解决了内部业务的域名注册和管理问题，降低了业务部署和维护的复杂度，同时也为业务高可用设计提供了可能。云解析服务基于云高可用性和可靠性的基础架构构建，其服务器的分布式特性有助于提高可用性，确保将最终用户路由到应用程序。在单个业务节点发生故障时，可通过修改 DNS 解析记录进行故障转移，保障租户业务的可用性。

云解析服务主要具有以下安全防护功能：

支持添加 IP 到域名映射的反向解析记录，通过反向解析可以降低垃圾邮件数量；

通过例行更新、缩短生存期(Time to Live，TTL)和频繁清除 DNS 缓存等措施防止 DNS 缓存中毒攻击；

提供 Anti-DDoS 功能，对访问流量进行特征模拟，清洗攻击流量，限流和屏蔽恶意 IP 访问，保障服务安全稳定运行。DNS 提供的七层防护算法，逐层对攻击流量进行清洗过滤，实现了对流量层攻击和应用层攻击的全面防护，例如，可以通过 Anti-DDoS 功能阻断 DNS 放大攻击。

租户可以通过使用云 IAM 为租户成员分配云解析服务及操作权限，使用访问密钥，以 API 的方式访问云资源。

12.2.3　云计算安全服务

(1) 统一身份认证服务

统一身份认证服务提供适合企业级组织结构的用户账号管理服务，为企业用户分配不同的资源及操作权限。用户通过使用访问密钥获得基于 IAM 的认证和鉴权后，以调用 API 的方式访问云资源。

IAM 可以按层次和细粒度授权，保证同一企业租户的不同用户在使用云资源上得到有效管控，避免单个用户误操作等原因导致整个云服务的不可用，确保租户业务的持续性。

(2) 数据加密服务

数据加密服务(Data Encryption Workshop，DEW)是一个综合的云上数据加密服务。它可以提供专属加密、密钥管理、密钥对管理等功能，其密钥由硬件安全模块(HSM)保护，并与许多云服务集成，用户也可以借此服务开发自己的加密应用。通过专属加密服务(DHSM)，用户可以选择基于国家密码局认证或 FIPS 140-2 第 3 级验证的硬件加密机，实现高性能、用户独享的加密能力，支持 SM1 至 SM4 的国产密钥加密算法，将硬件加密机托管到云上与用户应用放置在同一个 VPC 内，加密机机框、电源、带宽、接口资源全部归该租户独占使用，在应用加解密时，通过 API 接口实现最高每秒钟 10 000 次事务以上的运算性能，从而满足海量用户并发使用的需求。加密的根密钥产生，通过邮寄 Ukey(物理介质)的方式，由用户的安全管理员导入自己定义的密钥材料，甚至可以多个用户联合生成密钥因子，生成的根密钥(root key)存储在 HSM 里，该加密机为经过国家密码局认证的第三方设备，包括加密机厂家、云服务提供商在内的任何人，都无法访问到根密钥。用该根密钥来加密用户主密钥，用户主密钥再来加密用户数据密钥。因此即使是云服务提供商，也无法得知用户主密钥和数据密钥的明文内容。

通过密钥管理服务(Key Management Service，KMS)，用户能够方便地管理自己的密钥，并能随时使用数据加密密钥(Data Encryption Key，DEK)进行数据加密，确保关键业务数据的安全。DEK 使用保存在 KMS 中的用户主密钥(Customer Master Key，CMK)进行加密，CMK 使用保存在 HSM 中的根密钥进行加密，以密文的形式保存在密钥存储节点中，保证密钥不会泄露。HSM 作为信任根，构成完整的信任链。HSM 拥有 FIPS 140-2(2 级和 3 级)的主流国际安全认证，满足用户的数据合规性要求。

KMS实现了同云存储服务，如云硬盘服务（EVS）、对象存储服务（OBS）的对接，用户配置存储服务时，仅需选择加密所需主密钥，即可实现云端数据加密存储。KMS为各个云服务提供加密特性，对用户数据进行全方位的加密，满足用户对敏感数据的加密要求，让用户安心使用云服务，专注于核心业务的开发，而不是密钥管理。

习　　题

1. 怎样设计一个神经网络架构来识别加密流量？
2. 统一身份认证服务（IAM）是指什么？

第13章 安全协议硬件卸载

13.1 安全协议硬件卸载背景

随着大数据时代的加速到来，数据中心也得到了高速发展，“通信”和“计算”两大基础设施是构成数据中心的根本。然而，传统的中央处理器(Central Processing Unit,CPU)体系架构却面临着许多问题，传统的数据通信需要CPU参与，这不仅会挤占原本应该分配给应用的算力资源，而且效率也不高。将数据处理单元(Data Processing Unit,DPU)引入数据中心，将原本CPU上的负载卸载到DPU上，能够将CPU算力全部释放给应用，同时，保留智能网卡部分特性的DPU也更加适用于网络数据传输。

此外，DPU的出现标志着异构计算进入了新的发展阶段，目前DPU被广泛应用于面向超大规模新一代异构计算的架构中，如图13-1所示。

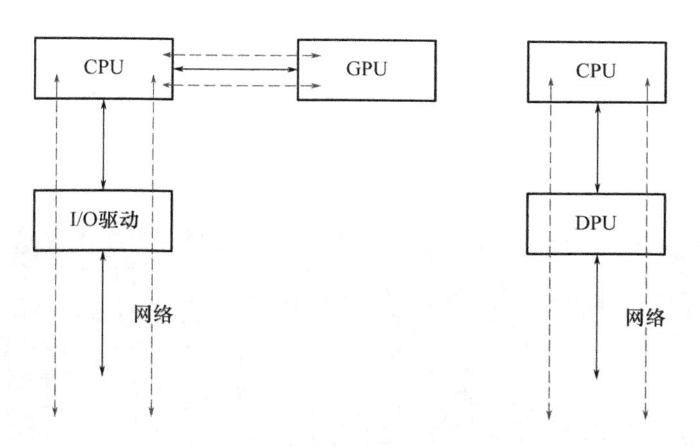

图13-1 CPU＋GPU异构计算架构与CPU＋DPU架构

以图像处理器(Graphic Processing Unit, GPU)为例，相比于传统的CPU＋GPU异构计算架构，以数据为中心的DPU架构中DPU是上层CPU、领域特定架构(Domain Specific Architecture,DSA)等的支撑，而传统的异构计算架构(即CPU＋GPU)中需要CPU控制GPU的运行。此外传统异构计算架构的I/O路径很长，并不能发挥硬件的全部算力特性，但是基于DPU的架构I/O路径只从设备到CPU中，大部分处理不经过CPU，路径更短而且更加高效。本章将结合实际场景，讲述 DPU 硬件卸载在安全协议等方面的研究与应用。

13.2 基于 DPU 的国产安全协议硬件卸载技术

当前常见的基于 DPU 的存储安全防护功能卸载技术方案如图 13-2 所示，包含基于 DPU 的加解密引擎模块，支持标准的 RSA、AES、国密 SM3 和 SM4 等加解密算法；支持数据加解密与网络融合的网络数据在线加解密卸载机制，在保障保密数据远程传输安全性的同时，提高远程数据访问效率。接下来将对各部分以及实际应用进行详细介绍。

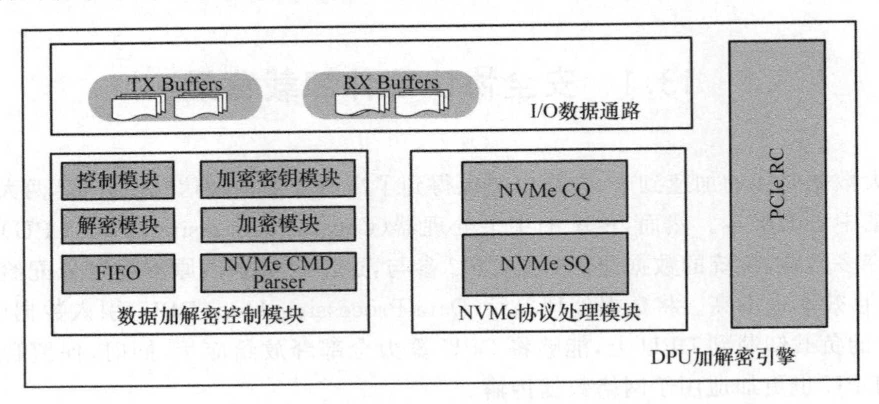

图 13-2 基于 DPU 的国产安全协议卸载整体架构

13.2.1 SSL 卸载

在云计算环境下，经过前端四层负载的流量在分发给后端的业务服务器之前，一般需要经过 SSL 卸载(SSL offloading)。

图 13-3 所示是国产江南天安 SJK1829 PCI-E 密码卡，其具有自主知识产权以及 DPU 核心关键技术。基于江南天安开源的 TASSL，通过引擎的方式调用 SJK1829 PCI-E 密码卡，可以很方便地完成国密 SSL 流量卸载。其卸载示意图如图 13-4 所示。

图 13-3 SJK1829 PCI-E 密码卡

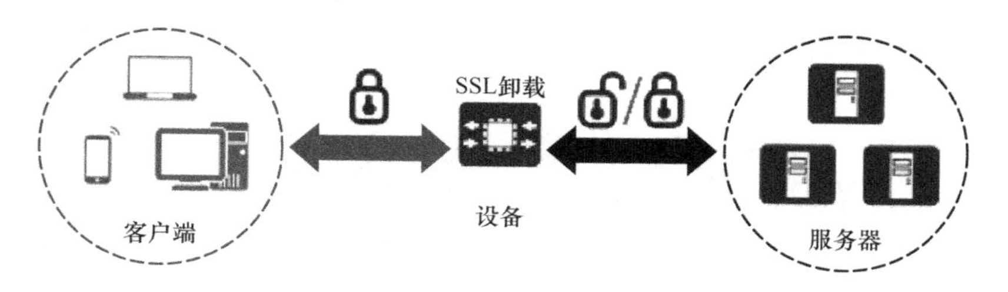

图 13-4　SSL 卸载示意图

13.2.2　区块链

SJK1829 PCI-E 密码卡还支持 PKCS＃11 接口，适配了 Fabric 的区块链密码服务提供者(Block Chain Crypto Service Provider，BCCSP)模块，可以方便地集成国密 SM2、SM3、SM4 算法，有效地支撑了支持国产密码算法的区块链应用，区块链适配示意图如图 13-5 所示。

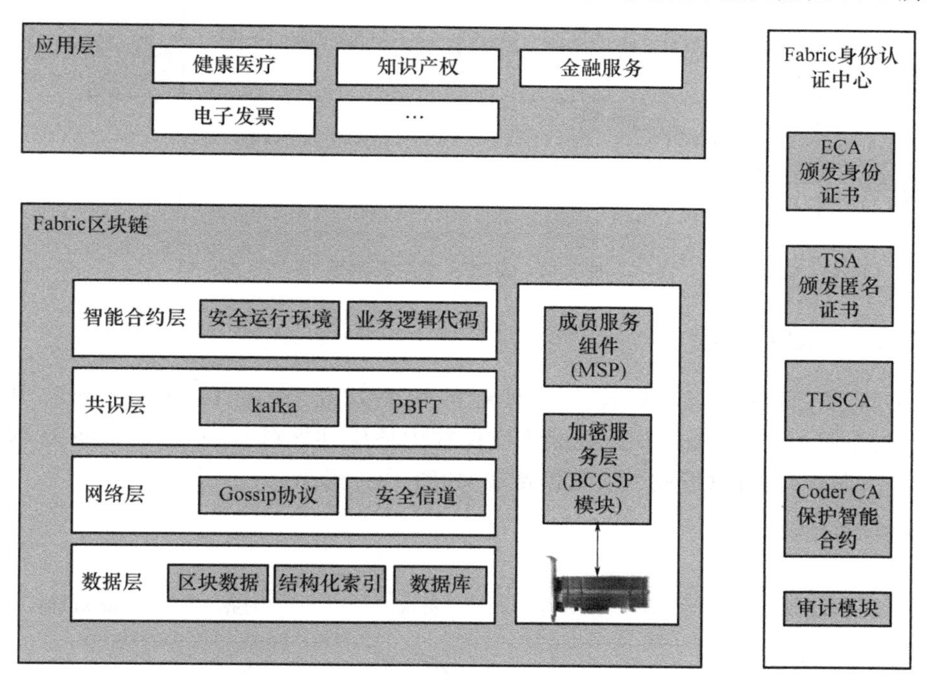

图 13-5　区块链适配示意图

13.2.3　大数据加密

SJK1829 PCI-E 密码卡还适配了 HDFS 的透明加密机制，结合江南天安的 KMS 密钥管理系统，数据双重加密密钥(Encrypted Data Encryption Key，EDEK)对于文件内容的加解密运算可以使用密码卡完成，便于大数据平台的国密合规性改造，HDFS 适配示意图如图 13-6 所示。

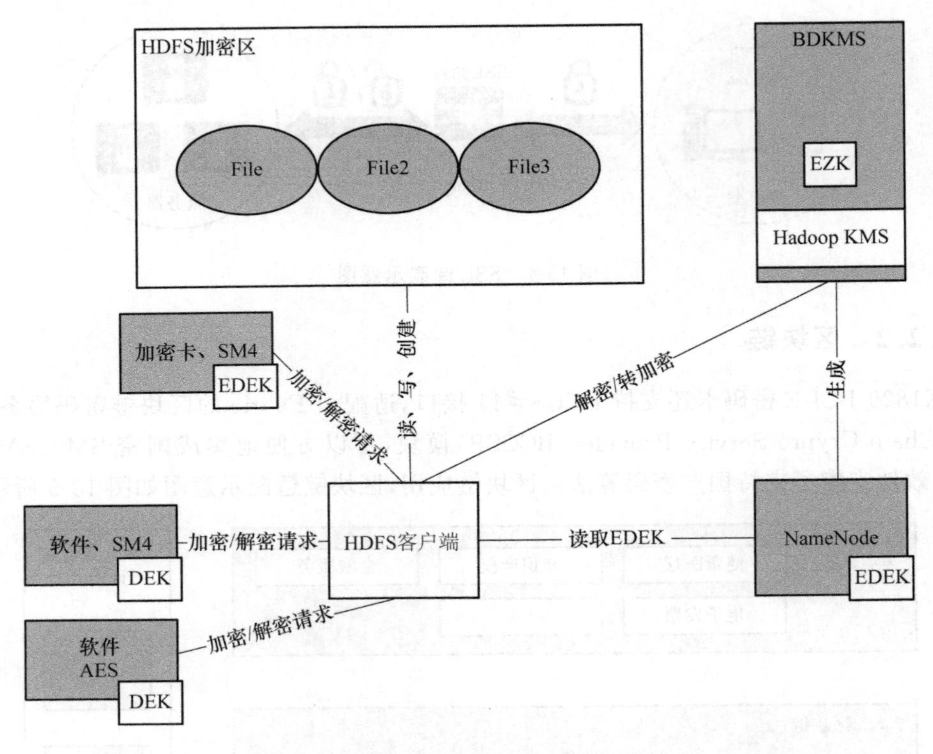

图 13-6　HDFS 适配示意图

13.2.4　Cache 管理

国内 DPU 厂商国数集联提出了一种新的解决方案——PCIe over Fabric，用来解决 NVMe-oF 的 DPU 卸载问题。该方案能快速释放内核缓冲区（kernel buffer）资源，规整化读写页（page）数据队列，可以形成大块数据传输，如图 13-7 所示。

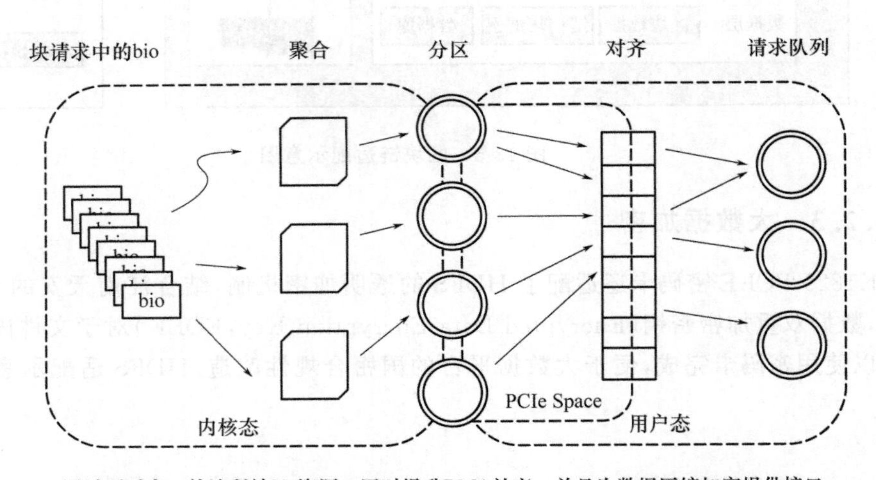

图 13-7　Cache 管理示意图

13.3 其他安全协议硬件卸载

13.3.1 网络功能卸载

网络卸载主要是指将原本在内核网络协议栈中进行的 IP 分片、TCP 分段、重组、校验和(checksum)等操作,转移到网卡硬件中进行,使得 CPU 的发包路径更短、消耗更低,从而提高处理性能。

一开始这些卸载功能都是在普通网卡上针对特定功能设计一个专门的电路,并且带有很小的缓存,去做专门的事情。普通网卡是用软件方式进行一系列 TCP/IP 相关操作,因此,会在 3 个方面增加服务器的负担,即数据复制、协议处理和中断处理。

通过使用 DPU,其协处理器可以先对该数据包进行一些预处理,根据处理结果考虑是否要将数据包发送至主机 CPU。智能网卡中的卸载功能一般是使用 eBPF 编程来实现的。

(1) 虚拟化网络功能

行业内主流的 Hypervisor 主要有以下几种:

① VMware vSphere:VMware vSphere 是一个成熟且广泛部署的虚拟化平台,旨在为企业提供强大的虚拟化和云计算能力。它支持 x86 架构,能提供可靠的虚拟机管理、高级的资源调度与网络功能。

② Microsoft Hyper-V:Microsoft Hyper-V 是微软提供的虚拟化平台,它是 Windows Server 操作系统的一部分。Hyper-V 提供了基于硬件的虚拟化技术,可用于构建和管理虚拟机,并提供与其他 Microsoft 产品和工具的集成。

③ 基于内核的虚拟机(Kernel-based Virtual Machine,KVM):KVM 是一个开源的虚拟化解决方案,内置于 Linux 内核中。它提供了基于硬件的虚拟化支持,并通过 QEMU(Quick Emulator)提供完整的虚拟化管理功能,已被广泛用于 Linux 服务器虚拟化环境。

以 KVM 为例,在 KVM-Qemu 这个 Hypervisor 的开源生态里,与网络关系最紧密的标准协议包括 virtio 和 vhost。

内核虚拟化网络(vhost-net):在虚拟化网络的早期阶段,主要关注的是实现虚拟机(VM)之间与外部网络的通信能力,而对性能的要求相对较低。最初版本的虚拟交换机 OVS(Open vSwitch)是基于操作系统 Linux 内核转发来实现的。控制平面使用 vhost 协议,通过 Qemu 代理和主机内核中的 vhost-net 进行通信,而主机内核的 vhost-net 充当 virtio 的后端,与虚拟机内部的 virtio NIC 进行共享内存方式的通信。这样可以实现虚拟机之间以及虚拟机与外部网络之间的通信能力,但是内核转发的效率和吞吐量较低。

然而,随着虚拟化网络的发展,对网络性能的需求日益增加。为了提高网络性能,当前很少在虚拟化网络部署中使用内核转发的方式,更多的是采用更高效的技术,如用户空间数据平面(user space datapath)、硬件加速以及 SR-IOV(single root I/O virtualization)等。

用户空间虚拟化网络(vhost-user):用户空间虚拟化网络是一种将虚拟机(VM)的网络处理功能从内核转移到用户空间的技术。它使用 vhost-user 协议将虚拟机的虚拟网络设备与用户空间的网络应用程序进行通信,以实现高性能和低延迟的网络传输。在 vhost-user 中,虚拟机的虚拟网络设备以及对应的虚拟机操作系统驱动程序运行在虚拟化平台的用户空间中,而非内核中。虚拟机的网络数据包由用户空间的网络应用程序处理，并通过共享内存或套接字等方式与主机的用户空间网络应用程序交互。

用户空间虚拟化的优势在于它可以避免在内核中进行网络数据包的复制和处理，从而提供更高的性能和更低的延迟。此外，由于网络处理功能移至用户空间，可以更灵活地进行网络功能的定制和扩展，以满足特定应用场景的需求。

上述方法通常与用户空间数据平面技术（如 DPDK）结合使用，以进一步提高网络性能。用户空间数据平面技术通过利用现代多核处理器和专用硬件加速器来处理网络数据包，实现高吞吐量和低延迟的网络传输。

(2) RDMA 网络功能

远程直接内存访问（Remote Direct Memory Access，RDMA）是一种高性能的数据传输技术，允许计算机系统在网络上直接访问其他系统的内存，而无需经过中间节点的介入。RDMA 通过绕过操作系统和协议栈中的数据复制和处理过程，实现了低延迟、高带宽和高吞吐量的数据传输。

RDMA 的本质实际上是一种内存读写技术，如图 13-8 所示。在传统的网络通信中，数据传输需要经过多个层次的复制操作，例如从应用程序的内存复制到操作系统的缓冲区，再复制到网络适配器的缓冲区，最后再发送出去。这些复制操作不仅增加了数据传输的延迟，还消耗了大量的 CPU 资源。RDMA 通过引入专用的硬件和协议，使计算机系统可以直接将数据从发送端的内存复制到接收端的内存，从而避免了数据复制的过程，降低了延迟并提高了传输效率。

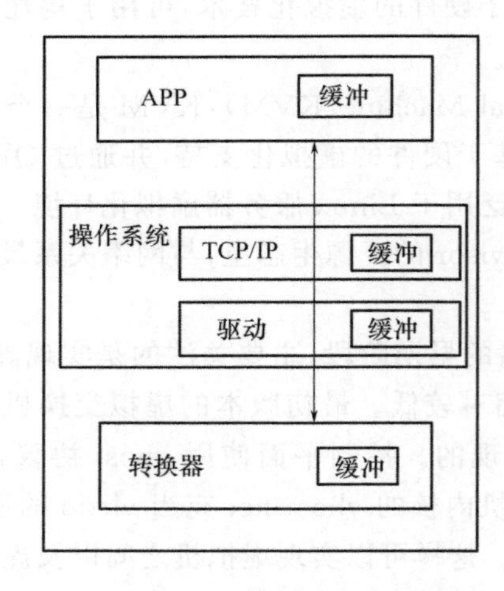

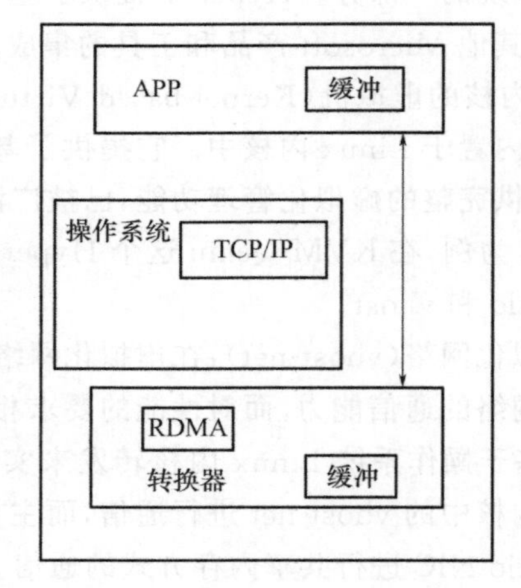

图 13-8 RDMA 模式与传统模式的对比

RDMA 的性能优势主要体现在以下几个方面。

零复制：RDMA 避免了数据的多次复制，提供了零复制的数据传输方式。它直接将数据从发送端的内存复制到接收端的内存，减少了复制操作带来的延迟和资源消耗。

内核旁路（Kernel Bypass）：绕过了操作系统和协议栈中的数据处理，实现了直接内存访问，最大限度地减少了 CPU 的介入，因此可以实现非常低的通信延迟。这对于需要实时响应的应用场景非常重要，如金融交易、科学计算等。

远程访问：RDMA 使计算机系统可以直接访问其他系统的内存，而无需经过中间节点或存储系统。这意味着在分布式计算环境下，可以实现快速的远程数据访问和共享。

（3）RDMA 硬件卸载方式

RDMA 硬件卸载指将远程直接内存访问中的数据传输和处理任务从主机 CPU 卸载到专用的网络接口卡（Network Interface Card，NIC）上，以提高系统的性能和效率。通过利用 RDMA 硬件卸载，可以减少 CPU 的负载，释放 CPU 资源用于其他计算任务，并降低传输延迟。RDMA 硬件卸载通常包括以下几个方面。

硬件加速引擎：RDMA 适配器通常集成了专用的硬件加速引擎，用于执行 RDMA 操作。这些硬件加速引擎可以实现数据包处理、传输控制和错误检测等功能，以提高数据传输的效率和可靠性。

网络卸载：RDMA 硬件可以处理网络协议的解析和封装，包括 TCP/IP 协议栈的处理。这样，它可以在硬件层面上完成数据包的发送和接收，而无需 CPU 的干预和参与。这大大减少了对 CPU 的负载，提高了数据传输的效率。

内存访问卸载：RDMA 硬件可以直接访问主机系统内存，避免了 CPU 参与的复制操作。通过在硬件层面上复制数据，RDMA 硬件可以实现零复制数据传输，减少了数据复制的开销和延迟。

13.3.2　硬件加速

（1）NVMe-oF 硬件加速

NVMe 是一种专门为固态硬盘设计的新型协议，它使用 NVMe 驱动程序，通过 PCIe 总线和 m.2 或 u.2 等物理接口与计算机连接。得益于 PCIe 总线的带宽和吞吐量比 SATA 总线高，NVMe 协议的固态硬盘的传输速率远高于 SATA 协议的固态硬盘。PCIe 4.0 提供多达 32 个通道，理论上数据传输速率高达 64 000 MB/s。

非易失性内存扩展的网络化（Non-Volatile Memory Express over Fabrics，NVMe-oF）是一种用于在数据中心和存储系统之间进行高性能、低延迟存储访问的技术。NVMe-oF 通过扩展 NVMe 协议，使其能够在数据中心范围内的网络上运行，并具备将远程存储设备抽象为本地块级存储设备的能力。

NVMe-oF 通过多种传输机制在存储设备和主机之间建立端到端的通信通道，如光通道（Fibre Channel，FC）、TCP 和 RDMA。NVMe-oF 提供了一种标准化的接口和命令集，并通过将存储设备的 NVM（Non-Volatile Memory）资源暴露为本地块级存储设备，使得应用程序能够直接访问和管理远程存储，实现快速的数据传输和低延迟的存储访问。NVMe-oF 的主要运行流程如图 13-9 所示。

NVMe-oF 主要支持三大类 Fabric 传输选项，分别是 FC、TCP 和 RDMA，其中 RDMA 支持 InfiniBand、RoCEv2。

NVMe-oF 的优势包括高性能、低延迟和灵活的部署。一方面，NVMe-oF 利用 RDMA 等高性能网络传输机制，实现了与本地设备类似的存储性能，同时提供标准化接口和命令集，降低了开发和管理的复杂性；另一方面，NVMe-oF 还支持灵活的部署模式，可以根据具体应用需求选择合适的传输机制和拓扑结构。其应用场景如下。

存储阵列加速：NVMe-oF 硬件加速可以用于提升存储阵列的性能和扩展性。传统存储阵列面临着许多挑战，如延迟高、吞吐量低以及复杂的管理等。通过使用支持 NVMe-oF 的硬件加速器，可以实现高性能的存储访问，降低延迟和提高吞吐量。此外，硬件加速器还可以卸

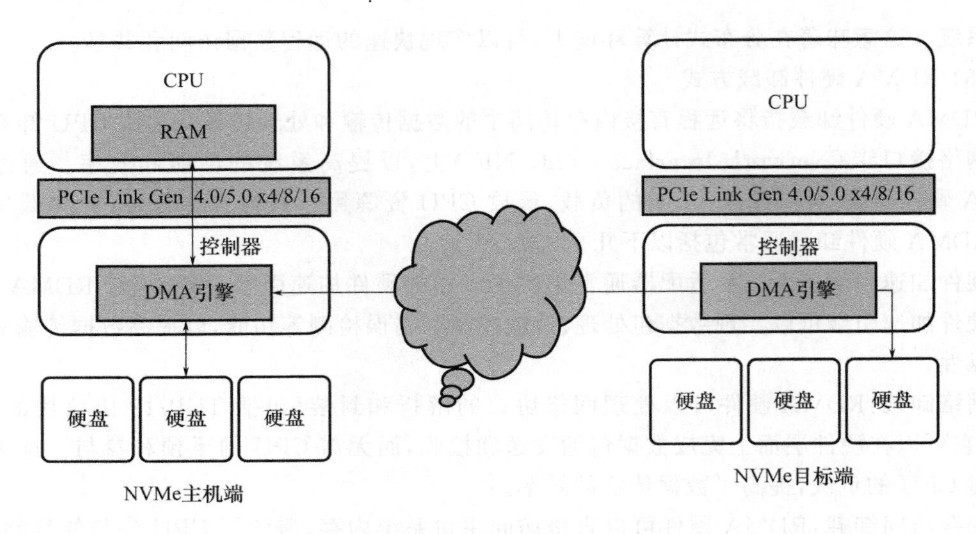

图 13-9　NVMe-oF 的主要运行流程

载主机 CPU 的数据处理负担，提升整体系统的吞吐量和响应性能。

数据中心互连加速：NVMe-oF 硬件加速可以加速数据中心内不同存储节点之间的互连。在大规模数据中心中，存储节点之间需要进行高带宽、低延迟的通信。通过使用硬件加速器，可以实现快速的数据传输和低延迟的存储访问。此外，硬件加速器还可以提供智能路由和负载均衡功能，优化数据中心的网络流量和资源利用。

NVMe-oF 的结构如图 13-10 所示，NVMe-oF 支持主机端和目标端，目前 DPU 智能网卡硬件加速的场景中，包括如下 4 种情况：①普通智能网卡硬件加速 NVMe-oF 主机端；②支持 GPUDirect Storage 的智能网卡加速 NVMe-oF 主机端和目标端；③智能网卡硬件加速 NVMe-oF 目标端；④DPU 芯片硬件加速 NVMe-oF 目标端。

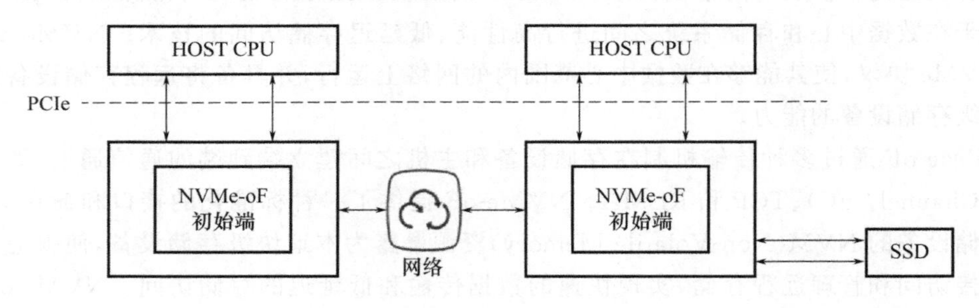

图 13-10　NVMe-oF 结构

OpenStack 从 Rocky 版本已经支持了 NVMe-oF，通过 OpenStack 的卷管理服务（Cinder）和块存储后端驱动程序，可以实现与 NVMe-oF 存储设备的集成。可以将 NVMe-oF 存储设备添加到 OpenStack 的存储池中，并在创建虚拟机时将其作为卷附加到虚拟机中。这样虚拟机就可以直接访问远程的 NVMe-oF 存储设备，获得高性能的存储访问。同时，OpenStack 集成 Ceph 做块存储和对象存储已经非常成熟，Ceph 的后端存储也渐渐地从使用本地磁盘的方式转向远端 NVMe 存储，利用 NVMe-oF 的高速性能，在分布式存储环境中提供快速且可扩展的数据存储和访问。

现有 NVMe-oF 技术面临如下挑战。

NVMe over Fibre Channel 使用光纤进行传输，光纤通道结构具备无损数据传输、可预测和一致的性能以及可靠性等优点，大型企业倾向于将FC存储用于关键任务工作负载。但光纤通道需要特殊的设备和存储网络专业知识才能运行，并且可能比基于以太网的替代方案更昂贵。

NVMe over TCP使用支持TCP/IP传输的以太网网络，因为以太网网络架构比FC基础设施成本低，且实现难度更低，NVMe/TCP是最经济的解决方案之一。由于NVMe/TCP原生可路由，因此服务器与其存储器之间能够通过现有以太网数据中心网络进行通信，而无需专用FC交换机和主机总线适配器（Host Bus Adapter，HBA）。但NVMe/TCP存在一些缺点，它需要占用服务器算力，导致应用程序性能受损。此外，由于需要维护多个数据副本，以免在路由级发生数据包丢失，所以其传输过程中时延比其他NVMe-oF协议更长。

NVMe over RDMA采用RDMA技术，使数据和内存能够通过网络在计算机和存储设备之间传输。RDMA是一种在网络中两台计算机的主内存之间交换信息的方式，不涉及任何一台计算机的处理器、缓存或操作系统，因此它通常是通过网络传输数据的最快和最低开销的机制。但是RDMA需要使用专用的网卡和驱动程序，这使得其部署和维护的成本较高。目前RDMA有3种不同的硬件实现，分别是InfiniBand、RoCE和iWARP。InfiniBand在设计之初就考虑了RDMA，从硬件级别保证可靠传输，提供更高的带宽和更低的时延，但是成本较高，需要支持IB网卡和交换机。RoCE基于以太网运行RDMA，可以使用普通的以太网交换机，但是需要支持RoCE的网卡。iWARP是基于TCP的RDMA网络，利用TCP实现可靠传输，可以使用普通的以太网交换机，但是需要支持iWARP的网卡。相较于RoCE，在大型组网的情况下，iWARP的大量TCP连接会占用大量的内存资源，对系统规格要求更高。

（2）文件系统硬件加速

Eideticom与Los Alamos国家实验室（LANL）合作探索了基于NVMe的计算存储处理器（CSP）的优势，并确定了以并行文件系统为主的应用场景。这是因为并行文件系统对性能非常敏感，且对成本要求较高。

他们开发的软硬件套件名为NoLoad CSP，采用了现场可编程门阵列（Field Programmable Gate Array，FPGA）加速卡的形式，执行各种以存储为中心的卸载功能，同时向主机提供符合NVMe标准的PCIe接口，允许应用程序（如文件系统）将关键存储任务卸载到NoLoad。通过这种卸载能够提高存储系统的性能和效率，并降低其成本。

硬件方面，NoLoad可以在任何支持PCIe的FPGA卡上部署，如Xilinx Alveo U50及BittWare 250-U2等加速卡。NoLoad软件堆栈也集成到了Z文件系统（Z File System，ZFS）中，并在LANL内部的服务器上实际部署，用以收集性能数据。该服务器由两个被一致性总线连接的CPU组成，NVMe固态硬盘通过PCIe总线直接连接到每个处理器，加速卡和硬盘连接到一个CPU，高性能网络接口卡（NIC）连接到另一个CPU。

NoLoad软件套件可实现NoLoad FPGA卡上的加速功能与主机CPU上运行的应用程序之间的连接。图13-11展示了Eideticom开发的不同组件。

① libnoload：用户空间库，允许应用程序利用NoLoad提供的计算存储服务。需注意的是，在卸载应用程序之前，需要对其进行更新以访问libnoload API。

② ZFS：ZFS是Linux ZFS的修改版本，可以将ZFS的关键部分卸载到NoLoad设备上，并将NVMe驱动程序扩展为计算和存储两部分，分别支持加速卡和硬盘。

NoLoad支持FPGA上存储和计算工作负载的高性能加速，包括擦除编码、重复数据删除、压缩、加密和分析。即使系统中的NoLoad设备部署在不同的FPGA卡上，通过软件堆栈也能够发现并利用这些设备。

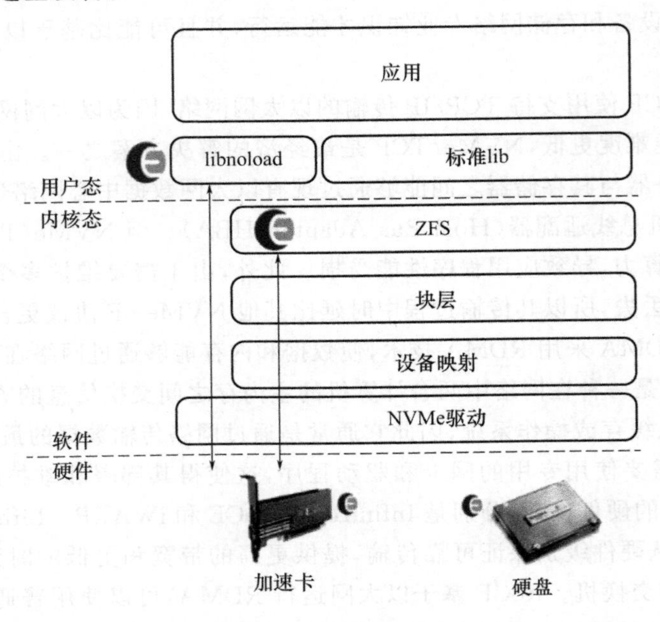

图 13-11 Eideticom 开发的软硬件套组

13.3.3 安全功能卸载

(1) 硬件信任根

硬件信任根(Hardware Trust Root)是指在计算系统中具有最高级别和可信度的硬件组件,它是建立可信计算环境的基础,用于确保系统的安全性、可靠性和可信度。DPU 可实现如下功能。

① 安全启动(Secure Boot):DPU 可以提供基于硬件的加密和验证功能,确保引导加载程序、固件和操作系统等组件的真实性和完整性,防止恶意软件的篡改和潜入。

② 密钥管理服务(KMS):DPU 内置的安全硬件模块可以生成和保护密钥,同时提供加密算法和协议的代码实现。这样可以确保密钥的安全性,防止密钥泄露和非法使用,提供安全的密钥生成、存储和管理功能。

③ 可信执行环境(Trusted Execution Environment):DPU 可以作为硬件信任根的一部分,创建一个可信的执行环境。在这个环境中,DPU 提供了硬件级别的隔离和安全保护,确保只有经过验证和授权的软件和进程可以在其中运行。这可以防止攻击者对系统进行未经授权的访问和恶意操作。

④ 安全通信(Secure Communication):数据加密解密算法完全卸载到硬件网卡,无需主机 CPU 资源,效率更高更可靠,可以用于安全通信的保护。

(2) 隔离网络虚拟化

在以往的智能网卡情境下,当虚拟机实例和虚拟机管理程序被先后攻陷后,系统中便再无任何屏障能够阻止恶意攻击者修改网络。由于网络功能由被攻陷的虚拟机管理程序管理,因此具有该虚拟机管理程序访问权限的虚拟机逃逸将同样具有网络访问权限。这将给网络上的主机带来多重威胁,并可能暴露租户的私有数据。

新一代 DPU，如 Oracle Cloud Infrastructure 设计的 SmartNIC，将虚拟化网络的控制平面完全卸载到 DPU 上，实现了网络隔离和虚拟化，能够有效防止恶意攻击者利用被攻陷的实例来破坏网络。Oracle Cloud Infrastructure 针对主机网络功能提供更强大的外部控制，并可以防止网络遍历攻击。

(3) 国产密码算法加解密

密码技术是保障信息安全的关键核心技术，必须确保密码算法的安全、自主、可控。之前普遍应用的国际密码算法 DES/3DES、RSA 等已不安全，开发国产密码算法产品，推进国产密码算法的普遍应用，逐步平滑代替国际密码算法，是保障我国信息安全的必由之路。

随着计算机技术和互联网的飞速发展，用户对信息安全产品的要求和期望也越来越高，特别是《中华人民共和国密码法》的颁布实施，国家密码管理局对国产密码算法的推广提出了更明确的要求。支持国产密码算法(SM1、SM2、SM3、SM4、SM7、ZUC)的密码设备，能够支持国家重点信息系统由使用国际密码算法向使用国家自主密码算法的平滑过渡。在这些重要的信息系统中推广国产密码算法，有利于保障国家重要信息系统的安全性，保障这些重要行业信息系统的安全运行，加强国家自主的信息安全保障。

国产密码算法加解密 DPU 卡可以提供多种国产密码算法，核心部件采用国家密码管理局批准的芯片，具备完善的密钥管理机制，具有很高的安全性和实用价值。作为商用基础密码产品，它可以为信息安全传输系统提供高性能的数据加解密服务，又可以作为主机数据安全存储系统、身份认证系统以及对称、非对称密钥管理系统的主要密码设备和核心构件，具有广泛的系统应用潜力。它可广泛地应用于银行、保险、证券、交通、邮政、电子商务、移动通信等行业的安全业务应用系统。

习　题

1. 硬件卸载技术是指什么？对一般的计算机系统有什么作用？
2. 目前有哪些国产的安全协议硬件卸载技术？

第14章 人工智能与安全协议

14.1 安全协议与机器学习模型

14.1.1 传统密码学与机器学习简述

本章将从密码编码学和密码分析学的角度概述传统密码学的现状，再从机器学习的角度探讨机器学习与传统密码学之间的联系，分别论述与密码算法相关的神经网络模型和与密码分析相关的机器学习模型。

1. 传统密码学现状

密码学可分为密码编码学和密码分析学。前者研究如何编解码信息，实现信息的安全通信与传输；后者研究如何破译密码或其实现，寻找传输的薄弱环节。二者对立统一、相互促进。

(1) 密码编码学

密码编码学主要研究解决信息安全中的机密性、数据完整性、认证、身份识别、可控性及不可抵赖性等问题中的一个或几个。按照加密方式，密码体制可分为对称加密和非对称加密。前者用同一密钥加解密信息，密钥通常需要通过安全的方式分配给通信双方；后者用不同的密钥加解密信息，可将其中一项密钥作为公钥公开，仅将私钥妥善保管即可实现安全通信。

作为密码编码学的重要组成部分，密码算法的安全性和算法设计至关重要。对密码算法的安全性要求主要包括计算安全性、可证明安全性、无条件安全性等，其侧重点有所不同，主要特征如下。

计算安全性：指用目前算力无法在规定时间内攻破密码算法来说明密码体制的安全性。虽然目前没有被证明计算安全的密码算法，但因其可操作性强使得计算安全性成为常用的密码算法评价标准。

可证明安全性：指用多项式规约技术形式化证明密码体制的安全性。它通过有效的转化将对密码算法的攻击规约为可计算问题的求解。然而，可证明安全性仅说明密码算法的安全性和可计算问题相关，无法证明密码算法的绝对安全。

无条件安全性：指攻击者在计算资源无限的情况下，密码算法也无法被攻破。

密码算法设计的基本原则是加密算法应有不可预测性，主要体现在：①密码算法需要有较高的线性复杂度，即仅依据密文信息，攻击者很难用统计学方法分析明密文间的关系，从而重现加解密过程；②加解密流程应足够“混乱”和“扩散”，即通过扩散处理使得加密元素之间相互影响，输入中任何微小的变化都会造成输出的改变。

(2) 密码分析学

实际应用中常从攻击角度分析密码系统的安全性，并以此评估密码算法的可靠性。密码的安全性分析一般基于 Kerckhoffs 假设，即密码分析者知道密码算法除密钥外的每一个设计细节。在这一假设下，密码算法的安全性完全建立在密钥的保密性而不是密码算法本身的保密性上。

根据在密码分析过程中攻击者所利用的信息量，可将密码算法的攻击分为唯密文攻击、已知明文攻击、选择明文攻击、选择密文攻击、选择明密文攻击和相关密钥攻击 6 种。其中，唯密文攻击的攻击强度最小，选择明文攻击和选择密文攻击的攻击强度最大。如果密码算法在这 3 种攻击下安全，那么在其他攻击下也安全。

根据在密码分析过程中攻击者所采用的攻击方式，可将对密码算法的攻击分为黑盒攻击、侧信道攻击和捷径攻击。黑盒攻击是最弱的密码攻击，一般通过对明文和密文进行统计分析实现，抵抗黑盒攻击是密码算法设计最基本的要求；侧信道攻击利用密码算法在加解密运算期间所泄露的侧信道信息(如执行时间、功耗等)结合统计理论解译密码；捷径攻击与侧信道攻击类似，但是使用的信息偏少。

除上述 3 类攻击外，对密码算法的攻击效果评价还涉及成功解译需要的时间(时间复杂度)、数据量(数据复杂度)、最低存储要求(存储复杂度等)，以及攻击成功概率等。

根据攻击者所获得秘密信息的程度，密码学家 Knudsen 将攻击分为完全破解、全局演绎、实例(局部)演绎、区分攻击和信息演绎 5 种。

2. 机器学习简述

机器学习研究计算机模拟或实现人类的学习行为，以获取新的知识或技能，是人工智能不可或缺的重要组成部分。随着计算机算力的不断提升，使用机器学习模型设计和分析密码算法成为基于计算困难性理论的传统密码算法的有益补充。下面将对国内外与密码学智能化相关的机器学习方法进行介绍。

(1) 密码算法与神经网络模型

与密码算法相关的神经网络模型有 3 种，分别为树奇偶校验机(Tree Parity Machine, TPM)、生成式对抗网络(Generative Adversarial Networks, GAN)和混沌神经网络(Chaos Neural Network, CHNN)。

TPM 是一种具有特殊结构的神经网络，其利用神经同步使两个神经网络保持一致。神经同步是互学习的一个特殊状态。两个神经网络在初始化时随机选择权值向量，在每一次互学习中，它们将接收一个相同的输入向量，并计算各自的输出发送给对方。如果在当前的输入下计算得出的输出值相同，则根据规则更新它们的权值向量。在权值离散的情况下，两个神经网络最终将在有限步内达到完全同步。此后，即使后面的学习会进一步地更新权值，但是完全同步的状态是稳定的。利用 TPM 的同步性可设计出可靠的密钥同步协议。

GAN 是 Goodfellow 等于 2014 年提出的一种生成式网络模型。它的核心思想来源于博弈论的纳什均衡，其网络结构包括一个生成器和判别器。生成器学习真实的数据分布并输出，而判别器准确判别输入数据是来自真实数据还是生成器。经过反复迭代，生成器和判别器将分别提高自身的生成能力和判别能力。此优化过程的本质是通过学习寻找生成器与判别器之间的纳什均衡。

CHNN 源于混沌在确定性系统中出现的类似随机的现象。与一般的随机性不同，它是非线性系统在没有外界随机因素干扰的情况下，因系统状态对初始条件的敏感性产生的一种内在的随机过程。混沌系统的特性在于：它在数值分布上不符合统计学原理，无法得到一个稳定的概率分布特征。因此，利用混沌原理对数据进行加密可以避免频率分析攻击和穷举攻击等。

综上所述，TPM 的互学习特性使得它在密钥交换协议设计中有独特优势。GAN 的生成对抗理念使它可以自行生成密码算法并查找其漏洞。通过生成对抗的迭代，输出安全性较高的密码算法。CHNN 能够根据混沌理论，生成具有混淆性和扩散性的密码算法。

(2) 智能密码分析的机器学习模型

在密码分析中，人们通常利用机器学习实现线性回归或分类提取秘密信息中有意义的特征，并将这些特征与密码学原理结合起来，提高密码分析的效率与准确性。常用的机器学习方法包括支持向量机（Support Vector Machine，SVM）算法、随机森林（Random Forest，RF）算法、卷积神经网络（Convolutional Neural Network，CNN）、长短期记忆（Long Short Term Memory，LSTM）网络等。

SVM 算法：将实例的特征向量映射为空间中的点，对学习样本求解最大边距的超平面，适合中小型数据样本、非线性、高维的分类问题，适用于在密码分析中对密文进行分类。

RF 算法：使用集成学习融合多棵决策树的投票结果，次数最多的类别被认为是最终类别，适用于密文特征的提取。

CNN 模型：具有局部区域连接、权值共享、降采样特点，可降低网络模型的复杂度，适用于分析未对齐的密文序列。

LSTM 模型：一种特殊的循环神经网络，能够解决长序列训练过程中的梯度消失和梯度爆炸问题，适用于分析较长的密文序列。

14.1.2 密码学智能化的研究进展

在人工智能、5G 和网络技术的迅速发展中开启的万物互联新时代，人们对安全通信和数据安全提出了更高的要求。随着计算机算力的提升和量子计算机的发展，19 世纪流行的许多密码算法被破解，传统密码学面临着严峻挑战。

21 世纪，密码发展进入了智能化阶段，利用机器学习技术的密码学智能化研究开始进入人们的视野。智能密码算法和智能密码分析的诞生是密码学进入智能化阶段的主要特征。智能密码算法基于机器学习技术设计、分析和实现加解密，或利用神经网络的同步机制来实现密钥交换。不仅如此，此类算法还可通过机器学习模型推理秘密信息部分来实现按需加密，兼顾加密的效率与安全性，具有灵活度高、自适应能力强等优点。

智能密码分析则基于机器学习技术挖掘秘密信息中的特征，将特征提取与密码学研究相结合，更高效准确地进行密码分析。机器学习和密码学有很多共同点，如能处理大量数据和具有大搜索空间。早在 1991 年，RSA 的创建者之一 Ronald Rivest 专门讨论了机器学习和密码学之间的异同以及这两个领域间的相互影响。时至今日，国内外研究人员在此领域取得了一系列成果，并初步形成了一个新的交叉领域——神经网络密码学。表 14-1 列出了密码学智能化的国内外研究在智能密码算法、智能密码分析和其他相关应用这 3 个方面的主要进展。

表 14-1 密码学智能化研究现状汇总

智能化密码学		机器学习模型	智能化密码学的优势
智能密码算法	密钥同步协议	树奇偶校验机	运算简单、生成密钥所需计算次数少；通过双向学习同步，安全性高
	密码算法设计	生成式对抗网络	模型从攻击的角度自行迭代训练，生成的密码算法安全性高
		混沌神经网络	异步加密模型无需原子操作、加密速度快且不失真、非线性复杂度高
		实时递归神经网络	生成的密钥没有长度限制；能够抵抗多种密码分析攻击
		其他神经网络	能够捕捉底层数据结构
智能密码分析	侧信道攻击	机器学习	无需多元正态检验的参数假设，提高攻击效率
		卷积神经网络	卷积操作能够对齐轨迹，自动提取兴趣点；且能处理高维数据，提高攻击效率
	密码分析	神经网络	模型能够自动学习密码特征，分类准确性高；已知明文攻击所需信息较少，破解速度更快
其他相关应用	信息隐藏安全机器学习	神经网络 机器学习算法	实现按需加密，能够以较小的算力共享秘密，提高加密效率是安全机器学习中的新型应用

(1) 神经网络与智能密码算法

作为机器学习的一个大分支，人工神经网络被大量应用于智能密码算法的设计中。由于人工神经网络的非线性映射特征恰巧吻合密码算法的非线性映射设计原则，利用人工神经网络开展智能密码算法研究已经成为现代密码学发展的重要分支。

目前，根据人工神经网络的工作机理，智能密码算法中用到的人工神经网络可分为反馈型网络（如 TPM 神经网络等）和前馈型网络（如 GAN、混沌神经网络等）两类。①反馈型神经网络是一种大规模的非线性动力学系统，在智能密码算法中可以利用神经网络的互相学习来推导共享密钥，该类智能密码算法无需传输和分发密钥，类似于密钥协商协议；②前馈神经网络在数学上可以被看作一种大规模的非线性映射系统，可以用于对称和非对称密码系统的设计中。利用 GAN 可以自动设计、生成密码系统，即利用 AI 生成密码系统。利用混沌神经网络可以设计更加混乱和扩散的密码系统。

(2) 机器学习与智能密码分析

目前，机器学习和密码分析的交叉融合研究主要有两种，Bost 等提出基于 RF 的 WF 攻击，其实验结果表明，简单的 WF 特征会泄露更多网页身份信息；Rimmer 等构建了一个大型流量数据集，并用该数据集比较了堆叠式去噪自动编码器（Stacked Denoising Autoencoder, SDAE）、CNN、LSTM 这 3 种深度学习模型和 K 最近邻居（K-Nearest Neighbor, KNN）、SVM、RF 这 3 种机器学习方法，表明了深度学习具有更好的流量分类效果；Sirinam 等利用 CNN 模型设计了一种新的 WF 攻击——深度指纹（Deep Fingerprinting, DF），提高对 Tor 流量识别的准确性；针对 DF 在低数据场景中性能较差的问题，Bhat 等提出用 Res Net18 和因果卷积提取网站特征；针对先前工作未能有效利用 WF 中的时序信息的问题，Rahman 等提出了一组基于突发级特征的时序相关特征，在 WF 攻击中引入时序信息。

14.2 安全协议与神经网络模型

如前所述,传统的密码学研究大多基于计算困难性理论,需要人工设计算法,其通信的安全性取决于密钥的保管,而密钥管理复杂,易受各类攻击。以机器学习为代表的人工智能技术是传统密码学的有益补充,并逐渐成为密码学研究的重要分支。但是,作为一种新生事物,密码学智能化还面临着许多挑战。

14.2.1 密码学智能化面临的挑战

从密码学的角度来说,密码学智能化的问题主要体现在两个方面:一是缺乏理论证明,即对密码算法的智能化、可靠性和安全性的描述限于从攻击层面展开,缺乏相关理论分析来证明其安全性和可靠性;二是缺乏密码学特性研究,在理论和方法上,智能密码能否满足和如何满足密码特性的机理和机制尚不清楚,缺乏相关理论研究和推理。从机器学习的角度,密码学智能化的问题主要体现在两方面:一是缺乏理论支持,即从机器学习的角度,样本的数量、样本分布的多样性、网络的规模和结构均与密码分析效果相关,但是目前针对该部分的理论分析和相关指标比较缺乏,在实际应用中对智能密码能在多大程度上满足密码的安全性无法进行客观评判;二是可重现性不足,在机器学习方法中,基于神经网络的方法是否可重现,即加密过程是否能准确地解密,以保证密码传输和分发的流程准确无误等一系列关键问题亟待解决。

14.2.2 密码学智能化的未来趋势

在当今万物互联的新时代背景下,数据安全和通信安全已成为亟待解决的首要问题,密码学智能化是人工智能技术与现代密码学融合发展产生的必然产物,其优势在于:①将机器学习与加密算法相结合可以实现按需加密,能够在不影响秘密信息安全性的情况下,获得更好的加密效率;②当前人工智能的模型训练需要收集大量的用户信息,使用密码学保护数据提供者的隐私能够激励用户提供更多数据,从而加速人工智能领域的发展。

智能化密码学包括智能加密、密钥感知和智能解密。与传统密码学不同,密码学智能化利用机器学习技术完成密码算法的自动设计、自动分发和自动分析。智能化密码学的主要趋势可总结为以下几个方面。

基于神经网络互同步机制的密钥交换协议可以将密钥交换转化为神经网络的权重更新。这种密钥交换方式具有自主学习和高度不可重现性,比传统网络更加安全、灵活。但目前这种神经网络互同步机制还比较简单,未来可以将其与混沌神经网络结合,提高同步网络的混乱性和不可预测性,提高这种密钥交换方式的安全性。

基于生成对抗神经网络的智能密码算法能够根据博弈、对抗的思想,自动地设计生成密码算法。此类密码算法没有现成的数学模型作为支撑,无法通过多项式规约技术证明算法的安全性,加之内部安全机理尚不清楚,因此如何挖掘这种神经网络生成密钥的安全机理,以及如何设计新的安全评价指标来对生成对抗神经网络生成的密码算法进行评价,是密码学智能化的又一趋势。

在机器学习中,数据是各种机器学习建模的基础,数据安全是机器学习能否顺利进行的保证。因此,如何针对机器学习的各个阶段和各种模型,研究适合的数据保护方法,是密码学智能化应用研究的重要趋势，并已引起了国内外研究人员的重点关注。

习　　题

1．根据获取信息的多少将常见的攻击手段分为哪几类？

2．简述密码学智能化发展的趋势。

参考文献

[1] ABADI M, TUTTLE M R. A semantics for a logic of authentication (extended abstract) [C]// Proceedings of the Tenth Annual ACM Symposium on Principles of Distributed Computing (PODC). New York, USA: Association for Computing Machinery, 1991: 201-216.

[2] BRANDS S. Untraceable off-line cash in wallet with observers [C]// Proceedings of the 13th Annual International Cryptology Conference on Advances in Cryptology (CRYPTO). Santa Barbara, USA: Springer-Verlag, 1994: 302-318.

[3] BURROWS M, ABADI M, NEEDHAM R. A logic of authentication [J]. ACM Transactions on Computer Systems (TOCS), 1990, 8(1): 18-36.

[4] PAULSON L C. Proving properties of security protocols by induction [C]// Proceedings of the 10th IEEE Workshop on Computer Security Foundations. RockPort: IEEE Computer Society Press, 1997: 70-83.

[5] EASTLAKE D, JONES P. US Secure Hash Algorithm 1 (SHA1): RFC3174 [S]. USA: RFC, 2001.

[6] DIERKS T, RESCORLA E. The Transport Layer Security (TLS) Protocol Version 1.2: RFC5246 [S]. USA: RFC, 2008.

[7] DOLEV D, YAO A C. On the security of public key protocols [J]. IEEE Transactions on Information Theory, 1983, 29(2): 198-208.

[8] FÁBREGA F J T, HERZOG J C, GUTTMAN J D. Honest ideals on strand spaces [C]// Proceedings of the 11th IEEE Computer Security Foundations Workshop (CSFW). USA: IEEE Computer Society Press, 1998: 66-78.

[9] FÁBREGA F J T, HERZOG J C, GUTTMAN J D. Strand spaces: proving security protocols correct [J]. Journal of Computer Security, 1999, 7(2-3): 191-230.

[10] FREIER A O, KARLTON P, KOCHER P C. The Secure Sockets Layer (SSL) Protocol Version 3.0: RFC6101 [S]. USA: RFC, 2011.

[11] GONG L, NEEDHAM R, YAHALOM R. Reasoning about belief in cryptographic protocols [C]// Proceedings of the 1990 IEEE Computer Society Symposium on Research in Security and Privacy. Oakland, USA: IEEE Computer Society Press, 1990: 234-248.

[12] GUTTMAN J D, FÁBREGA F J T. Authentication tests [C]// Proceedings of the 2000 IEEE Symposium on Security and Privacy. Oakland, USA: IEEE Computer Society Press, 2000: 96-109.

[13] HOARE C A R. Communicating Sequential Processes [M]. Upper Saddle River, NJ, USA: Prentice Hall International, 2004.

[14] KAILAR R. Accountability in electronic commerce protocols [J]. IEEE Transactions on Software Engineering, 1996, 22(5): 313-328.

[15] KALISKI B. RSA Encryption Version 1.5: RFC2313 [S]. USA: RFC, 1998.

[16] KAWATSURA Y. Secure Electronic Transaction (SET) Supplement for the v1.0 Internet Open Trading Protocol (IOTP): RFC3538 [S]. USA: RFC, 2003.

[17] KENT S. IP Encapsulating Security Payload (ESP): RFC4303 [S]. USA: RFC, 2005.

[18] KENT S. IP Authentication Header: RFC4302 [S]. USA: RFC, 2005.

[19] KENT S, ATKINSON R. Security Architecture for the Internet Protocol: RFC2401 [S]. USA: RFC, 1998.

[20] KERBEROS. The network authentication protocol [EB/OL]. (2024-06-26)[2024-11-21]. https://web.mit.edu/kerberos/.

[21] NEEDHAM R M, SCHROEDER M D. Using encryption for authentication in large networks of computers [J]. Communications of the ACM, 1978, 21(12): 993-999.

[22] NIEH B, TAVARES S. Modelling and analyzing cryptographic protocols using Petri nets [C]// Proceedings of the Workshop on the Theory and Application of Cryptographic Techniques[C]// Advances in Cryptology. Berlin: Springer, 1993: 275-295.

[23] VAN TILBORG HENK. Encyclopedia of Cryptography and Security [M]. New York: Springer, 2011.

[24] NIST. Specification for the Advanced Encryption Standard (AES): FIPS 197 [S]. USA: FIPS, 2001.

[25] RIVEST R. The MD5 Message — Digest Algorithm: RFC1321 [S]. USA: RFC, 1992.

[26] SCHILLER J. Cryptographic Algorithms for Use in the Internet Key Exchange Version 2 (IKEv2): RFC4307 [S]. USA: RFC, 2005.

[27] Secure Electronic Transaction Specification—Book 1: Business Description [M/OL]. (1997-05-31)[2024-11-01]. https://www.maithean.com/docs/set_bk1.pdf.

[28] SYVERSON P F, VAN OORSCHOT P C. On Unifying Some Cryptographic Protocol Logics [C]// Proceedings of the 1994 IEEE Computer Society Symposium on Research in Security and Privacy. Oakland, USA: IEEE Computer Society Press, 1994: 14-28.

[29] 曹天杰，张永平，汪楚娇. 安全协议[M]. 北京：北京邮电大学出版社，2009.

[30] 范红，冯登国. 安全协议理论与方法[M]. 北京：科学出版社，2003.

[31] 李建华，张爱新，薛质，等. 网络安全协议的形式化分析与验证[M]. 北京：机械工业出版社，2010.

[32] 卿斯汉. 安全协议 20 年研究进展[J]. 软件学报. 2000，14(10)：1740-1752.

[33] 卿斯汉. 安全协议[M]. 北京：科学出版社，2005.

[34] 王衍波，薛通. 应用密码学[M]. 北京：机械工业出版社，2003.

[35] CARVALHO M, DEMOTT J, FORD R, et al. Heartbleed 101 [J]. IEEE Security

& Privacy，2014，12(4)：63-67.

[36] KOCHER P，GENKIN D，GRUSS D，et al. Spectre Attacks：Exploiting Speculative Execution [J/OL]. (2018-01-08)[2024-11-01]. https://arxiv.org/pdf/1801.01203.

[37] MOORE A，ZUEV D，CROGAN M. Discriminators for use in flow-based classification [R]. Cambridge，UK：Intel Research，2013.

[38] WILLIAMS N，ZANDER S，ARMITAGE G. A preliminary performance comparison of five machine learning algorithms for practical IP traffic flow classification [J]. ACM SIGCOMM Computer Communication Review，2006，36(5)：5-16.

[39] SUN G L，XUE Y，DONG Y，et al. A novel hybrid method for effectively classifying encrypted traffic [C]// Proceedings of the 2010 IEEE Global Telecommunications Conference (GLOBECOM). Miami，USA：IEEE，2010：1-5.

[40] BACQUET C，ZINCIR-HEYWOOD A N，HEYWOOD M I. An investigation of multi-objective genetic algorithms for encrypted traffic identification [C]// Proceedings of the 2nd International Workshop on Computational Intelligence in Security for Information Systems. Burgos，Spain：Springer，2009：93-100.

[41] ROSENZ M，KLEIN E，KANTER I，et al. Mutual learning in a tree parity machine and its application to cryptography [J]. Physical Review E(Statistical，Nonlinear，and Soft Matter Physics，2002，66(6)：66-135.

[42] KLEIN E，MISLOVATY R，KANTER I，et al. Synchronization of neural networks by mutual learning and its application to cryptography [C]// Proceedings of the 17th International Conference on Neural Information Processing Systems. Massachusetts USA：MIT Press，2004：689-696.

[43] CHAKRABORTY S，DALAL J，SARKAR B，et al. Neural synchronization based secret key exchange over public channels：a survey [C] // Proceedings of the International Conference on Signal Propagation and Computer Technology. [S. L.]：[s. n.]，2014：368-375.

[44] JAYANTA K P，MANDAL J K. A random block length based cryptosystem through multiple cascaded permutation combinations and chaining of blocks [C]// Proceedings of the 2009 International Conference on Industrial and Information Systems (ICIIS). Peradeniya，Sri Lanka：IEEE Computer Society，2009：26-31.

[45] MANDALJ K，SARKAR A. An adaptive neural network guided secret key-based encryption through recursive positional modulo-2 substitution for online wireless communication [C]// Proceedings of the International Conference on Recent Trends in Information Technology. Chennai，India：IEEE，2011：107-112.

[46] SHAPIRA T，SHAVITT Y. Flowpic：Encrypted Internet traffic classification is as easy as image recognition [C]// IEEE INFOCOM 2019—IEEE Conference on Computer Communications Workshops (INFOCOM WKSHPS). Paris：IEEE，2019：680-687.

[47] 华为云安全白皮书[EB/OL]. [2024-04-15]. https://www.huaweicloud.com/content/dam/cloudbu-site/archive/china/zh-cn/securecenter/security _ doc/SecurityWhitepaper _

cn. pdf.

[48] 江南天安. SJK1829 PCI-E 密码卡[EB/OL]. [2024-04-15]. https://tass. com. cn/portal/article/index/cid/45/id/282. html.

[49] NING HAN-YANG, MA MIAO, YANG BO, et al. Research progress and analysis on intelligent cryptology [J]. Computer Science, 2022, 49(9): 288-296.

[50] S7CommPlus_TLS 协议模糊测试技术概述[EB/OL]. [2024-04-15]. https://www. freebuf. com/articles/ics-articles/352497. html.